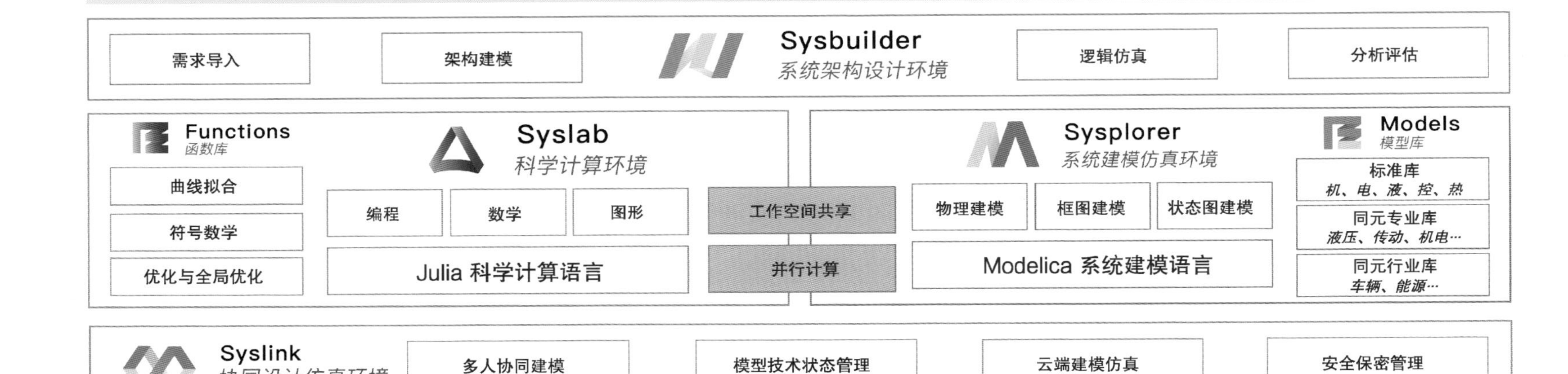

科学计算与系统建模仿真平台 MWORKS 架构图

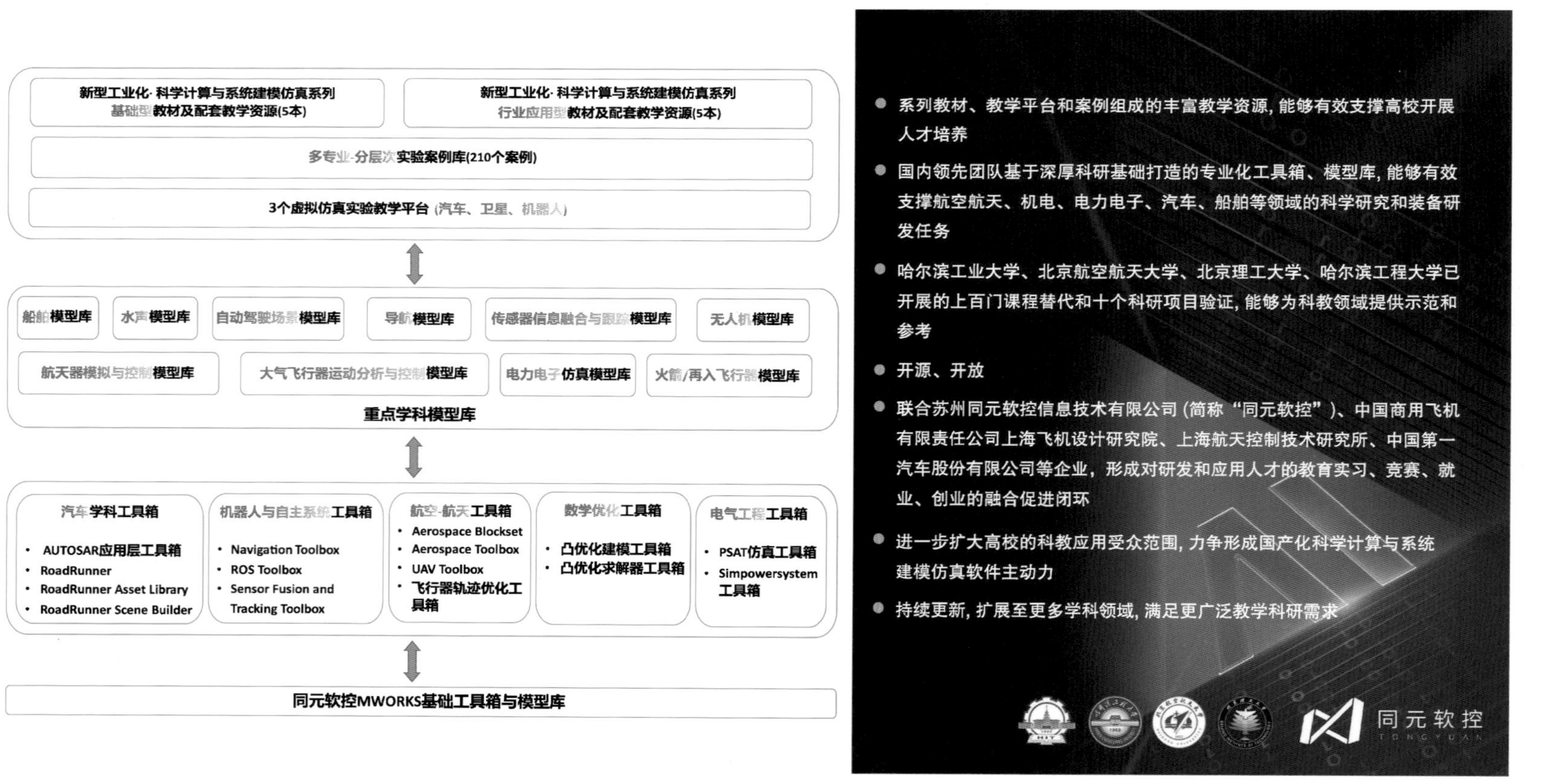

科教版平台（SE-MWORKS）总体情况

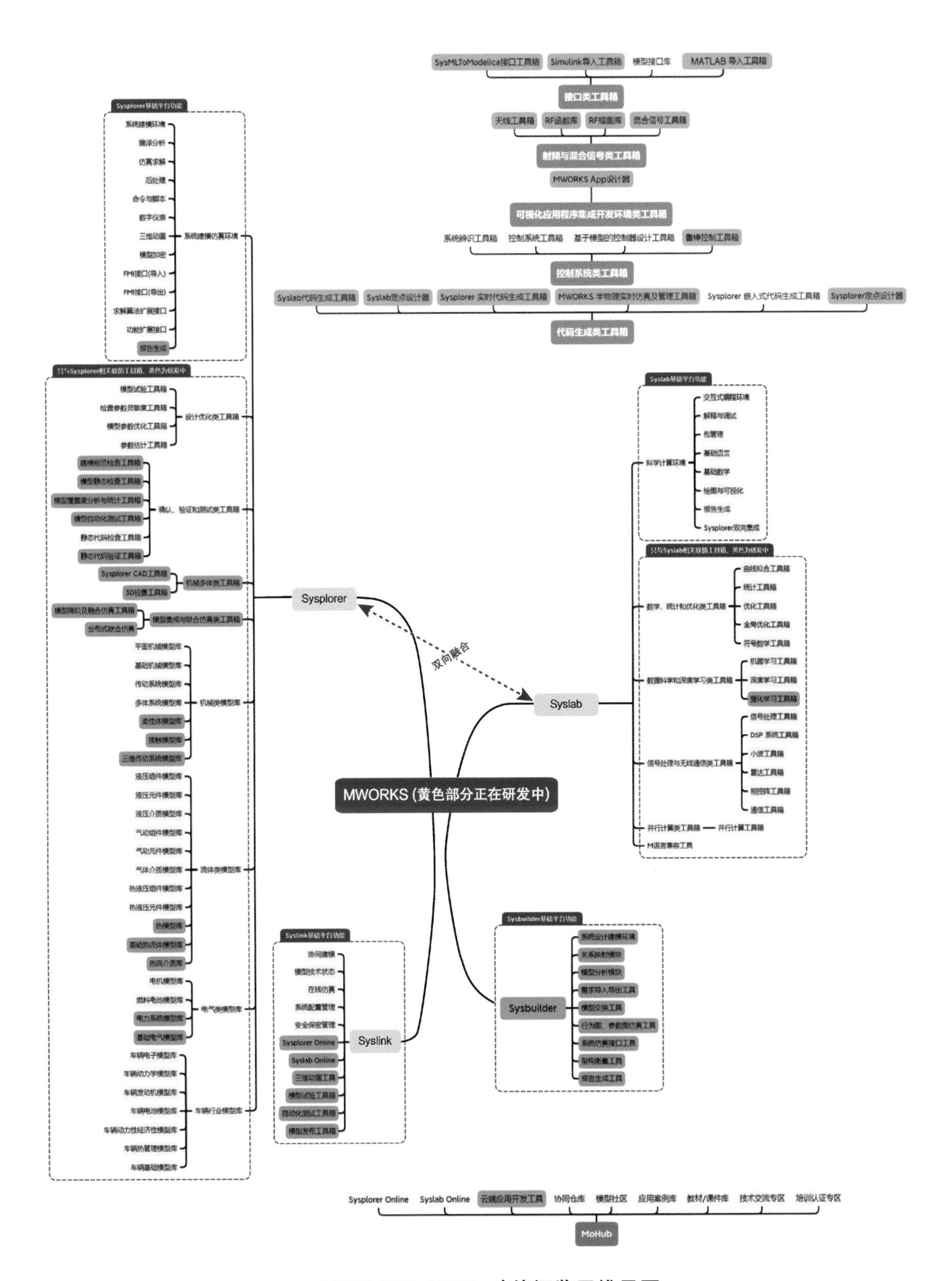

MWORKS 2023b 功能概览思维导图

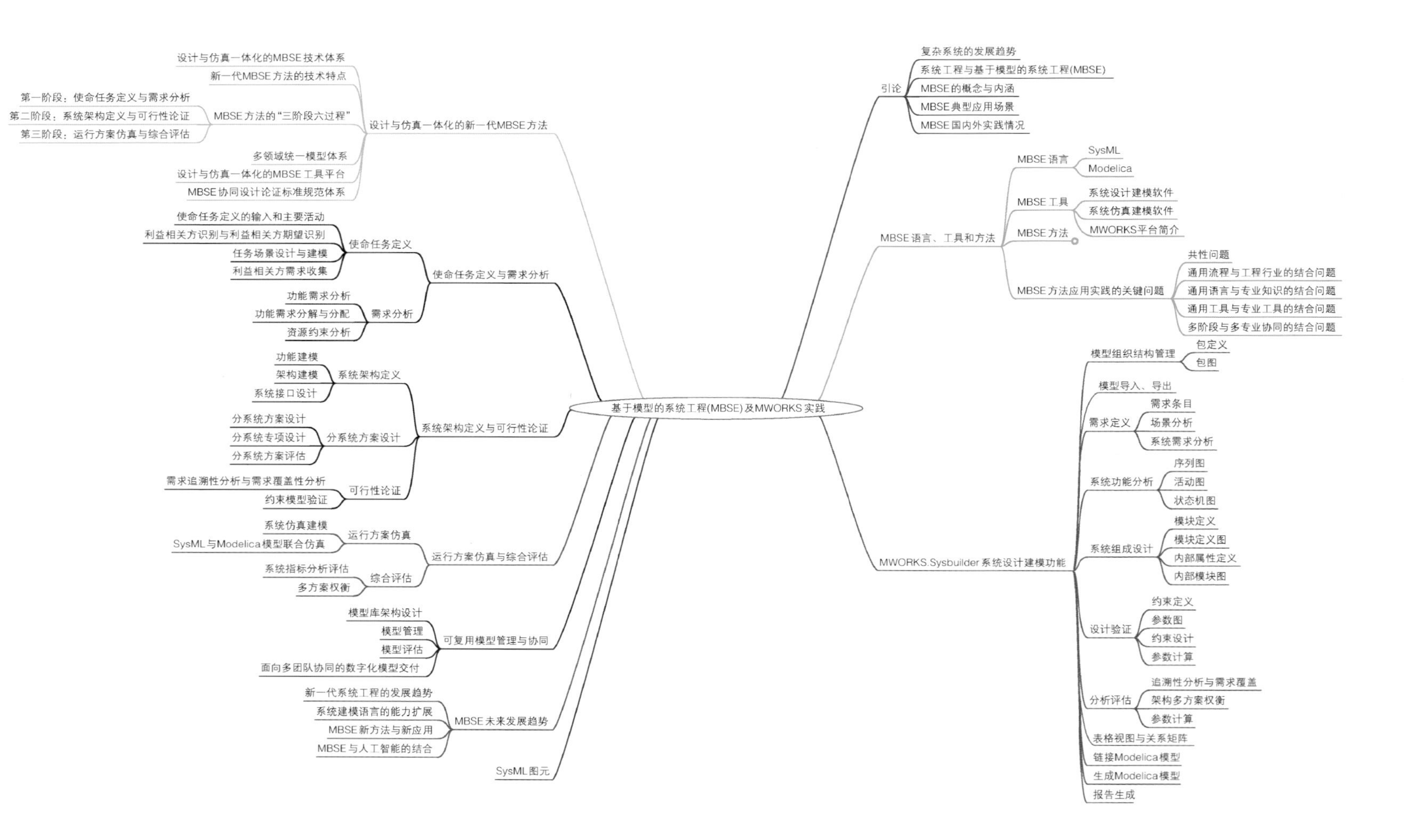
基于模型的系统工程(MBSE)及MWORKS实践
引论
复杂系统的发展趋势
系统工程与基于模型的系统工程(MBSE)
MBSE的概念与内涵
MBSE典型应用场景
MBSE国内外实践情况
MBSE语言、工具和方法
MBSE语言
SysML
Modelica
MBSE工具
系统设计建模软件
系统仿真建模软件
MWORKS平台简介
MBSE方法
MBSE方法应用实践的关键问题
共性问题
通用流程与工程行业的结合问题
通用语言与专业知识的结合问题
通用工具与专业工具的结合问题
多阶段与多专业协同的结合问题
MWORKS.Sysbuilder系统设计建模功能
模型组织结构管理
包定义
包图
模型导入、导出
需求定义
需求条目
场景分析
系统需求分析
系统功能分析
序列图
活动图
状态机图
系统组成设计
模块定义
模块定义图
内部属性定义
内部模块图
设计验证
约束定义
参数图
约束设计
参数计算
分析评估
追溯性分析与需求覆盖
架构多方案权衡
参数计算
表格视图与关系矩阵
链接Modelica模型
生成Modelica模型
报告生成
设计与仿真一体化的新一代MBSE方法
设计与仿真一体化的MBSE技术体系
新一代MBSE方法的技术特点
MBSE方法的"三阶段六过程"
第一阶段：使命任务定义与需求分析
第二阶段：系统架构定义与可行性论证
第三阶段：运行方案仿真与综合评估
多领域统一模型体系
设计与仿真一体化的MBSE工具平台
MBSE协同设计论证标准规范体系
使命任务定义与需求分析
使命任务定义
使命任务定义的输入和主要活动
利益相关方识别与利益相关方期望识别
任务场景设计与建模
利益相关方需求收集
需求分析
功能需求分析
功能需求分解与分配
资源约束分析
系统架构定义与可行性论证
系统架构定义
功能建模
架构建模
系统接口设计
分系统方案设计
分系统方案设计
分系统专项设计
分系统方案评估
可行性论证
需求追溯性分析与需求覆盖性分析
约束模型验证
运行方案仿真与综合评估
运行方案仿真
系统仿真建模
SysML与Modelica模型联合仿真
综合评估
系统指标分析评估
多方案权衡
可复用模型管理与协同
模型库架构设计
模型管理
模型评估
面向多团队协同的数字化模型交付
MBSE未来发展趋势
新一代系统工程的发展趋势
系统建模语言的能力扩展
MBSE新方法与新应用
MBSE与人工智能的结合
SysML图元

本书知识图谱

新型工业化·科学计算与系统建模仿真系列

Model-Based Systems Engineering and Practice with MWORKS

基于模型的系统工程（MBSE）及MWORKS实践

编　　著◎聂兰顺　刘志会　李　雪
丛书主编◎王忠杰　周凡利

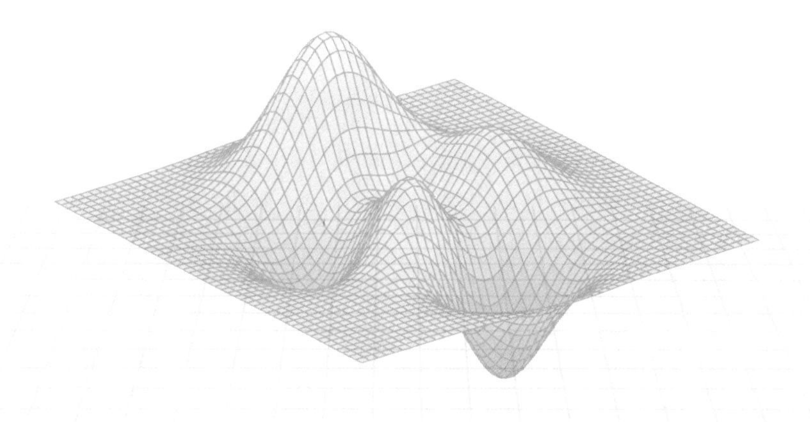

電子工業出版社
Publishing House of Electronics Industry
北京·BEIJING

内 容 简 介

基于模型的系统工程（MBSE）是复杂系统数字化研发的基本方法，是系统工程方法与数字化设计、数字化仿真技术融合的先进成果。MWORKS 是同元软控公司基于国际知识统一表达与互联标准打造的系统智能设计与验证平台，是 MBSE 方法落地的使能工具。本书介绍基于模型的系统工程（MBSE）及 MWORKS 实践，内容包括引论，MBSE 语言、工具和方法，MWORKS.Sysbuilder 系统设计建模功能，设计与仿真一体化的新一代 MBSE 方法，使命任务定义与需求分析，系统架构定义与可行性论证，运行方案仿真与综合评估，应用案例，可复用模型管理与协同，MBSE 未来发展趋势。附录 A 介绍了 SysML 图元。

本书结合作者团队多年来在复杂系统领域的 MBSE 实践经验，面向系统研制的现实需求和发展趋势，向读者介绍基于 MWORKS 平台的设计与仿真一体化方法，并简明扼要地讲述 MBSE 方法在不同研制阶段/流程中的应用。本书对行业前沿理论的描述简明扼要，案例的设计与验证过程清晰，便于读者理解和掌握 MBSE 语言、工具和方法等内容。

本书适合作为高等学校本科高年级学生、硕士研究生以及工程师的 MBSE 入门教材。

图书在版编目（CIP）数据

基于模型的系统工程（MBSE）及 MWORKS 实践 / 聂兰顺，刘志会，李雪编著. -- 北京 : 电子工业出版社，2024. 8. -- ISBN 978-7-121-49187-0

Ⅰ. N945

中国国家版本馆 CIP 数据核字第 2024BV9942 号

责任编辑：戴晨辰
印　　刷：北京天宇星印刷厂
装　　订：北京天宇星印刷厂
出版发行：电子工业出版社
　　　　　北京市海淀区万寿路 173 信箱　邮编：100036
开　　本：787×1 092　1/16　印张：15.5　字数：347.2 千字　彩插：2
版　　次：2024 年 8 月第 1 版
印　　次：2024 年 8 月第 1 次印刷
定　　价：69.00 元

凡所购买电子工业出版社图书有缺损问题，请向购买书店调换。若书店售缺，请与本社发行部联系，联系及邮购电话：（010）88254888，88258888。

质量投诉请发邮件至 zlts@phei.com.cn，盗版侵权举报请发邮件至 dbqq@phei.com.cn。

本书咨询联系方式：（010）88254530，dcc@phei.com.cn。

编 委 会

刘宏伟（哈尔滨工业大学）

刘　昕（哈尔滨工业大学）

杜小菁（北京理工大学）

李　伟（哈尔滨工程大学）

李冰洋（哈尔滨工程大学）

李　晋（哈尔滨工程大学）

李　雪（哈尔滨工业大学）

李　超（哈尔滨工程大学）

张永飞（北京航空航天大学）

张宝坤（苏州同元软控信息技术有限公司）

张　超（北京航空航天大学）

陈　娟（北京航空航天大学）

郑文祺（哈尔滨工程大学）

贺媛媛（北京理工大学）

聂兰顺（哈尔滨工业大学）

徐远志（北京航空航天大学）

崔智全（哈尔滨工业大学（威海））

惠立新（苏州同元软控信息技术有限公司）

舒燕君（哈尔滨工业大学）

鲍丙瑞（苏州同元软控信息技术有限公司）

蔡则苏（哈尔滨工业大学）

丛 书 序

2023 年 2 月 21 日，习近平总书记在中共中央政治局就加强基础研究进行第三次集体学习时强调："要打好科技仪器设备、操作系统和基础软件国产化攻坚战，鼓励科研机构、高校同企业开展联合攻关，提升国产化替代水平和应用规模，争取早日实现用我国自主的研究平台、仪器设备来解决重大基础研究问题。"科学计算与系统建模仿真平台是科学研究、教学实践和工程应用领域不可或缺的工业软件系统，是各学科领域基础研究和仿真验证的平台系统。实现科学计算与系统建模仿真平台软件的国产化是解决科学计算与工程仿真验证基础平台和生态软件"卡脖子"问题的重要抓手。

基于此，苏州同元软控信息技术有限公司作为国产工业软件的领先企业，以新一轮数字化技术变革和创新为发展契机，历经团队二十多年技术积累与公司十多年持续研发，全面掌握了新一代数字化核心技术"系统多领域统一建模与仿真技术"，结合新一代科学计算技术，研发了国际先进、完全自主的科学计算与系统建模仿真平台 MWORKS。

MWORKS 是各行业装备数字化工程支撑平台，支持基于模型的需求分析、架构设计、仿真验证、虚拟试验、运行维护及全流程模型管理；通过多领域物理融合、信息与物理融合、系统与专业融合、体系与系统融合、机理与数据融合及虚实融合，支持数字化交付、全系统仿真验证及全流程模型贯通。MWORKS 提供了算法、模型、工具箱、App 等资源的扩展开发手段，支持专业工具箱及行业数字化工程平台的扩展开发。

MWORKS 是开放、标准、先进的计算仿真云平台。基于规范的开放架构提供了包括科学计算环境、系统建模仿真环境以及工具箱的云原生平台，面向教育、工业和开发者提供了开放、标准、先进的在线计算仿真云环境，支持构建基于国际开放规范的工业知识模型互联平台及开放社区。

MWORKS 是全面提供 MATLAB/Simulink 同类功能并力求创新的新一代科学计算与系统建模仿真平台；采用新一代高性能计算语言 Julia，提供科学计算环境 Syslab，支持基于 Julia 的集成开发调试并兼容 Python、C/C++、M 等语言；采用多领域物理统一建模规范 Modelica，全面自主开发了系统建模仿真环境 Sysplorer，支持框图、状态机、物理建模等多种开发范式，并且提供了丰富的数学、AI、图形、信号、通信、控制等工具箱，以及机械、电气、流体、热等物理模型库，实现从基础平台到工具箱的整体功能覆盖与创新发展。

为改变我国在科学计算与系统建模仿真教学和人才培养中相关支撑软件被国外"卡脖子"的局面，加速在人才培养中推广国产优秀科学计算和系统建模仿真软件

MWORKS，提供产业界亟需的数字化教育与数字化人才，推动国产工业软件教育、应用和开发是必不可少的因素。进一步讲，我们要在数字化时代占领制高点，必须打造数字化时代的新一代信息物理融合的建模仿真平台，并且以平台为枢纽，连接产业界与教育界，形成一个完整生态。为此，哈尔滨工业大学、北京航空航天大学、北京理工大学、哈尔滨工程大学与苏州同元软控信息技术有限公司携手合作，2022 年 8 月 18 日在哈尔滨工业大学正式启动“新型工业化・科学计算与系统建模仿真系列”教材的编写工作，2023 年 3 月 11 日在扬州正式成立“新型工业化・科学计算与系统建模仿真系列”教材编委会。

首批共出版 10 本教材，包括 5 本基础型教材和 5 本行业应用型教材，其中基础型教材包括《科学计算语言 Julia 及 MWORKS 实践》《多领域物理统一建模语言与 MWORKS 实践》《MWORKS 开发平台架构及二次开发》《基于模型的系统工程（MBSE）及 MWORKS 实践》《MWORKS API 与工业应用开发》；行业应用型教材包括《控制系统建模与仿真（基于 MWORKS）》《通信系统建模与仿真（基于 MWORKS）》《飞行器制导控制系统建模与仿真（基于 MWORKS）》《智能汽车建模与仿真（基于 MWORKS）》《机器人控制系统建模与仿真（基于 MWORKS）》。

本系列教材可作为普通高等学校航空航天、自动化、电子信息工程、机械、电气工程、计算机科学与技术等专业的本科生及研究生教材，也适合作为从事装备制造业的科研人员和技术人员的参考用书。

感谢哈尔滨工业大学、北京航空航天大学、北京理工大学、哈尔滨工程大学的诸位教师对教材撰写工作做出的极大贡献，他们在教材大纲制定、教材内容编写、实验案例确定、资料整理与文字编排上注入了极大精力，促进了系列教材的顺利完成。

感谢苏州同元软控信息技术有限公司、中国商用飞机有限责任公司上海飞机设计研究院、上海航天控制技术研究所、中国第一汽车股份有限公司、工业和信息化部人才交流中心等单位在教材写作过程中提供的技术支持和无私帮助。

感谢电子工业出版社有限公司各位领导、编辑的大力支持，他们认真细致的工作保证了教材的质量。

书中难免有疏漏和不足之处，恳请读者批评指正！

编委会

2023 年 11 月

前　　言

火箭、卫星、飞机、舰船等复杂装备是国家安全的重要支柱，承担着国防安全、科学探测和先进技术验证等重大使命任务，具有系统组成复杂、多学科机理耦合程度高等特点。随着工业化与信息化的逐步融合，信息-物理融合系统（CPS）通过计算资源与物理世界的有机集成，逐步实现了信息系统与物理系统之间的数字化和智能化融合，“软件定义 X”已经成为下一代复杂系统的发展方向。大量信息、物理专业分系统以及单机设备间的繁杂交联，产生了不可预测的功能耦合、交叠甚至冲突，CPS 呈现出复杂的涌现效应，催生了对新一代系统研发方法以及系统研发工具软件的迫切需求。

系统工程已成为国内外公认的复杂系统研制方法论。早在 1978 年，钱学森院士等专家已经指出，“系统工程”是组织管理“系统”的规划、研究、设计、制造、试验和使用的科学方法，是一种对所有“系统”都具有普遍意义的科学方法。系统工程是在确定的运行使用环境下和规划的系统生命周期中，在费用、进度和其他约束条件下，达到利益相关方需求的有效途径，是系统生命周期成本和风险控制的方法论。

MBSE 方法作为数字化技术与系统工程方法的融合产物，已经成为公认的下一代系统研发方法。系统工程国际委员会（INCOSE）认为，软件密集型、网络密集型的 CPS 是未来的主要发展趋势，将发展衍生出高度耦合、不可预测和不断变化的生态系统，要求创新发展出更加高效、更加可靠的 MBSE 方法与工具，从而更加充分地分析和识别其依赖性、脆弱性和风险。

语言、工具、方法是 MBSE 的三大支柱。面向 MBSE 全面落地以及未来的发展趋势，方法上要求将通用方法转化为专业方法；语言上要求实现通用语言与领域专用语言的融合，提升设计建模语言与仿真建模语言的互操作水平，支持任务模型与系统模型、系统模型与专业模型的贯通；工具上逐步建设跨阶段、跨专业的软件平台，实现自主、可扩展，从而支撑全生命周期、全型号甚至全系统的规范化协同推进。

过去十几年来，苏州同元软控信息技术有限公司（简称同元软控）在国内各行业装备数字化领域开展了大量工作，伴随国内装备研制领域的 MBSE 探索、实践历程，形成了自主、先进的技术认知与实践经验，研发了 MWORKS 平台。本书主要介绍 MWORKS.Sysbuilder，这是一种 MBSE 基础软件平台，以国际通用的建模语言构建模型化知识底座，融合用户专业知识与 MBSE 流程，保持模型一致性、复用性、扩展性，支持知识资产积累；面向全生命周期，连通 SysML 与 Modelica 语言，形成多阶段、多专业模型统一架构，支持不同阶段数字模型的持续开发、验证、评估、应用，为行业用户提供先进、自主、可持续、可扩展的 MBSE 解决方案。

本书主要内容：从 MBSE 语言、工具和方法等方面介绍相关概念与知识，展望 MBSE 的未来发展趋势；介绍从实践中总结形成的设计与仿真一体化的新一代 MBSE 方法，以及配套的软件平台 MWORKS.Sysbuilder；结合“三阶段六过程”方法与案例，详细介绍新一代 MBSE 实践的参考路径。

本书由聂兰顺、刘志会、李雪编著，杨文飞、张瑞、张克东、鲍杰、李曦、王浩宇等参与了本书的编写，赵祖乾、李晨鹏等产品技术专家为编者团队提供了深入的技术支持，朱世博、张纪元、丹旭阳等学生为本书的编写贡献了力量。

在本书的编写过程中，周凡利博士（同元软控）、刘奇、郭俊峰、丁吉、鲍丙瑞、惠立新等老师给予了大力的支持，在此深表感谢！本书在编写过程中得到了北京理工大学许承东教授、北京航空航天大学张莉教授、哈尔滨工程大学冯光升教授、华中科技大学陈立平教授的无私帮助，他们给出了很多建议，在此表示衷心的感谢！

哈尔滨工业大学在教学改革、课程建设方面给予了大力支持，电子工业出版社的编辑们对本书的出版给予了指导和审阅，在此一并表示感谢！

由于编者对 MBSE 的实践和认知水平有限，书中难免存在错误和不当之处，敬请读者批评指正。

本书为正版用户提供相关教学资源和 MWORKS 正版软件，请扫描封底的二维码进行兑换和激活。

目　　录

第 1 章
引　论

1.1 复杂系统的发展趋势

复杂系统是系统工程关注的核心，钱学森院士总结“两弹一星”研制过程时曾经说过，“我们把极其复杂的研制对象称为‘系统’，即由相互作用和相互依赖的若干组成部分结合成的具有特定功能的有机整体，而且这个‘系统’本身又是它所从属的一个更大系统的组成部分。”针对系统的分类问题，钱学森院士从系统规模和系统结构复杂程度两个角度进行分类：从系统规模角度，可以分为小系统、大系统、巨系统；从系统结构复杂程度角度，可以分为简单系统和复杂系统。根据这种界定方式，系统工程的关注对象是复杂大系统和复杂巨系统。

火箭、卫星、飞机、舰船等复杂装备是国家安全的支柱，承担着国防安全、科学探测、先进技术验证等重大使命任务，因此，复杂装备的研制能力与效率至关重要。从专业构成角度看，复杂装备通常包含总体结构、推进系统、制导系统、控制系统、探测系统、通信系统、能源系统、环热控系统等多个分系统，多个分系统协同工作，共同完成飞行、探测、作战、防御等任务，不同分系统间会产生不可预测的功能耦合、交叠甚至冲突。因此，复杂装备的研制必然是一个多学科、多专业协同的复杂工程过程，其研制过程通常涉及导航、控制、气动、结构与动力学、计算、通信等多学科领域，需要复杂的方法、过程和工具平台，以共同支撑多专业人员并行、协同地开展大量的设计、验证循环和迭代。近年来，随着复杂装备系统规模、系统层次等复杂度的不断增长，系统工程/研发难度显著增大，催生了对新一代系统研发（工程）方法以及系统研发工具的迫切需求。

传统系统研发主要采用“各系统基于文档分解研发任务→各专业孤立研发→基于实物试验开展实物迭代试错”模式，这种研发模式的研发周期长、成本高，更重要的是难以适应复杂装备在性能、效率和质量方面的高要求。例如，在信息传递形式方面，传统基于文档的研发模式存在难以支撑任务需求，设计数据同源性、信息可追溯性、早期仿真验证能力、知识复用性不足等问题。在设计验证方法方面，已有的系统设计、虚拟仿真往往只针对单一的物理领域或者产品专业，难以对系统运行场景、系统架构以及多领域耦合的业务场景提供有效支持。

面向复杂装备的研制挑战，需要研究新的系统工程方法和工具，支持多专业耦合、多层级综合、多团队协同的系统研发模式。新的方法和工具的能力包括但不限于以下两个方面：一方面，必须能够支撑复杂装备多个分系统研发的良好协同，例如，通过数字化手段在技术、应用维度实现突破，保证多专业团队具有真实、一致的系统研发数据；另一方面，必须能够实现对系统与分系统之间以及多个分系统和专业团队之间的统一描述、统一管理、知识共享、综合集成验证，因为原本功能良好的分系统融入全系统后可能产生预料之外的行为，因而系统研制必须充分考虑系统间耦合导致的涌现效应。

以我国正在论证的国际月球科研站（International Lunar Research Station，ILRS）项

目为例。自2016年起，我国在与国外航天机构会谈时开始宣传和介绍ILRS，2022年正式与俄罗斯、阿联酋等国家商议共建ILRS。ILRS由多国参与，将在月球表面建设可长期运营的科学实验平台，持续为月面科学探测设备提供能源、通信等基础设施。ILRS支持月球轨道与月面探测、天文与对地观测、基础科学实验、资源开发利用和技术验证等任务目标，由运载火箭、发射场、遥测系统、地面应用和探测器五大系统协同建设，由月面移动探测、能源供给设施、月面通信设备、中继星等月面平台设备支持协同运行。在其设计与验证过程中，需要综合考虑轨道力学、空间通信、发射动力学、机构动力学、控制与热流等多专业机理知识。传统的系统研发模式难以满足ILRS大系统、多团队协同建设需求，必须通过规范的系统建模语言实现多学科统一的模型化表达，以模型化手段向不同层级、不同国别的研发团队提供规范、一致、可扩展的研发信息，并以数字化手段实现更高效的大规模系统跨国别共商、共建、共享。

随着工业化与信息化、数字化的逐步融合，复杂装备、复杂工程等的新需求不再局限于功能的扩展，还涵盖了系统资源的有效整合和系统效能的整体优化，因此，其实现依赖信息与物理两部分的紧密耦合、深度集成和协同设计优化，即信息-物理融合系统（Cyber-Physical Systems，CPS）。CPS强调计算资源与物理世界的有机集成，通过计算、通信、控制与物理过程的深度融合，研发更加高效、安全、可信、智能的复杂系统，其理论方法可广泛应用于航天航空装备、国防武器系统、智能交通系统、智能医疗系统等诸多国防、工业和民用领域，已经成为下一代复杂系统的发展方向。

2007年，美国总统科技顾问委员会（PCAST）在报告中将CPS列为联邦研究投入的最优先领域之一。我国在2010年国家重点基础研究发展计划和国家重大科学研究计划中也明确了CPS研究的重要性。德国于2012年10月制定了《未来项目“工业4.0”落实建议》，全面描绘了“工业4.0”的新型工业化模式远景，指出CPS是工业4.0的核心。

综合来看，新一代复杂系统及其研制需要关注以下趋势：

（1）系统形态由“复杂系统”向“系统的系统”延伸，多系统协同将创造更多的价值；

（2）“软件定义”是复杂系统的未来，而数字化研发是“软件定义”的基石；

（3）基于模型的设计（Model Based Design）是CPS时代的技术特征和必然要求；

（4）统一的模型规范是跨学科、跨领域集成的基础，Modelica、SysML等标准是未来重要的基础标准。

系统工程国际委员会（International Council On Systems Engineering，INCOSE）在其编制的*Systems Engineering Vision 2035*（系统工程愿景2035）中将CPS由内而外分成了5种类型，分别是机电密集型、电子密集型、软件密集型、网络密集型、数据与算法密集型或人类与生物密集型。伴随复杂系统的演化过程，系统机理耦合性持续增加，可能产生依赖性甚至漏洞和风险。分布式系统也是未来软件密集型、网络密集型系统的主要发展趋势，在高度耦合、不可预测和不断变化的生态系统中进行交互，这将增加产生系统故障的可能性，系统管理者、投资者、应用者以及公共政策决策者等都需要充分了解和识别这些依赖性、脆弱性和风险。

信息类科学以离散数学为基础，而工程类科学以连续数学为基础，如何统一形式化离散计算过程与连续物理过程之间的异步通信与同步并发行为，实现计算、通信、控制与物理过程的有效集成，是 CPS 领域要解决的根本问题之一。传统复杂系统研制模式下，计算、通信、控制与物理系统的建模与仿真都采用分离的方式，容易丧失信息系统与物理系统间的相互依赖关系，由此导致的欠/过约束问题可能直接影响系统的功能与性能。因此，采用统一的手段支撑异构分系统间的协同设计与分析是保障 CPS 质量和效率的关键。此外，由于信息系统与物理系统的深度融合以及 CPS 的规模与复杂性，新一代复杂系统研制面临诸多挑战，例如，复杂环境下无人系统的设计应用、有人/无人系统的任务协同、无人集群系统的协同通信与指挥控制等，如何实现全系统的优化设计、资源优化配置、任务优化调度，是系统研发、运行、维护中面临的瓶颈问题。

1.2 系统工程与基于模型的系统工程（MBSE）

系统工程是研制复杂系统的方法论，聚焦复杂系统的全生命周期，是复杂系统论证、预研、设计、制造、试验和运行维护的指导性方法体系，是解决工程复杂性最有效的方法和手段。自 20 世纪 60 年代以来，系统工程作为研制管理方法，保障了众多重大工程的成功实施。然而，自 1969 年美国军用标准《系统工程管理》（MIL-STD-499）形成以来，该方法本身没有发生里程碑意义的变化。在技术特征上表现为“以众多文档描述系统自顶向下（Top-Down）的各个对象及对象之间的接口以及流程活动的管理方法”，因此传统的系统工程（TSE）被 INCOSE 归纳为基于文档的系统工程（Document Based SE）。

系统工程是进行技术决策时查看系统“全貌”的途径，是在确定的运行使用环境下和规划的系统生命周期中，在费用、进度和其他约束条件下，达到利益相关方所提出的在功能、物理和使用方面性能需求的途径。它还是能够支持对系统生命周期成本进行控制的方法论。简而言之，系统工程是一种有逻辑的思维方法。

《NASA 系统工程手册》（第 2 版）中，NASA（美国航空航天局）将“系统工程”定义为一种用于系统设计、实现、技术管理、运行使用和退役处置的有条理的、多学科的方法。“系统”是由元素组成的，这些元素共同工作，从而形成必要的能力，满足系统需求。元素包括为达到这个目的而需要的所有硬件、软件、设备、设施、人员、流程和规程，也就是产生系统结果所需的全部事物。系统结果包括系统的品质、性质、特性、功能、行为和实效。

40 多年来，系统工程的需求与环境发生了重大变化。随着信息技术的快速发展及广泛深入的普及应用，各种工程系统的规模、复杂性及多学科融合度显著提升，基于文档的系统工程方法已不能满足工程应用的需求，产生了很多问题：

① 容易产生理解歧义，信息一致性难以维护，可追踪性难以保障；

② 分系统间隔离的设计难以开展多学科、全系统的设计与验证；

③ 与技术系统融合度低，倚重管理。

复杂的 CPS 任务场景多样多变，对系统任务需求分析、任务过程设计提出了过程柔性化、资源综合化的要求，迫切需要强化顶层任务分析与需求验证手段，提升研制单位的总体技术把控与决策能力。基于 CPS 的新一代系统架构技术提供了面向服务的系统平台方案，系统任务设计更加柔性，资源可配置空间更大，任务分析、资源分析以及系统功能需求分析更加困难，迫切需要形式化、模型化、多专业统一的任务分析、设计与验证手段。面向全生命周期的测试与维护、健康状态管理、发射飞行等复杂任务场景，迫切需要形成基于模型的数字化研制技术体系，满足任务目标、环境、用户、外部交互、系统操作响应等任务要素的统一描述要求，支持多层级、多分辨率任务的分解综合，开展多任务并行资源占用分析与管理策略规划，支撑基于模型的系统多任务场景建模分析、分解与验证，提升研制质量与效率。

针对传统系统工程方法存在的问题以及以信息、物理融合为技术特征的复杂系统研制的需求，INCOSE 于 2007 年在 *Systems Engineering Vision 2020*（系统工程愿景 2020）中提出了“基于模型的系统工程”（Model Based Systems Engineering，MBSE），通过模型支持系统需求、设计、分析、验证和确认等活动的形式化应用，这些活动从概念设计阶段开始，持续贯穿到开发阶段以及其后的各生命周期阶段。

MBSE 作为系统工程领域一种新兴的方法，其核心思想是充分利用模型，使模型在系统论证分析、设计、实现中发挥核心作用，在“基于模型的”或“模型驱动的”环境下，通过模型实现系统需求和功能逻辑的“验证”与“确认”，并驱动设计仿真、产品设计、实现、测试、综合、验证和确认环节。

MBSE 技术体系包含语言、工具、方法三个关键要素，其主要目标在于通过不同类型的模型表示系统的需求、组成架构、约束关系和运行机理，通过不同视角、不同颗粒度的模型，支持不同研发阶段的设计验证活动，包括任务分析、需求分解、架构设计、系统验证等。MBSE 的技术特点能够满足复杂系统模块化、集成化、协同化的系统研发需求。面向每个企业或科研团队的产品、流程、技术体系等业务特点，一般会有针对性地规划其 MBSE 或者数字化协同研发的整体路线，融合多种语言的建模仿真能力优势，支撑多专业、多层级、软硬件协同设计，构建“流程—规范—工具—模型”相结合的企业数字化技术体系，支撑先进复杂系统产品基于模型的设计、验证、开发与测试。

《系统工程愿景 2035》中还指出，到 2035 年，将会有统一、集成的 MBSE 系统建模与仿真（System Model and Simulation，SMS）框架问世，能够与数字孪生技术结合，并完全集成到企业级数字线索基础软件中，能够实现多领域模型的集成，支撑“从摇篮到坟墓”的全生命周期虚拟探索，能够灵活高效地捕捉、建模、模拟和理解用户体验，实现敏捷的持续集成、构建、验证和周期性发布。在此基础上，未来的SMS框架还能够与人工智能、机器学习技术相结合，对需求、架构等数据进行采集、分割和训练，支持对系统模型元素的识别、生成和校核，并与全生命周期管理（PLM）系统进行集成，提升复杂系统研制过程的管理水平。

1.3 MBSE的概念与内涵

按照复杂系统研制的要求，《系统工程愿景2035》中指出，系统工程师必须具有全面思考和强力沟通能力，必须发展广泛的知识、平衡的技能，对系统及其使用方式保持广泛的了解，需要持之以恒地扩展其能力和知识体系，为复杂系统研制全流程的特定应用提供必要技能。然而，伴随系统规模的扩大，传统基于文档的沟通、协同方式，已经远不能满足系统规模的急剧扩展需求。根据INCOSE的数据，近10年来，伴随着无人系统、智能协同、集群系统、物联网系统的高速发展，复杂系统的规模又一次进入指数增长区间，急需建立与之匹配的系统设计与验证技术体系。

《系统工程愿景2035》中有如下解释：MBSE是向以模型为中心的一系列方法转变的这一长期趋势的一部分，这些方法被应用于机械、电子和软件等工程领域，以期望取代原来系统工程师所擅长的以文档为中心的方法，并通过完全融入系统工程过程来影响未来系统工程的实践。INCOSE在《MBSE方法学综述》中进一步给出解释，MBSE方法学包括相关过程、方法和工具的集合，以支持基于模型或模型驱动环境下的系统工程。

MBSE是一种系统工程方法，它利用模型作为系统设计和开发过程中的主要信息源。MBSE的目的是使用模型来改进系统工程的效率、效果和可靠性，这些模型代表了系统的各个方面，包括其结构、行为和要求。MBSE通过形式化建模手段对系统任务场景、需求、指标、功能、架构等进行整体性描述，通过多样化的工具、模型描述不同视角下的系统，通过统一的底层建模语言和模型架构实现多视角通用系统模型的贯通，并以之为桥梁，实现多层级和多领域模型在全生命周期内的动态关联，满足复杂系统研发的可追踪、可验证要求，进而驱动从体系往下到系统各个层级内的系统工程过程和活动，贯穿概念方案、工程研制、使用维护到报废更新的复杂系统全生命周期内，包括技术过程、技术管理过程、协议过程和组织项目使能过程。

MBSE从一开始即基于标准的、图形化的、可视化的系统建模语言对系统的需求、结构、行为及参数约束等给出基于模型的形式化定义与表示，并借助相关的支撑软件将系统相关的数据存储于一个统一的数据库中，因此，相关模型与参数能自动关联、自动更新。不同利益方的用户也能方便地获取自己所需数据（生成系统的不同视图）。在MBSE中，系统总体设计模型是基于统一的系统建模语言来建立的，是各专业学科、专业工程无障碍沟通的桥梁。

MBSE具有以下特点。

（1）系统统一建模方法。MBSE 提供了针对整个系统，而不是针对局部某个零件的整体性建模方法，贯穿系统不同层次，实现全局性描述。系统可能有不同的层次、不同的大小，但系统越复杂，越能体现 MBSE 方法的优势性。

（2）全生命周期应用。从概念设计阶段开始，整个开发过程和生命周期均可以采用系统工程的思想来管理。例如，美国军方从 2012 年开始融合 MBSE 方法建立基于模型的采办框架。

（3）基于模型的统一数据源。系统的需求、分析、设计、验证与确认均以模型化手段完成，通过模型保证各专业、各角色之间数据的规范性和一致性，将与平台无关的模型向平台相关的模型进行映射。在系统研制的具体场景中，这可理解为系统级模型向各专业模型的映射。

（4）设计与验证一体化。MBSE 方法在工作过程中强调同时考虑设计过程与验证过程，通过建立验证模型与需求模型、功能模型及其他相关模型之间的关系，进行评估、验证，能够及时验证、确认所有项目是否满足使用要求。

数字模型是 MBSE 方法的核心。经过专业数字化研制手段的持续积累与应用，数字模型既是MBSE业务过程的信息载体与主要成果，也是专业技术资产的积累与复用手段。系统设计与仿真建模手段，需要能够描述任务过程、功能架构、硬件架构以及接口关系，满足任务分析、功能分析、架构设计、综合集成验证、运行维护支持等应用需求，能够形成任务、功能、逻辑、物理等多维度模型。

与传统的基于文档的系统工程方法相比，MBSE 方法最显著的优点与作用如下。

（1）便于交流和传播。由于开发团队及项目参与者的分散性，系统相关信息需要在不同涉众之间进行交流和传播。而模型本身具有精确性，它在不同涉众之间建立起了无二义的交流规则，使得不同涉众对同一模型具有统一的理解。

（2）数据容易获取。基于文档的系统工程方法处理的最小对象是文档，用户所需要的信息零散地分布在各大文档中，因此查询过程需要大量的工作量。而 MBSE 处理的最小对象是数据，结合成熟的数据库存储技术和管理方法，用户能够快速直接地获取所需的数据。

（3）提高设计质量。在需求分析阶段使用规范的模型进行需求详述，这种形式化的表示方式有助于在设计初期识别系统需求。模型可以清晰地表示各种信息之间的关系，使得系统层的需求模型、结构模型、行为模型可以有机地联系在一起，实现各层的追踪性和关联性分析，从而减少系统集成错误的发生。

（4）提高生产率。使用规范、统一的模型可以提高需求发生变动时的设计变更分析效率，促进来自不同领域的设计团队的知识共享，使得已有的设计方案能被更方便地重用。模型转换技术支持设计文档的自动生成。

（5）降低风险。详细、规范的模型表示能更准确地描述系统需求，便于进行成本估算。基于模型的表示使得从设计模型生成仿真模型的信息转换更加方便，从而便于对设计进行验证。基于模型的设计方法支持在设计初期持续地进行需求检验和验证。这些都将降低系统出错的风险。

1.4 MBSE 典型应用场景

MBSE 的应用需要面向航空、航天、船舶等不同复杂装备的业务特点与组织形式，针对复杂系统的涌现效应和模块化特点，明确各专业 MBSE 建模的整体思路，将协同优化设计手段与系统协同设计流程相结合，调用多层级、多领域模型库，实现接口、总线、存储、计算等元件以及单机设备的可复用建模，实现复杂系统多专业模型自顶向下的分解与自底向上的综合集成。

基于统一模型，系统能够实现不同阶段、不同专业、不同层级模型之间的架构、接口和参数复用，既能够支撑系统设计、验证、开发、测试等不同应用场景，还能保证各阶段应用场景之间模型数据的一致性和兼容性。MBSE 典型应用场景如图 1-1 所示。

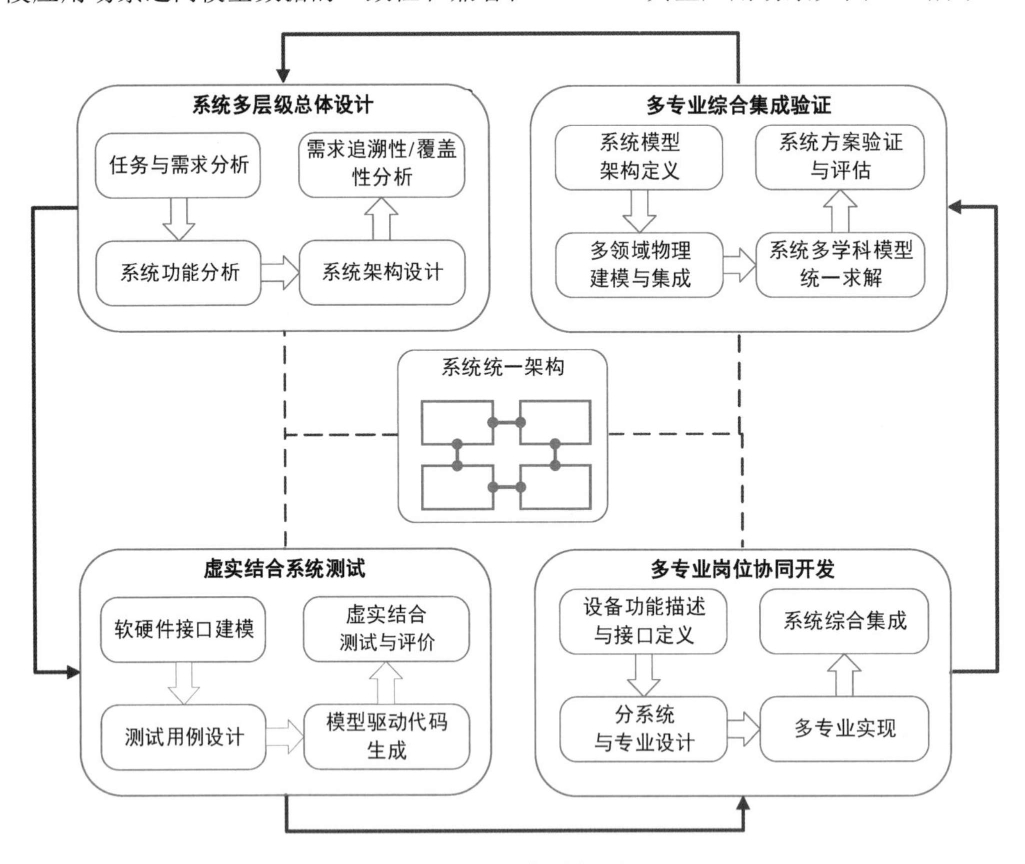

图 1-1　MBSE 典型应用场景

（1）系统多层级总体设计。包括任务与需求分析、系统功能分析、系统架构设计和需求追溯性/覆盖性分析。面向复杂系统，首先自顶向下地将目标系统分解为若干分系统，包括控制、测控、信息、能源等分系统，进一步可以分解为信号处理、计算控制、信息传输、数据存储等单机设备，并分析各分系统间的相互关系，根据系统接口规范，定义分系统之间的接口和连接关系，基于结构层次化、模块可重用和可扩展的原则，对模块进行综合设计。

（2）多专业综合集成验证。包括系统模型架构定义、多领域物理建模与集成、系统多学科模型统一求解和系统方案验证与评估。根据任务、系统、分系统多层级的系统统一架构，实现功能逻辑、物理架构、仿真任务的统一表达和可扩展组合，建设系统仿真验证所需的各分系统专业模型，如雷达系统模型、数据链通信系统模型、导航控制系统模型等，开展系统级的多专业综合集成验证，全面验证任务需求的满足情况，完成系统方案评估权衡，实现系统级的优化设计。

（3）虚实结合系统测试。包括软硬件接口建模、测试用例设计、模型驱动代码生成和虚实结合测试与评价。面向复杂系统所需执行的典型任务，基于系统任务和行为模型，实现系统测试用例的快速设计与生成。以系统任务模型中描述的任务目标、外部系统交互、运行环境、系统功能性能或效能指标作为输入信息，结合系统测试规范，构建系统测试用例，加载指令、载荷、资源、功能、活动等功能逻辑模型，模拟任务执行过程环境参数载荷作为终端仿真模型实例或者实物测试系统的运行参数定义，并将实物系统运行结果与仿真结果进行对比分析，完成系统任务执行的虚实结合测试与评价。

（4）多专业岗位协同开发。包括设备功能描述与接口定义、分系统与专业设计、多专业实现和系统综合集成。基于统一语言的多层级、多专业系统设计模型，结合相同的设计建模规范约束，驱动开展多专业并行的系统设计，并在系统总体层面实现综合集成，从而支持软硬件系统的协同开发。通过设计模型、参数支持总线、设备模块的快速选型，通过多专业模块化设计支持硬件产品、结构专业的快速方案设计，通过功能逻辑模型支持软件功能的快速设计，完成面向具体硬件规格的代码自动生成。在总体层面，保证各专业设计方案的一致性、兼容性、正确性，从而支持系统软硬件快速协同开发。

尽管目前的 MBSE 典型应用案例仍然聚焦于复杂系统设计阶段，但是，复杂系统全生命周期的其他阶段，包括集成测试、运行管控、任务规划、保障维护等，都能够应用系统工程和 MBSE 方法，开展需求分析、功能分析、方案设计、验证评估的闭环流程。

如上所述，MBSE 为系统设计、验证、开发、运行、维护等提供了路线图，以这些为基础，能够开展各类型复杂系统的 MBSE 应用实践工作。根据目前复杂系统研发的核心诉求，MBSE 实践主要分为系统设计、验证、开发、测试 4 类任务，这 4 类任务能够以统一的系统架构模型为基础，实现基于模型的数据传递与设计验证完整闭环。与之相似，MBSE 还能够应用于试验鉴定、服役作战、维护保障等场景，其思路基本相同。

在企业 MBSE 落地实践过程中，需要结合基于模型的系统研制流程，建设完整的规范体系、模型体系、工具体系，实现复杂系统多层级、多专业一体化协同设计论证与 MBSE 方法综合落地实践的总体目标。

一种典型的基于模型的复杂系统的技术框架如图 1-2 所示。

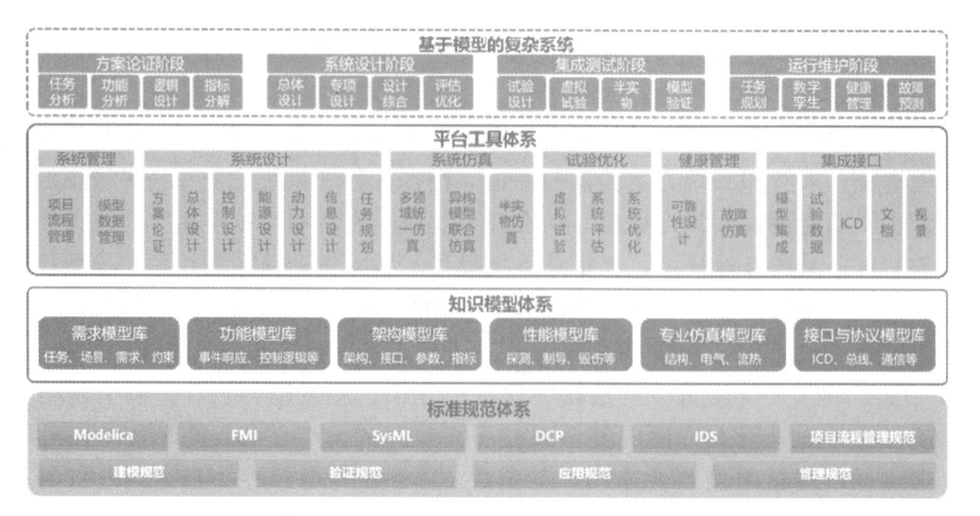

图 1-2　基于模型的复杂系统的技术框架

1.5　MBSE 国内外实践情况

MBSE 作为解决工程复杂性的有效方法和手段，自其概念提出以来，欧美等相关研究机构对 MBSE 的流程、方法、工具和应用等问题进行了深入的研究和探索。INCOSE 在 2007 年制定的 MBE 研究发展路线图（见图 1-3）中指出了 MBE（Model Based Engineering）以及 MB（Model Based）的需求获取等技术的发展趋势。目前 MBSE 的整体发展现状基本符合其预测，已经提出了一批 MBSE 模型表达、交换与互操作标准，如 SysML、Modelica、FMI（Functional Mock-up Interface）、OSLC（Open Services for Lifecycle Collaboration）、AP233 等，形成了若干 MBSE 方法，实现了系统工程过程与模型的有效结合，在现有的各行业应用实践过程中，也开始逐步形成行业、企业、专业等不同层级的模型库积累和管理能力。

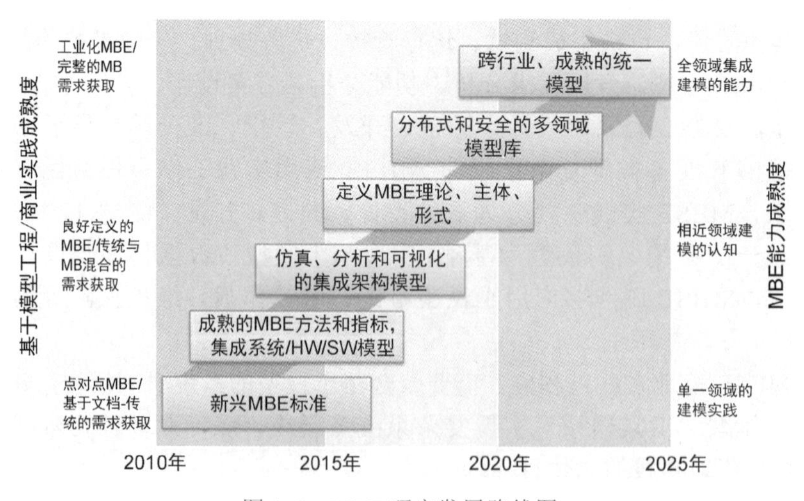

图 1-3　MBE 研究发展路线图

在 INCOSE 的持续推动下，MBSE 思想得到了全球学术界和工业界的广泛认可，并形成了较多的方法论体系。目前主流的 MBSE 方法有 INCOSE 的 OOSEM（面向对象的系统工程方法）方法、达索的 MagicGrid 方法、IBM 的 Harmony SE 方法等。以 Arcadia 方法为例，它融合了多套方法体系与框架，是“架构中心、模型驱动”的方法论，确定了系统内部的逻辑组件以及组件的关系和属性。在物理架构层级，对系统的集成、验证和确认场景以及架构方案进行建模分析，确保系统功能的正确分配、系统组件需求的正确定义、构型项的正确识别和向下传递。NASA、ESA（欧洲航天局）、洛克希德・马丁公司、波音公司等科研机构或者军工企业均已建立起符合产品特点和技术体系要求的 MBSE 方法、模型、工具和规范体系。

SysML 是目前 MBSE 方法中应用最为广泛的主流系统架构设计建模语言之一，支持对复杂系统开展规范化分析、设计、验证和确认工作。

欧盟在“下一代多电飞机”研究项目中提出了多领域物理建模语言 Modelica，从原理上统一了之前的各种多领域建模机制，已成为复杂系统仿真建模通用语言。

NASA 一直在积极探索系统工程方法在宇航工程中的应用，是 MBSE 的大力倡导者。NASA 已在其多个项目中应用了该方法，包括“星座”计划中 Altair 月面着陆器及舱外航天服等的开发，显著提升了设计灵活性，缩减了开发时间，有效管理了系统的复杂性，提升了系统的整体质量水平。波音公司提出，MBSE 是开发和维护高质量集成系统的关键，其致力于构建从概念阶段到报废阶段的系统模型，在 Boeing787 飞机变频交流供电系统的联合验证试验中，实现了整个地面电力系统的真实模拟，通过系统环境的模拟验证，分析出电力系统产品的实际情况并为设计和研制提供了巨大的技术支撑。洛克希德・马丁公司的 MBSE 实践涵盖了从工程学科到集成需求分解、设计、发展和应用的多个领域。2013 年 10 月 4 日，洛克希德・马丁公司展示了其新一代的数字化制造系统——Digital Tapestry（数字织锦）。“数字织锦”将建模贯穿其产品的整个生命周期，可定义良好的系统框架，该框架就如同一台织布机一般，以 SysML 作为“数字织锦”的促成器，将众多的数字线程信息“编织”在一起。2015 年起，达索公司与利勃海尔-航空图卢兹公司合作，将 MBSE 用于飞机复杂系统设计，采用 RFLP（需求分析-功能分析-逻辑设计-物理设计）设计流程、Modelica 语言开发了飞机全系统模型，并通过 FMI 规范实现了模型在不同平台上的交换和集成。达索公司在飞机系统研发中积极推进 MBSE 应用，提高了飞机系统设计效率与柔性。

近 10 年来，伴随着数字化转型的浪潮，国内以航天航空、电子等为代表的科研单位和企业也开展了 MBSE 应用研究，并取得了显著进展。以航天某集团为例，航天一院与型号研制深度融合，进行基于数字化研制流程的 MBSE 模型体系研究，开展基于 SysML 的系统架构设计，明确了系统功能组成和设备组成，并通过基于 Modelica 的系统协同仿真来验证指标参数分解的合理性，指标、接口等设计分解结果以条目化需求的形式进行需求管理。航天五院于 2018 年开始策划 MBSE 相关实践工作，通过半年多的实践探索，取得了丰硕的成果，摸清了切实可行的 MBSE 实施总体规划路线，明确定位了 MBSE 的起点、终点及与现有研制流程的集成方式，在 MBSE 语言、建模方法、工程实践等方面积累了大量经验。航天科技集团定义了通用的接口数据表（Interface Data Sheet，IDS）格式，用于约定航天装备的全专业接口信息。航天八院在此基础上开展了系统工程软件平台建设，从统一产品数据源中读取产品间的数据接口信息，通过接口间的映射关系驱动数据流，实现产品间的信息流仿真。

纵观上述国内外 MBSE 实践的发展趋势，可以发现，对 MBSE 技术体系、实践路线，国内外软件厂商、复杂装备研制企业以及高校、科研机构已经形成了基本共识，MBSE 已经成为复杂装备研制数字化转型的关键技术。在上述实践过程中，同样也暴露了现有 MBSE 技术体系或生态的一些短板问题。

（1）互操作性：现有的 MBSE 语言、模型之间过于独立，各自在不同业务领域承担着独立的任务，导致专业间、阶段间的系统模型具有明显的差异性，多源、异构化的模型之间很难进行跨软件或跨语言的交叉操作。尽管可以通过共享的全局参数实现系统状态的统一传递和管理，但仍未能提供真正的全局统一真相源，也难以通过一套完整模型支撑全部的系统研制数字化应用。

（2）领域化：SysML、Modelica 已经成为事实上的 MBSE 标准语言，OOSEM 等通用的 MBSE 方法也已经深入人心，然而，面对飞机、火箭、汽车、机器人等不同的行业或领域，或者机电系统、电气系统、软件系统等不同专业系统，通用的语言和方法不足以具体、高效、完整地描述出系统组成特点，因此需要将语言、工具、模型与具体业务进行更加深入的结合，形成适用于具体领域的应用实践能力。

（3）平台能力：目前 MBSE 的应用在领域技术方面仍然限定于系统层面，在系统与分系统之间的关联关系层面，还是以数据信息的交换为主，系统模型很难与 CAD（计算机辅助设计）、CAE（计算机辅助工程）模型之间进行深度集成，系统架构模型与专业模型之间没办法真正实现深度融合，影响了系统整体的综合集成迭代验证。

（4）模型积累：模型是 MBSE 实践中的核心资源，是 MBSE 数字化研制过程能力、质量、效率的基本保证，受限于上述语言、模型、工具中的瓶颈问题，以及 MBSE 实践的深入程度，尚未完全释放出系统模型在跨专业集成、跨型号复用以及跨团队协同中的巨大潜力。

《系统工程愿景 2035》中指出，MBSE 将是系统工程未来的主要模式，顺应全球 CPS 的技术发展以及数字化转型趋势，未来将构建下一代建模、仿真和可视化环境，用于定义、分析、设计和验证系统。MBSE 技术趋势如图 1-4 所示。面向 2035 年的数字化发展，该文件中还提出了 MBSE-SMS 框架，在 MBSE 支持能力基础上，实现模型、数据、可视化的集成关联。面向未来，现有的 MBSE 技术体系还将进行深度扩展，不但要与三维 CAD/CAE 耦合集成，还要基于 AI 技术实现对 MBSE 的能力扩展，形成智能系统的 MBSE 能力。

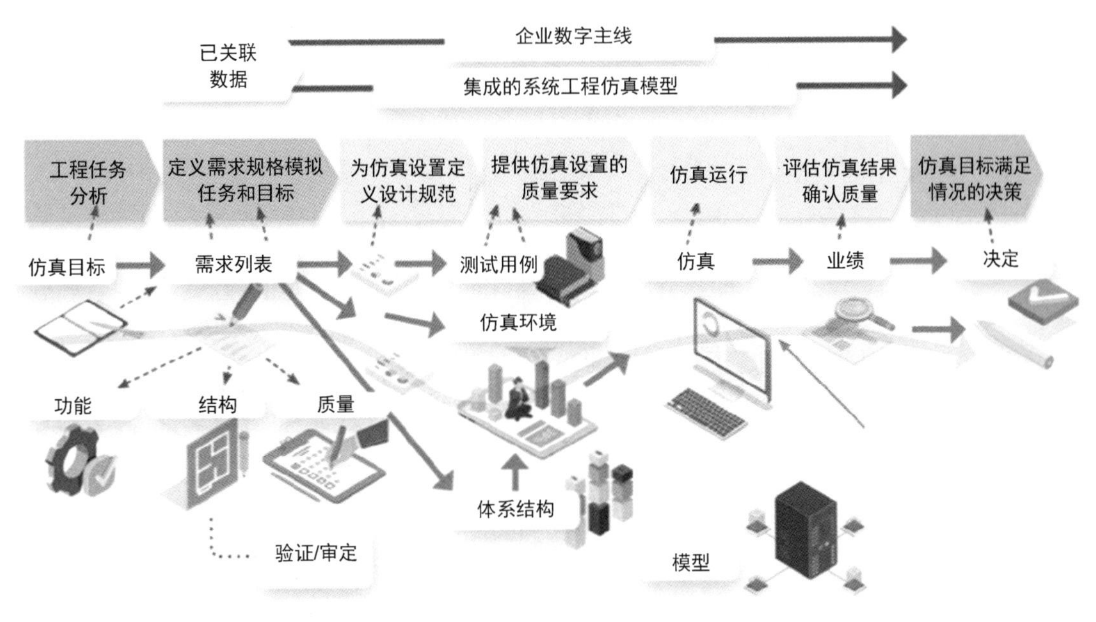

图 1-4 《系统工程愿景 2035》中的 MBSE 技术趋势

本 章 小 结

本章主要介绍系统工程与 MBSE 相关内容，面向初学者的角度，介绍了复杂系统对数字化研制技术的迫切需求，给出了系统工程与 MBSE 的概念、内涵，描述了 MBSE 应用场景，陈述了 MBSE 在国内外的实践情况，讲解了当前阶段 MBSE 应用的短板问题，并简要概括了 MBSE 的未来发展趋势。

第 2 章

MBSE 语言、工具和方法

2.1 MBSE 语言概述

SysML 是目前 MBSE 方法中应用最为广泛的主流系统架构设计建模语言，支持对复杂系统开展规范化分析、设计、验证和确认工作。SysML v2 的第二个 RFP 于 2018 年 6 月发布，其目的是增强基于模型的系统工程的工具的互操作性。多领域物理统一建模语言 Modelica 从原理上统一了之前的各种多领域建模机制，其已成为复杂系统仿真建模通用语言，实现了机、电、热多学科机理的一体化描述与验证，是复杂系统和 MBSE 的关键使能技术。SysML 和 Modelica 已经被宝马、梅赛德斯-奔驰、福特、本田、大众、德国宇航中心、空中客车（Airbus）、ABB、西门子、法国电力等不同行业的品牌或企业所采用，广泛应用于国内外航天、航空、船舶、核电、汽车等众多领域。

SysML 提供基础建模元素，涵盖一套面向任何复杂系统的基础建模框架，抽象层级比较高。同时，它具备扩展功能。例如，在开展航天装备全场景数字化表达时可以将 SysML 作为建模框架，再结合复杂的领域知识，定义出一套用于表达该领域的专属模型语言：航天装备关注姿轨控、日照、通信链路等，航空领域关注结构、气动、动力、飞控等专业知识；飞控专业关注载荷、被控对象、控制器、执行机构以及传感器之间的耦合。基于 SysML 扩展机制，能够定义航天装备的领域元模型。领域元模型的范围包括领域关键术语、层级关系、属性、接口信息，基于领域元模型能够进一步定义航天装备的系统模型并形成模型库，基于模型库则能够捕获系统全场景及架构。

进入 21 世纪以来，以 Modelica 为代表的系统级设计与仿真技术，正成为 MBSE 的核心内容，为复杂系统创新设计与全数字化仿真验证提供了支撑。基于 Modelica 的系统级多领域仿真技术归纳了机、电、液、控、热等单学科的原理，由此构建出由多个系统组成的任务模型，使得不同学科、不同系统可采用统一的数学表达、统一的模型描述、统一的建模模式、统一的集成环境来实现统一建模与仿真，进一步通过 Modelica 统一的编译分析机制实现 Modelica 模型的统一仿真求解，为多领域系统仿真验证提供了技术手段。

虽然 SysML、Modelica 等为复杂系统提供了通用的架构设计和建模语言，能够满足系统多专业的统一设计或仿真建模，但是需要注意的是，其可能具有一定的局限性，例如，在设计模型与仿真模型之间的互操作性、统一描述与转换等功能上仍有不足，系统设计与虚拟验证之间尚未贯通，不能满足一体化设计与验证、全阶段模型一致性要求等。

此外，SysML、Modelica 等虽然提供了系统需求分析、功能分析、架构设计、虚拟验证等通用 MBSE 功能，但是无法支持 CPS 的时序任务分析与设计、信息流专业设计与验证、CPS 分布式架构的设计与复用、SOA（面向服务的架构）软件建模、通用总线协议描述与分析等专用需求，因此实践中需要在 MBSE 通用语言、方法、工具的基础上，进一步调研并采取适用于 CPS 的领域专用方法、工具作为补充，从而满足 CPS 一体化设计与验证的流程、规范、工具需求。

2.1.1 SysML

SysML 是一种通用的建模语言，用于对系统进行建模，提供了创建和可视化模型的能力，这些模型代表了一个系统的许多不同方面，包括它的需求、结构、行为，以及对它的系统属性的约束，以支持工程分析。

SysML 语言借鉴了较多的 UML（统一建模语言）建模元素，重用了 UML 2.5 的一个子集，提供了额外的扩展机制来解决 UML 中系统工程的需求。SysML 使用 UML 2.5 作为其基础，因此使用 SysML 建模的系统工程师和使用 UML 2.5 建模的软件工程师将能够在软件密集型系统的模型上进行协作，这也是很多 SysML 软件工具兼具 UML 建模功能的原因。这种机制有助于并促进系统工程和软件工程建模工具之间的互操作性，但客观上也阻碍了系统工程师与结构、电气等其他专业工程师之间的相互理解。因此 SysML 将进行定制化，优化其对不同专业的适应性，以支持特定领域的应用，如汽车、航空航天、通信和信息系统。

SysML 模型提供了 9 类视图。

（1）需求图（Requirement Diagram）：用来定义和跟踪系统的功能与非功能性要求，以及它们与其他模型元素的关系。

（2）用例图（Use Case Diagram）：用来描述系统的用例，即表示系统的功能、参与者、用例和关系的图形符号，以及它们的范围和目标。

（3）块定义图（Block Definition Diagram，BDD）：用来描述系统中的块，即表示系统的部件、模块、接口或约束等的抽象概念，以及它们的属性、操作和关联。

（4）内部块图（Internal Block Diagram，IBD）：用来描述块的内部结构，即表示块的端口、组件、连接器、流程和分配等的图形符号。

（5）参数图（Parametric Diagram）：用来描述块的参数约束，即表示块的参数、方程式、值和绑定等的图形符号。

（6）包图（Package Diagram）：用来描述系统中的包，即系统的组织单元，以及它们的依赖和嵌套关系。

（7）活动图（Activity Diagram）：用来描述系统的活动，即表示系统的输入、输出、控制和数据流等的图形符号，以及它们的条件和并发性。

（8）序列图（Sequence Diagram）：用来描述系统的交互，即表示系统中的对象、角色、消息和生命线等的图形符号，以及它们的时间顺序和条件。

（9）状态机图（State Machine Diagram）：用来描述系统的状态，即表示系统中的对象、事件、状态、转换和动作等的图形符号，以及它们的触发条件和效果。

SysML 模型的基本元素见表 2-1。

表 2-1　SysML 模型的基本元素

<table>
<tr><th colspan="3">分类</th><th>典型图元类型</th></tr>
<tr><td rowspan="10">9 类视图</td><td>需求</td><td>需求图</td><td>需求、原理、包、衍生、派生、满足、验证、依赖、用例、分配等</td></tr>
<tr><td rowspan="3">结构</td><td>块定义图</td><td>模块、接口、流、包、端口、关联、连接、依赖、派生、约束、单位等</td></tr>
<tr><td>内部块图</td><td>模块、包、端口、流端口、代理端口、完整端口、连接、依赖、绑定引用等</td></tr>
<tr><td>包图</td><td>包、依赖、包含、引入等</td></tr>
<tr><td rowspan="4">行为</td><td>用例图</td><td>用例、执行者、主题、系统边界、关联、泛化、包含、扩展等</td></tr>
<tr><td>活动图</td><td>基本动作、节点、活动参数、对象流、控制流、概率、流量速率、发送事件动作、接收事件动作、等待时间动作、初始节点、活动最终节点、流最终节点、决定节点、合并节点、分支节点、集合节点等</td></tr>
<tr><td>序列图</td><td>生命线、创建事件、析构事件、执行说明、消息、时间约束、期间约束、一般排序、交互使用等</td></tr>
<tr><td>状态机图</td><td>状态、转换、初始转换、初始伪状态、终止伪状态、连接伪状态、区域、动作等</td></tr>
<tr><td colspan="2">参数图</td><td>约束属性、约束参数、绑定连接、值属性等</td></tr>
<tr><td colspan="3">表格、矩阵</td><td>需求表等列表
需求、用例等不同建模元素间的依赖关系矩阵</td></tr>
<tr><td colspan="3">其他图形</td><td>可以显示的其他图元、图形</td></tr>
<tr><td colspan="3" rowspan="6">通用建模元素</td><td>属性</td></tr>
<tr><td>注释</td></tr>
<tr><td>命名</td></tr>
<tr><td>描述</td></tr>
<tr><td>约束</td></tr>
<tr><td>线、框、文本、图片等</td></tr>
</table>

以上所有建模元素，除需要支持的图元、连接关系、文本标注信息外，还应该具有名称、标签、描述、备注、显示属性等文字信息编辑功能，以及与其他建模元素、图形之间关联关系的显示功能。

2.1.2　Modelica

Modelica 是为解决多领域物理系统的统一建模与协同仿真，在归纳和统一之前多种建模语言的基础上，于 1997 年提出的一种基于方程的陈述式建模语言。Modelica 语言采用数学方程描述不同领域的物理规律和现象，根据物理系统的拓扑结构，基于语言内在的组件连接机制实现模型构成和多领域集成，通过求解微分或代数方程实现仿真运行。该语言可以为任何能够用微分或代数方程描述的问题实现建模和仿真。

Modelica 的最大特点是支持物理建模。所谓物理建模是指采用与工程系统设计过程尽可能相近的建模方式，并且与工程师的设计习惯一致。这表示工程师在建模过程中不需要与数学方程打交道，只需要处理组件（元件）和参数。通过面向对象建模、多领域统一建模、陈述式非因果建模及连续-离散混合建模等典型特征，Modelica 提供了直接物理建模的完整支持。Modelica 标准库简表见表 2-2。

表 2-2　Modelica 标准库简表

名称	描述
UsersGuide	Modelica（标准）库的使用指南
Blocks	基本输入输出控制框图模型库（连续、离散、逻辑、表格）
Electrical	电类模型库（模电、数电、电机等）
Math	数学函数库（如 sin、cos）以及矩阵和向量的运算函数库
Mechanics	一维和三维机械模型库（多体、平移、转动等）
Media	媒介性质模型库
Thermal	模拟热交换和简单管路热流的热力学组件模型库
Utilities	用于编写脚本等的工具函数库（针对文件、流、字符串、系统等的一些操作）
Constants	数学和自然界中的一些常量或符号（如π、e、R、Σ等）
Icons	图标库
SIunits	基于 ISO 标准的国际单位制
StateGraph	用于离散和响应系统建模的层次状态机模型库

利用 Modelica 可实现对多领域组件的描述，如图 2-1 所示，任意领域的组件均由两部分构成：连接器和行为描述。

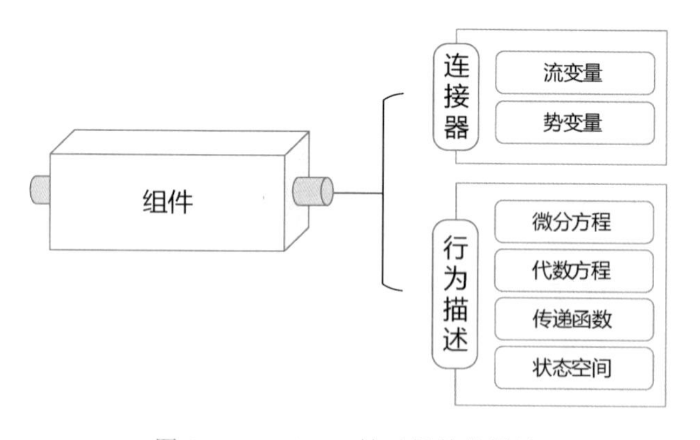

图 2-1　Modelica 针对组件的描述

- 连接器：描述组件与其他组件的接口变量。
- 行为描述：描述模型物理行为的方程或算法。

针对利用 Modelica 构建的多领域系统模型，其编译、分析、求解均需要由平台完成，其整体流程如图 2-2 所示。

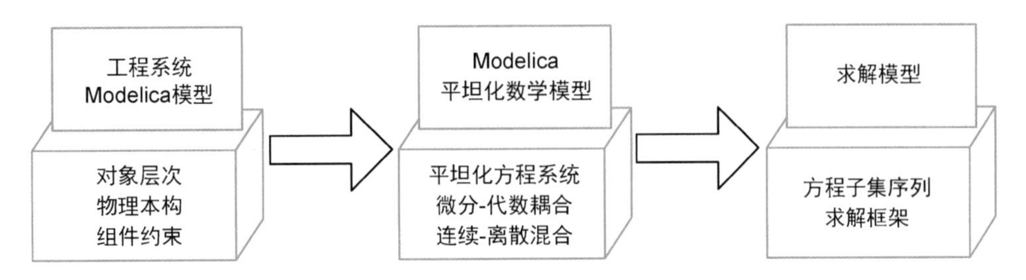

图 2-2　Modelica 模型求解的整体流程

由于 Modelica 的多领域统一建模、统一求解、因果与非因果统一建模以及面向对象建模等技术优势，与复杂系统和 MBSE 的虚拟验证需求刚好一致，能够满足机、电、液、控等多专业统一建模与仿真验证需求，可以为系统任务定义、需求分析、功能设计、架构设计、评估验证提供统一的建模手段，能够建设与系统架构、阶段关系相一致的模型库，面向更加长远的多岗位协同、多团队协同，结合模型库的建、评、管、用规范，实现基于模型的需求传递、模型开发、测试验证、封装传递、转换交付、集成应用，这些都决定了 Modelica 在复杂系统研发领域的基础语言地位。

2.2　MBSE 工具概述

2.2.1　系统设计建模软件

如前所述，SysML 和 Modelica 是 MBSE 设计与仿真建模的两种主要语言，与之相对应，也存在基于两种语言的系统设计和系统仿真两类建模软件。目前应用较为广泛的系统设计建模软件有 MagicDraw、Rhapsody、Capella 等。

1. 建模活动

（1）工程初始化

构建数据根节点，提供初始数据的结构树，提供空白系统的内部块图（IBD）或其他系统定义图形。

（2）各种建模元素的创建

支持各种元素的创建，方法如下。

- 右键单击所需放置的图形，生成新图形，同时在结构树中增加新元素。
- 从图元列表中通过鼠标拖动的方式新建图形，同时在结构树中增加新元素。
- 右键单击结构树中的目标位置，选择新建图形或图元，生成新图形，同时在结构树中增加新元素。

另外，新建 9 种视图时，支持收集系统中已存在的数据，例如，在创建新的包图、块定义图（BDD）或内部块图时支持收集或选取系统需求、用例、参与者、活动等已有数据，实现新图形与旧数据之间的自动引用、关联。

（3）各种建模元素的修改

支持对已经创建的图形、图元进行修改，修改内容包括图形尺寸、显示属性、文字属性、图元在图形中的摆放位置，以及建模元素在结构树中的位置等。其中，移动建模元素在结构树中位置时，其子元素应同时移动；依赖、关联、分配、追溯等关系不能作为独立元素在结构树中移动。

（4）各种建模元素的删除

支持删除创建的图形、图元。删除建模元素时，应同时删除其子元素。删除存在引用关系的元素时，应具有相应的提示方式，例如，高亮显示或者对话框提示引用位置列表。

（5）各种建模元素的属性定义

支持与不同建模元素相对应的属性定义，包括名称、描述、备注、单位制、标签、脚本描述的参数定义或者约束条件、触发消息或者关联事件等。定义方式包括使用右键快捷菜单打开对话框或者提供属性窗口直接显示。属性一般不显示在结构树中。

（6）各种建模元素间的关联

支持不同建模元素间关联的定义，包括分配、包含、引用、依赖等。

（7）各种分析矩阵的定义和生成

支持选取两种类型（可以是相同类型，如需求）的数据条目列表，分别定义为矩阵的行和列，并显示、分析、编辑其关联。还应支持同一类型的多个数据条目以矩阵形式显示其属性列表，例如，通过需求表显示系统需求的编号、分类、需求层级、需求描述等信息。

（8）自顶而下的分解、分配

支持系统层级向分系统层级的功能、架构、需求分解与分配，支持基于 BDD、IBD 或包图的建模表示，支持结构树上的层级关联显示，支持矩阵形式的分配关系显示与检查，支持功能分解、架构分解、需求分解之间的关联、检查（可通过脚本和二次开发实现）。

（9）自底而上的综合、构建

支持将分系统的功能、模块、需求集成为系统的功能、架构、需求，并在定义关联之后，可通过矩阵或可视化形式进行检查。

（10）内部仿真模型定义

可以定义和完善脚本、参数、事件与响应机制等行为，将系统模型构建为可仿真或可以动画形式显示的模型。

（11）模型的编译、仿真

收集系统参数、行为机理、外部仿真模型或脚本，将其编译为可运行或者可仿真的模型，实现系统模型仿真。

（12）可视化分析与检查

支持对仿真结果、系统架构、数据间关联、分解和追溯等关系矩阵的可视化分析、编辑以及结果数据的保存。

（13）报告生成

按照模板生成系统建模报告，输出为 Web、Word 等格式的报告文档。

（14）参数方程定义

支持通过参数表、约束框、参数属性等定义的系统功能、性能、效能评价函数。

（15）备选方案定义

对同一组需求、同一个系统模块，支持基于 IBD、BDD 或参数图的多个备选方案的建模和表示。

（16）评估与决策

支持基于效能评估函数的评估与决策，并支持优选方案的确认、备选方案的定义，以及其他无用方案的淘汰。

2. 数据组织

（1）面向图的数据组织

提供将项目中所有图进行归类显示的功能，以便进行评审、交流、讨论、检查等。

（2）面向阶段的数据组织

对不同系统工程阶段，例如，需求分析、功能分析、架构设计等不同阶段，可单独定义文件夹，各阶段所需的元素按照其层级关系分别存储于该文件夹之内。

（3）面向对象的数据组织

支持根据图形对象或建模对象的层级关系定义结构树，例如，关联、追溯等信息位于用例、需求的元素节点之下，且不可单独移动；用例、需求的元素定义于系统根节点之下等。结构树规则可以自行定义。

（4）面向上下游的数据组织

支持面向上下游的数据封装和转交功能，可以选择所需转交的数据，按照结构树层级或其他格式要求进行数据封装和转交。

（5）面向评审的数据组织

支持对主要数据、建模对象的收集、分发、修订或标注审签信息，并可合并到项目文件中。

（6）面向迭代的数据组织

支持建模元素或数据的增、减、修改以及更新，在进行某项数据更改之后，自动更改引用位置，并高亮显示。

（7）可以自定义项目结构树

支持项目结构树的自定义创建。

3. 关联引用

（1）模型元素调用

支持在不同的建模元素中调用其他元素，可以定义关联、引用、分配等关系，并在元素属性中集中显示。

（2）外部模型调用

支持外部仿真模块的调用，支持的类型可以是 Simulink 仿真模块、Modelica 脚本或模型、MATLAB 脚本、FMU（Functional Mock-up Unit）或者 VBA 与 Python 等语言脚本。

（3）外部数据导入

支持图片、表格等外部数据的导入。

（4）模板、概要文档的定义与引用

支持预定义模型模板、工程模板、概要文档、结构树模板或引用。

（5）自动执行

通过脚本编程或 SDK（Software Development Kit）开发系统插件，实现活动参数、顺序、数据组织的自动执行。

（6）验证策略定义

根据序列图定义验证策略。

4. 分析运行

支持以下形式的系统模型构建与运行、可视化分析以及数据保存：

① 参数约束仿真；
② 指标分配仿真；
③ 行为黑/白盒仿真；
④ 效能评估模型仿真；
⑤ 外部专业仿真。

仿真运行功能可在以下图形类型中运行：黑/白盒活动图、序列图、状态机图、BDD 和 IBD。

Rhapsody、MagicDraw 等 SysML 软件大都是从 UML 发展而来的，其底层对 SysML 和 UML 建模规范所定义的建模元素和活动的支持较为全面，并以之为基础，支持系统架构分析、设计、评价、决策和验证等 MBSE 活动。这些软件还通过概要文档实现对敏捷系统工程、MagicGrid 等 MBSE 方法论的支持，进行系统数据的结构化管理，以及上下游转交、系统活动的迭代和流程定义、追溯和决策方案的预定义支持，从而实现基于某种系统工程建模思想或者某种研发流程的 MBSE 建模环境。

Capella 软件采用的顶层方法论与其他 SysML 系统建模软件有多方面的显著差异，具体包括在阶段划分、系统工程建模方式、基本图形支持等方面。Capella 软件具有自顶向下的特点，其顶层建模思想为 Arcadia 思想，对系统工程阶段划分、基本建模方法、脚本语言等均有独立的定义，因此并未像 Rhapsody、MagicDraw 等软件一样提供丰富的概要文档和脚本接口，其底层资源、服务均围绕 Arcadia 建模思想建设。

2.2.2 系统仿真建模软件

Modelica 是系统仿真验证所需的基础语言，已经成为 MBSE 技术体系中的另一个通用建模语言。Modelica 工业界重要事件见表 2-3。

表 2-3 Modelica 工业界重要事件

时间	事件	备注
1997 年 9 月	Modelica 规范发布	
2006 年 9 月	达索公司收购 Dynasim AB 公司的 Dymola，采用 Modelica 作为 CATIA V6 核心	标志着 Modelica 正式为工业界所接受
2007 年 6 月	LMS 公司收购 AMESim，支持 Modelica	
2007 年 10 月	欧洲 EUROSYSLIB 计划启动，旨在强化欧洲在嵌入式系统建模与仿真方面的领导地位	
2008 年 2 月	MathWorks 公司在 MATLAB 中推出类似于 Modelica 的 SimScape 模块，支持多领域统一建模	世界三大数学软件之一
2008 年 12 月	Maplesoft 公司发布基于 Modelica 的工程仿真软件 MapleSim	世界三大数学软件之一
2011 年 3 月	Wolfram Research 公司收购 MathModelica，其后发布支持 Modelica 的 SystemModeler	世界三大数学软件之一
2012 年 11 月	西门子公司收购 LMS 公司，其包含的 AMESim 软件支持 Modelica	
2013 年 10 月	ESI 集团收购 CyDesign Labs，支持基于 Modelica 的系统建模	
2014 年 9 月	ANSYS 与 Modelon 合作支持 Modelica，提供一维系统模型与三维有限元模型集成	
2015 年 4 月	达索公司收购 Modelon 公司，进一步加强对 Modelica 的支持，提供系统与三维模型集成	
2016 年 1 月	ESI 集团收购 ITI 公司，进一步强化其系统与三维模型集成的战略	

Modelica 主要仿真工具有 Dymola、AMESim、MapleSim、MWORKS、SimulationX、SystemModeler、JModelica、OpenModelica。其中同元软控开发的 MWORKS 为亚太地区唯一具有完全自主知识产权的 Modelica 仿真工具。另外，后面三个工具是以开源项目形式开发的。

2.2.3 MWORKS 平台简介

MWORKS 是同元软控基于国际知识统一表达与互联标准打造的系统智能设计与验证平台，是 MBSE 方法落地的使能工具。

MWORKS.Sysbuilder 是一种 MBSE 基础软件平台，其主要功能是开展基于模型的系统设计验证，并能与 MWORKS.Sysplorer、MWORKS.Syslink 相配合，提升 MBSE 设计验证闭环的能力和效率。该软件支持完整的图形化建模元素，支持 SysML 规范中要求的需求图、用例图、活动图、状态机图、序列图等 9 类标准的 SysML 视图，同时还提供树状图、关系矩阵、约束表达式建模等功能，能够完成系统任务分析、需求分析、功能分析、架构设计、验证评估等系统设计的完整过程。在上述的传统系统设计建模能力之外，该软件还具有设计与仿真一体化的特点，其内部嵌入了 MWORKS.Sysplorer 的 Modelica 编译求解内核，能够将设计建模过程与仿真模型相互关联，支持快速复用与快速验证，结合专业团队在 Modelica 系统建模与仿真领域的基础和能力，开发了具有特色的系统模型解析转换模块，实现了系统仿真模型驱动的自动生成求解与闭环验证。面向系统研发过程中对分系统方案选择、指标分配、可行性评估的需求，开发了各专业选型与参数设计模块，以专业团队积累的 Modelica 模型库为参照物，提供可固化的分系统计算验证功能，能够快速完成分系统的优选与指标分配。在需求分析、架构设计、仿真验证、方案评估等能力的基础上，软件提供了多方案并行权衡能力，支持系统架构模板、系统设计参数集合驱动的多方案生成、评估与优选。MWORKS.Sysbuilder 功能架构如图 2-3 所示。

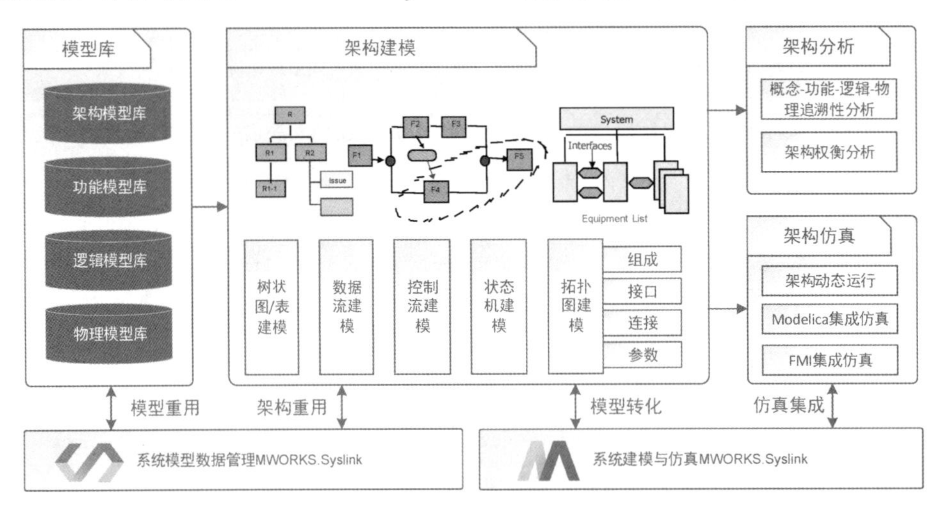

图 2-3　MWORKS.Sysbuilder 功能架构

MWORKS 面向通用指标、设计方案、运行机理等方面的谱系化复用需求，支持任务、功能、指标、产品等多维度的模型积累，与 Modelica 模型库相辅相成，支持系统研发各阶段的设计验证闭环应用，更加高效地支撑专业团队知识资产的存储、复用、管理与协同应用。

系统设计验证过程如下。

（1）任务分析

面向系统使命任务，针对典型任务场景，识别出任务曲线、环境要素、利益相关方等系统上下文信息，结合用例图绘制任务场景，开发或者复用环境与外部系统动态模型，实现任务场景的构建与动静态分析，与任务分解配合进行迭代，形成数字化任务模型和量化的任务需求。任务分析示例如图 2-4 所示。

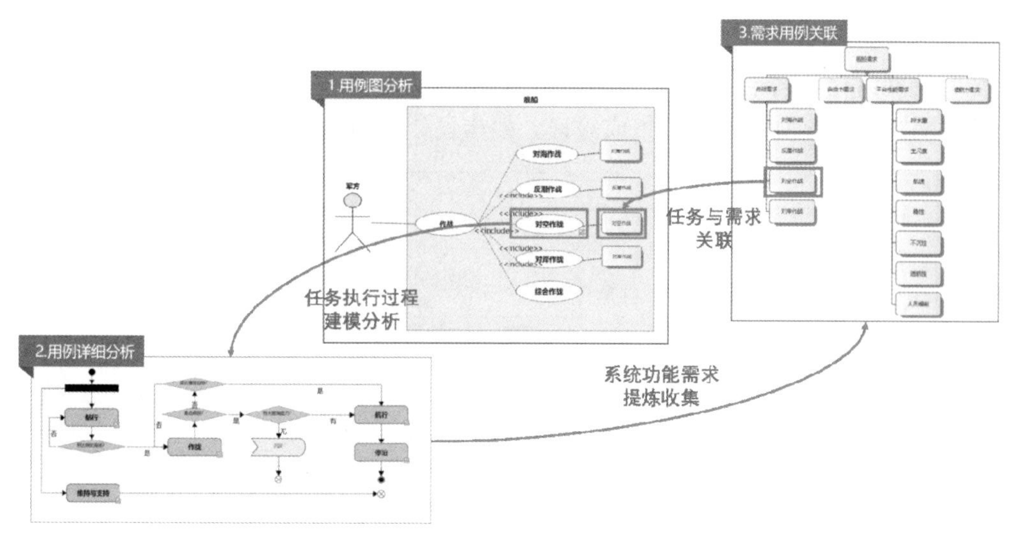

图 2-4　任务分析示例

（2）行为分析

根据系统任务，承接系统任务模型，采用活动图、序列图、状态机图等多种行为模型，对任务的行为逻辑进行描述，开展黑/白盒等不同颗粒度的模型描述与细化，完成系统功能逻辑定义与分析，并形成系统功能需求。行为分析示例如图 2-5 所示。

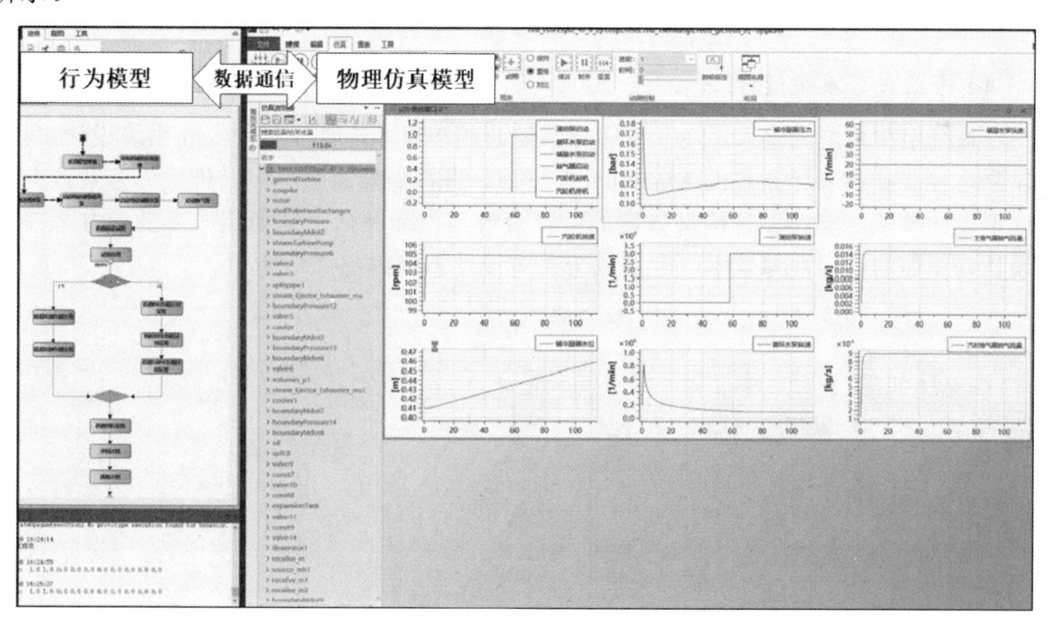

图 2-5　行为分析示例

（3）架构设计

以系统任务、需求和行为模型作为牵引，采用架构设计类视图，开展结构分解定义、接口设计、参数定义、功能分配等工作，支持系统架构设计。面向强协同环境，还能够构建多岗位网络化协同论证环境，将不同模块的设计任务分配给不同岗位人员，支持基于模型的网络化并行协同设计与集成验证。架构设计示例如图 2-6 所示。

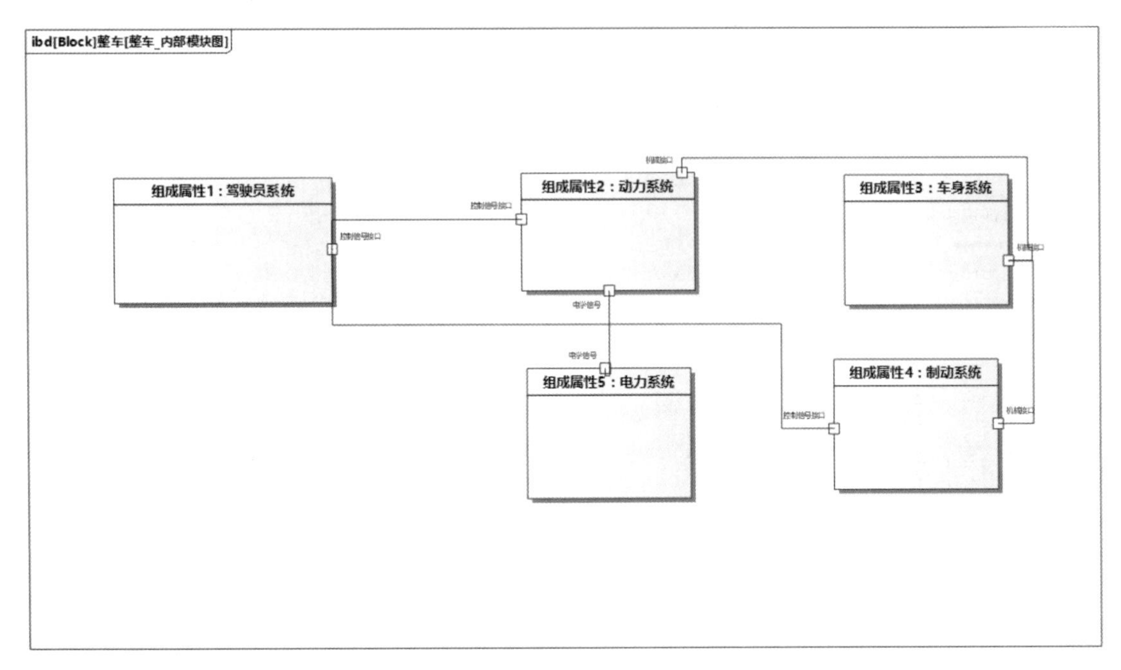

图 2-6　架构设计示例

（4）专业或分系统设计

以系统架构模型为输入，向下传递分系统研制需求，开展各专业或分系统设计工作。可以复用各专业或者分系统的 Modelica 模型库，进行少量封装开发，集成为专业或分系统选型设计模块，支持多种构型方案的并行设计与指标评估，从而提升专业或分系统方案设计、评估的可行性与效率。专业或分系统设计示例如图 2-7 所示。

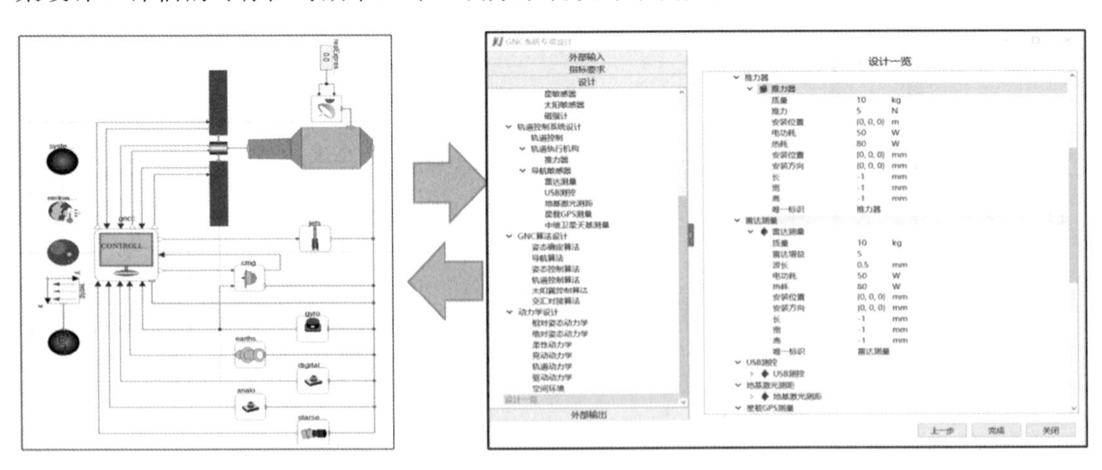

图 2-7　专业或分系统设计示例

（5）系统集成

以系统架构模型、专业或分系统方案等为输入，进行总体设计综合，以网络化协同或离线提交的形式，将各专业或分系统模型提交给总体专业系统工程师进行综合集成，形成总体设计模型，并开展总体集成仿真验证。系统集成的输出为系统总体方案。系统集成示例如图 2-8 所示。

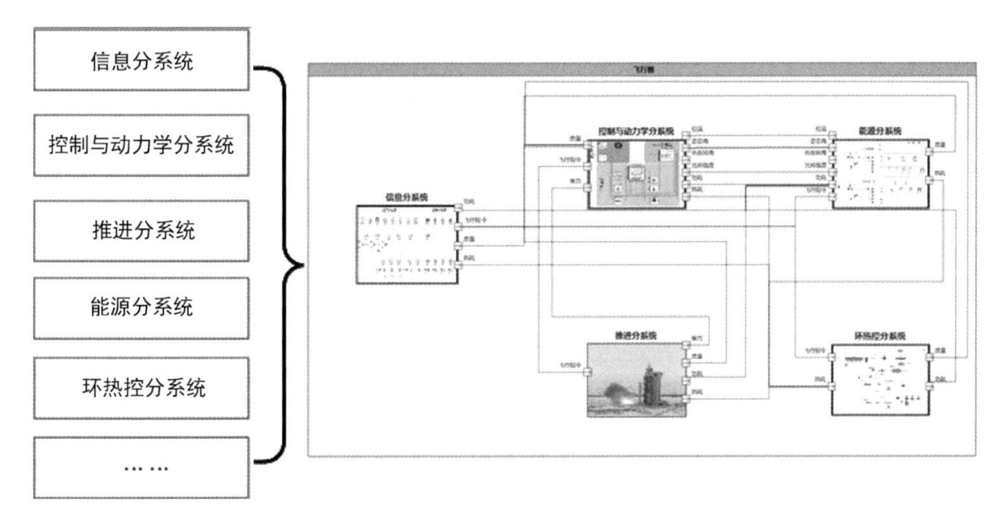

图 2-8　系统集成示例

（6）仿真验证

将已有的系统总体方案模型转换或者关联到系统仿真模型，实现二者之间的参数传递，通过行为模型、架构模型驱动仿真模型的快速编译、求解，应用仿真数据，实现对技术需求、任务参数的仿真验证，根据仿真结果实现系统总体方案的动态计算评估。仿真验证示例如图 2-9 所示。

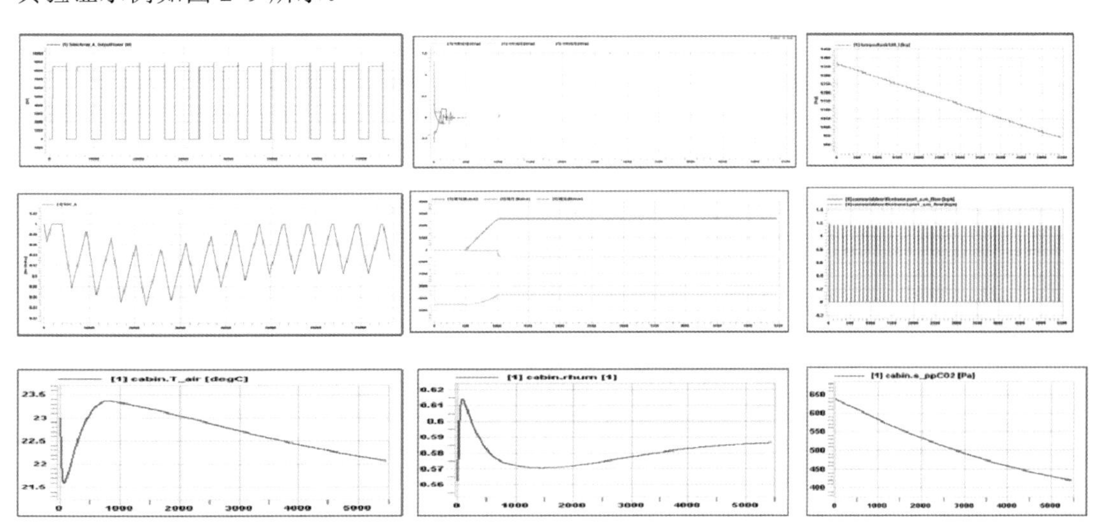

图 2-9　仿真验证示例

（7）分析评估

以系统总体方案为输入，开展需求覆盖性分析、需求追溯性分析、多方案比较分析等。需求覆盖多方案比较分析通过对可靠性、成熟度、成本、质量、尺寸等指标对方案进行综合评价，并按照最终评分对方案进行排序，辅助人工进行优选。

（8）模型库积累

结合上述系统设计验证过程，能够实现多专业、多层级的系统设计知识积累，将任务、功能、结构、机理等各类模型沉淀为可复用的系统设计模型库，支持后续同类型号系统的快速设计与验证。

2.3 MBSE 方法概述

MBSE 方法采用形式化的建模手段，因此从概念设计阶段开始就能够支持系统需求、设计、分析、验证和确认等活动，并持续贯穿于整个开发过程和后续的生命周期阶段。MBSE 技术体系通过模型化的任务分析、需求分解、架构设计、系统验证手段，能够支持复杂系统模块化、集成化、多领域统一和多专业协同研发，能够满足复杂系统基于模型系统设计验证的通用业务活动要求。自从 MBSE 概念提出以来，欧美等相关研究机构对 MBSE 的流程、方法、工具和应用等问题进行了深入的研究和探索，形成了若干 MBSE 方法（如 MagicGrid、Harmony SE、Arcadia 等），实现了系统工程过程与模型的有效结合，建立了集成仿真、分析及可视化的架构模型方法。

目前主流的 MBSE 方法有 OOSEM（面向对象的系统工程方法）、MagicGrid、Harmony SE 等方法。

OOSEM 是 INCOSE 提出的一种 MBSE 方法。该方法支持面向对象模式，可以集成面向对象软件工程的优势，其核心思想是基于面向对象的系统建模语言开展系统工程活动，是 MagicGrid、Harmony SE 等方法的基础。OOSEM 通过 SysML 语言实现建模，包含 6 个基本活动：分析（利益相关方）需求、定义系统需求、定义逻辑架构、综合分配架构、优化与评估方案、验证与确认系统，如图 2-10 所示。该方法的优势在于其使得硬件开发、面向对象软件开发、测试三者之间更易于集成。

MagicGrid 方法是 No Magic 公司（于 2018 年被达索公司收购）提出的一种基于 SysML 语言的 MBSE 方法，该方法以矩阵形式呈现了 MBSE 方法的各项建模活动。纵轴方向按照需求、行为、结构、参数分为 4 列，代表了系统模型描述的各项要求；横轴方向则分为问题域（含白盒、黑盒）和解决域，描述了系统设计从未知到已知的过程。流程起点为利益相关方需求分析，结合系统用例、上下文信息、测度信息等模型要素，有顺序的描述系统黑盒功能和结构、白盒功能和结构、系统参数约束，最后形成完整的系统架构方案。

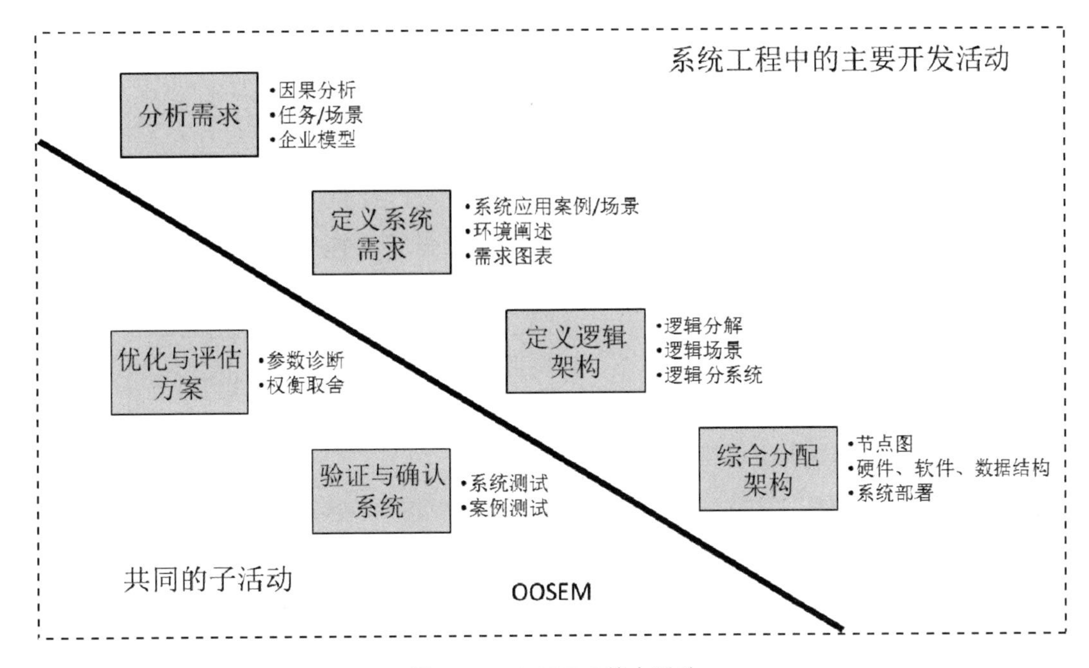

图 2-10　OOSEM 基本活动

Harmony SE（敏捷系统工程）方法是 IBM 公司提出的一种基于 SysML 的 MBSE 方法，其着眼于不同流程、不同模型之间的传递与演化关系，结合敏捷开发的思想，实现逐步扩展的系统架构设计与迭代。敏捷系统工程遵循美国国防部的系统工程流程，整个流程分为需求分析、功能分析、设计综合三部分，强调对 SysML 活动图、序列图、状态机图这三种行为图的依次建模。

2.4　MBSE 方法应用实践的关键问题

2.4.1　共性问题

如前所述，基于文档传递、基于实物迭代的系统工程方法已经难以满足复杂系统研发需求，MBSE 方法作为数字化技术与系统工程方法的融合产物，已经成为公认的下一代系统研发方法，SysML、Modelica 等语言也逐渐成为通用的 MBSE 语言。

面向 MBSE 方法的全面落地，针对未来的发展趋势及具体实践中的共性问题，可以总结出以下要点。

（1）唯一真相源=唯一+真相

复杂系统研发涉及多层级、多专业以及多阶段之间的信息传递与协同，“唯一真相源”是复杂系统全生命周期协同研制效率与质量的促进剂。系统设计建模语言支持系统需求、功能、逻辑、架构的统一表达，能够保证系统架构信息的“唯一”；系统仿真建模语言支持系统运行机理的统一验证，能够准确地描述多领域的耦合特性，更接近“真相”。然而，目前二者之间缺少互操作能力，“唯一”和“真相”尚未真正结合在一起，距离“唯一真相源”尚有较大差距。

（2）系统研发=系统设计+系统验证

系统工程方法贯穿系统研制全生命周期的每个阶段，目前，MBSE 方法更多地集中于系统的设计与验证过程，尤其关注系统设计，这更符合系统工程师自顶向下分解的视角。在具体研发实践过程中，工业部门、设备厂商则更加注重机理仿真模型的积累，这更符合自底向上集成的验证需要。现有工具尚未实现系统设计与系统验证过程的统一，系统设计模型与系统仿真模型分别建设、独自发展，其中蕴含的共性信息需要系统设计模型与系统仿真模型的深度融合才能发挥完整作用。

（3）落地实践=通用方法+领域知识

不同行业、专业有不同的技术特点与研发需求，用户在业务流程、建模习惯、求解方式、表现形式等方面的差异显著，通用的顶层方法和工具难以实现“一招鲜，吃遍天”。因此，MBSE 工具不仅要支持通用的标准语言，还要有良好的扩展性和定制开发能力，支持领域知识的快速积累与复用，才能兼顾多专业的协同要求和特色需求。

2.4.2 通用流程与工程行业的结合问题

当前主流的 MBSE 方法与工具都是通用的，面向某个行业或学科的特定需求缺少领域化的适配工具，与特定行业业务之间存在鸿沟。具体来说，目前的 MBSE 工具大多是面向通用设计过程的，在语言上追求 SysML 等语言的完备性，在功能上追求系统“需求-功能-逻辑-物理”（Requirement-Function-Logic-Physical，RFLP）闭环的完整性。从学术角度或从理想情况考虑，复杂的语法、繁多的功能使这些工具能够对各类不同领域系统的需求、功能、逻辑、架构、参数、约束进行充分准确的描述。然而，在航空、航天等行业开展具体实践的过程中，系统总体、分系统的专业设计人员需要进行大量的预备工作，将通用的建模语言、图形元素转化为各专业工程师所能理解的设计模型，将 MBSE 通用方法中的任务分析、需求分析、功能设计、架构设计、指标验证、方案评估、权衡优化等与传统的各个研制阶段以及各个评审节点相结合。在实际推进过程中，还需要面对专业工程师不了解 MBSE 语言的问题，这是由于 MBSE 语言具有高度抽象性，专业工程师难以在短时间内理解和接受它。

针对这一问题，国内各系统研制单位、相关软件公司和高校科研团队积极探索解决思路，如建立行业级、企业级、型号级的 MBSE 技术手册、过程规范、操作指南等指导性文档，作为各专业团队必须掌握并推进的业务要求。本书编者团队开发了简明、开放、柔性化、可扩展的基础软件平台，降低了通用系统设计模型的理解和操作复杂度，提供了可配置的定制化开发接口和工具，从而能够快速实现具体行业、具体单位、具体型号甚至具体研制阶段业务流程的功能化集成，以专用工具软件的形式减少型号设计人员的工作量，明确基于模型的系统设计与验证流程要求。

2.4.3 通用语言与专业知识的结合问题

当前主流的 MBSE 语言都是通用的。这造成的后果是，MBSE 语言在国内复杂装备领域往往面临不知如何开展、如何落地的情形，各专业工程师不了解已有的通用 MBSE 语言，难以将专业知识、技术方案转化为通用的抽象化建模语言。

通用的 MBSE 语言沿用了 UML 等软件建模语言，其表现形式更符合软件工程师、软件系统架构师的工作习惯。对传统的航空、航天等行业的系统工程师来说，通用的 MBSE 语言过于抽象、难以理解。MBSE 语言还存在着抽象层级过低的问题，其建模颗粒度往往要细致到接口参数、继承关系、参数约束关系等层面。然而，由于各系统研制部门已经具有大量的知识积累，各分系统或功能模块产品往往已内嵌了相当规模的机理约束，如传动系统的结构参数、装配关系等都具有明确的机理方程约束，因此这些内容无须再进行细致、重复的建模工作。

在多数情况下，各类实践项目往往通过元模型、元模型库的方式进行处理，利用元模型实现对各层级、各专业设计知识的表示、积累和复用，从而节省具体型号设计的建模时间。然而，这种方法也有其不便之处，从 SysML 图元开始建立可直接复用的全专业元模型库的工作量十分繁重，其建模方式、视图类型、功能逻辑描述方法都需要明确约束并仔细校核，否则，不仅会影响多专业之间的信息传递，而且，一旦在系统层级暴露模型问题，其修改的工作量和影响都会很大。

针对这一问题，本书编写团队采用了一种设计与仿真集成的方式，在系统自身层面保留了系统设计建模语言的需求、功能、架构、参数、约束等建模方式，引入 Modelica 模型作为分系统设计的选型支撑，通过可运行的仿真模型表达各分系统、功能模块设计方案，以经过校核、验证的仿真模型结果保证分系统、功能模块设计模型的准确性，通过仿真模型参数的快速调整与运算支持各分系统、功能模块的谱系化选型和快速设计，从而既能保证各专业设计方案的准确性、易读性，还能够提高系统总体设计的效率。

2.4.4 通用工具与专业工具的结合问题

在复杂装备研制过程中，不仅需要开展基于模型的正向功能设计，还需要综合考虑其非功能质量特性，后续还要开展控制、电气、信息等多专业的详细性能分析，仅靠通用的 MBSE 工具是难以满足业务要求的，必须考虑上下游多类工具之间的协同问题。NASA、ESA 等机构都开发和采用了航天器系统设计与仿真平台，并组建了协同设计机构，基本实现了从可行性分析到验证全过程的数字化设计与验证，对各类复杂、大型空间任务的系统级设计、分析、仿真形成了较为全面的支持。

国内设计工具平台的研发及应用主要面向系统工程过程中的单一环节，尚未形成一体化的协同环境，各研制单位、软件厂商都在探索各专业、各阶段软件之间的转换集成技术。本书编写团队开发了一款设计与仿真模型转换工具，能够将通用 MBSE 工具的 SysML 模型转换为 Modelica 模型，实现了系统设计建模工具与系统仿真建模工具之间的功能结合，借助 Modelica 模型的多专业特性，能够开展多专业机理的统一建模分析与功能验证。在此基础上，在某些型号的 MBSE 实践过程中，还以定制化的形式实现了系统设计软件、系统仿真软件与 CAD 和 CAE 软件的关联集成。

2.4.5 多阶段与多专业协同的结合问题

针对系统工程到各专业领域工程的衔接过渡，国外已实现了基于领域架构模型的自顶向下的设计，以及与各专业领域模型集成的自底向上的验证。以系统层级中物理架构的各专业领域相关部分作为各专业领域的基础架构，可以进一步定义各专业领域架构，如机械领域架构、电气领域架构或软件领域架构。这些专业领域架构比系统层级的物理架构更加详细，能够用于下一阶段各专业领域模型之间的集成。

在国内具体型号实践中，本书编写团队开发了面向多专业协作的协同软件，通过统一的模型库实现对全型号设计模型的统一存储和管理；可以提供基于 Web 或桌面客户端等的操作方式；能够根据团队、角色分配模型的建、读、改、删等权限，通过后台管理软件与建模客户端的集成，能够根据用户权限，实现各专业、各岗位的建模任务分配，从而实现基于网络的多岗位协同设计和协同验证。

本章小结

本章主要介绍了 MBSE 技术体系中涉及的语言、工具、方法。语言层面主要介绍了 SysML、Modelica 两种国际通用的系统设计与系统仿真建模语言。工具层面不仅介绍了国内外比较常见的系统建模工具，还着重介绍了 MWORKS 软件平台的功能，为本书后续章节的教学提供了基本参考。本章还介绍了国际上主流的 MBSE 方法，简单描述了 MBSE 方法的典型思想、流程，最后结合在工程实践中遇到的具体问题，总结了 MBSE 应用实践的关键问题，作为启发读者在后续章节学习中提升目标。

第3章 MWORKS.Sysbuilder 系统设计建模功能

3.1 概述

MWORKS.Sysbuilder 是面向复杂工程系统、基于模型的系统设计建模工具，其基本功能逻辑如图 3-1 所示。以用户需求作为输入，按照自顶向下的系统研制流程，以图形化、结构化、面向对象方式，覆盖系统的需求建模、功能分析、架构设计、验证评估过程，通过与 MWORKS.Sysplorer、MWORKS.Syslab 的紧密集成，支持在系统设计的初期实现多领域综合分析和验证。

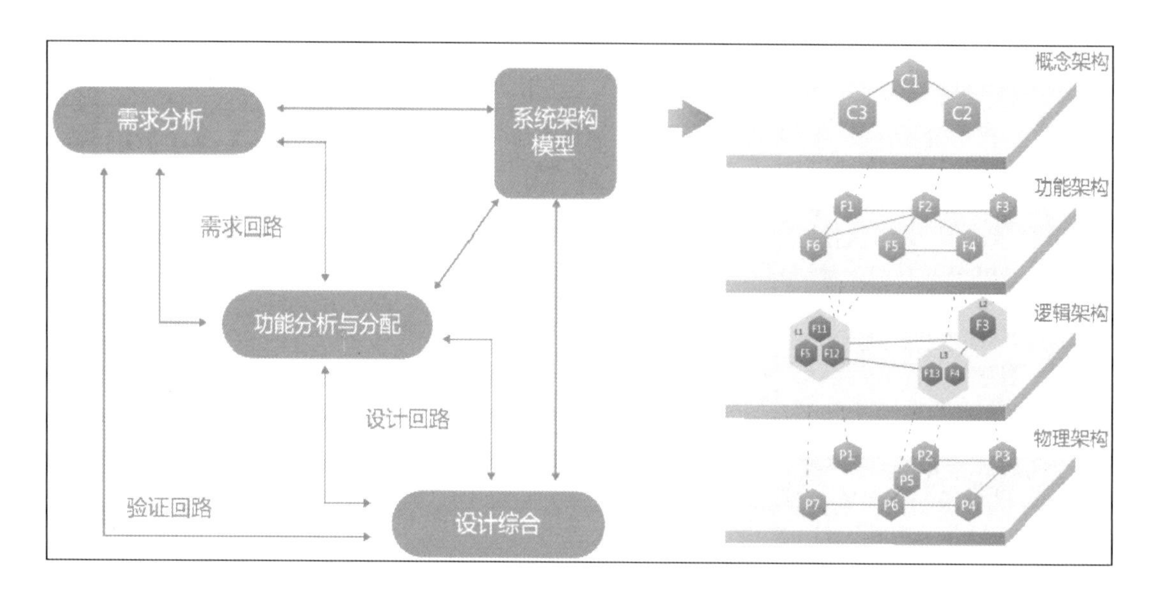

图 3-1 基本功能逻辑

MWORKS.Sysbuilder 包含 SysML 的 9 类视图，从需求分析、功能设计到架构定义，用户均可以使用此软件进行设计及关联，软件使用流程图如图 3-2 所示。

MWORKS.Sysbuilder 的主界面包含快捷工具栏、菜单栏、资源管理器、建模视图、模型库、属性列表、模型输入输出/模型组件参数和输出栏（可在“视图”选项卡中选择要显示在界面上的功能窗口），如图 3-3 所示。

下面结合卷扬设计（案例存放位置：安装路径下的 Example 文件夹）从整体上介绍 MWORKS.Sysbuilder 的使用流程，帮助读者快速掌握 MWORKS.Sysbuilder 的基本操作。

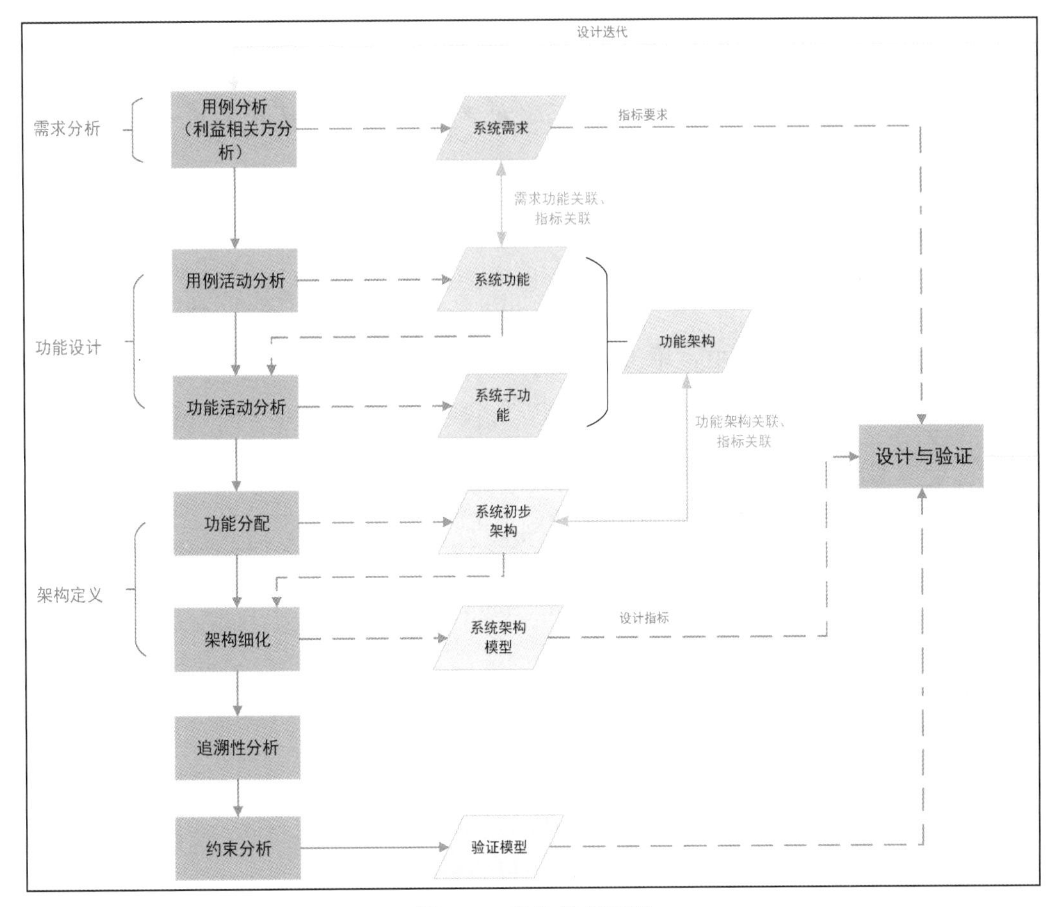

图 3-2 软件使用流程

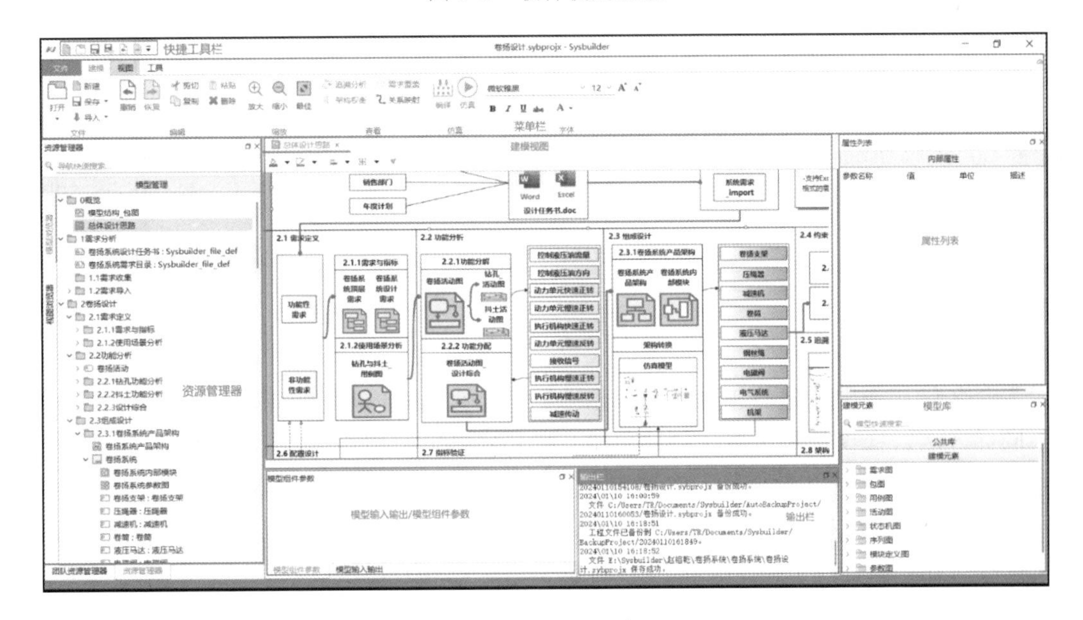

图 3-3 主界面

3.2 模型组织结构管理

新建工程：选择“文件”→“新建”或“建模”→“新建模型”，或单击快捷工具栏中的按钮，可以新建一个工程。

3.2.1 包定义

创建包：在资源管理器中，单击“模型浏览器”标签，在模型浏览器空白处右键单击，选择“新建元素”→“包”，如图 3-4 所示。

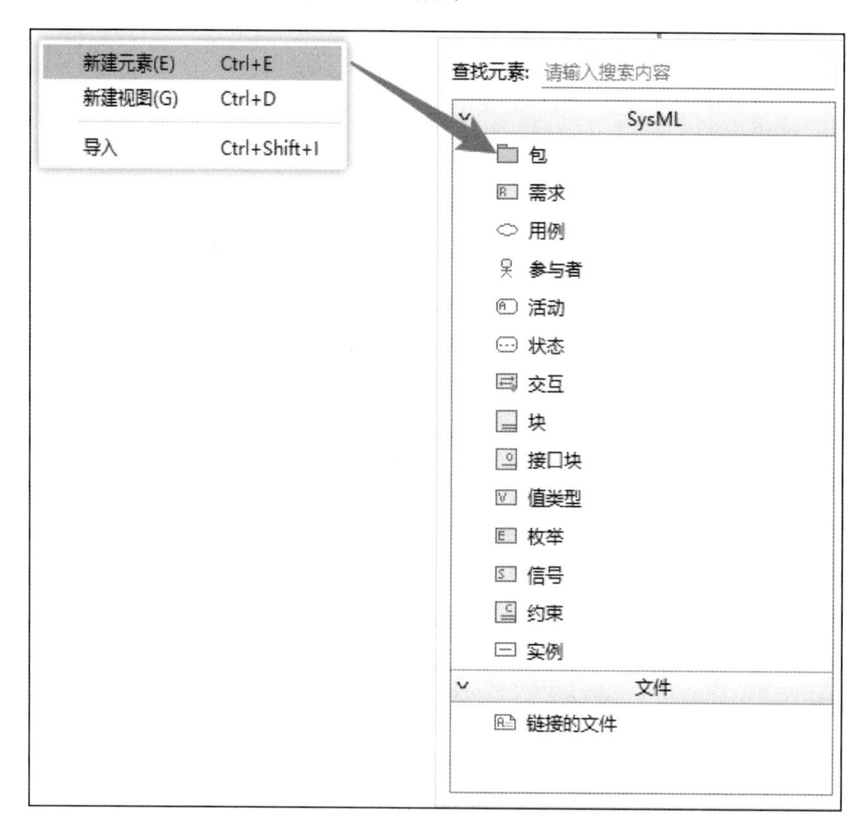

图 3-4 创建包

重命名包：选中新建的包，按 F2 键，重命名包为“0 概览”。

同样方法，在模型浏览器中创建包“1 需求分析”。

创建子包：在模型浏览器中右键单击“1 需求分析”，选择“新建元素”→“包”，即可在包“1 需求分析”下创建子包，命名为“1.1 需求收集”。

同样方法，在包“1 需求分析”下创建子包“1.2 需求导入”。包结构如图 3-5 所示。

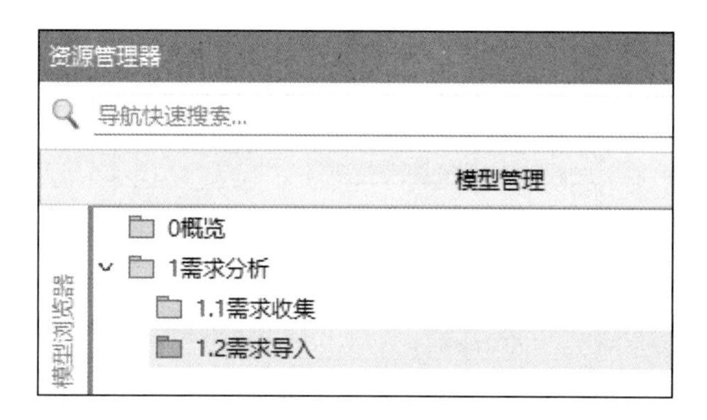

图 3-5　包结构

3.2.2　包图

创建包图：在模型浏览器中右键单击“0 概览”，选择“新建视图”→“包图”，如图 3-6 所示，新建一个包图，命名为“模型结构_包图”。

图 3-6　创建包图

打开包图：双击模型浏览器中的“模型结构_包图”，即可在建模视图中打开该包图，如图 3-7 所示。

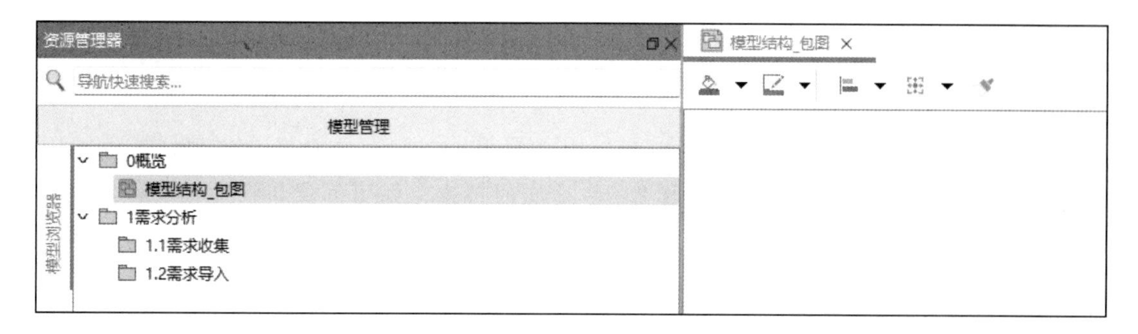

图 3-7　打开包图

放置包：在模型浏览器中选中“1 需求分析”，按下左键并拖动到右侧“模型结构_包图”中合适位置，松开左键，系统自动在包图中创建包“1 需求分析”，如图 3-8 所示。

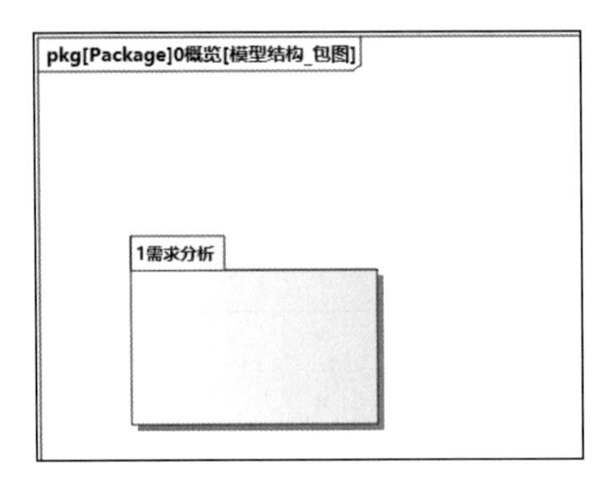

图 3-8　放置包

创建包：在“模型结构_包图”中也可以创建包。在空白处右键单击，选择“新建包”，将会新建一个包，默认包名为“包 1”，该包在模型浏览器中与“模型结构_包图”处于同一级。

重命名包：在“模型结构_包图”中双击“包 1”的名称，将其重命名为“1 需求分析包图”，此时，模型浏览器中“包 1”的名称将同步改变。

在“模型结构_包图”中创建包“2 卷扬设计”、“2.1 需求定义”和“2.2 功能分析”等，如图 3-9 所示。

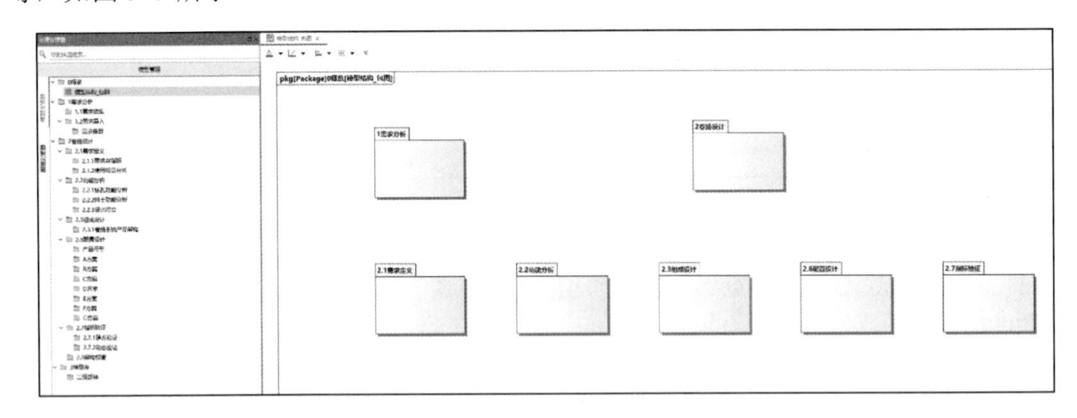

图 3-9　创建其他包

建立关联：单击包“2 卷扬设计”图元边框上的“□”，然后移动鼠标指针至包“2.1 需求定义”图元边框的“□”上，当“□”变绿时单击，即可创建包含关系（包“2 卷扬设计”包含包“2.1 需求定义”），同时，在模型浏览器中，“2.1 需求定义”将自动移动至“2 卷扬设计”的子级。

在“模型结构_包图”中建立其他包之间的关联，包图总体效果如图 3-10 所示。

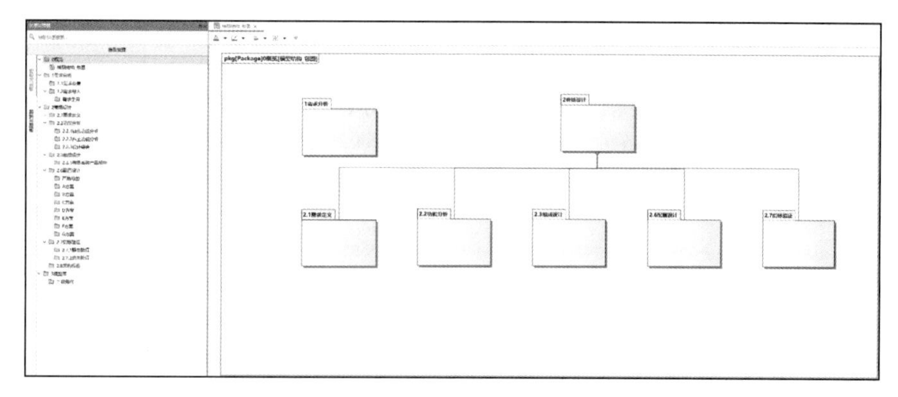

图 3-10　包图总体效果

3.3　模型导入、导出

1. 导入工程文件

单击“文件”→“导入”→“导入工程文件”，打开导入工程对话框，选择安装路径下“Example\卷扬系统\SysML 模型”中的“卷扬设计.sybprojx”，单击“打开”按钮。在模型浏览器中，将会显示导入的工程结构，如图 3-11 所示。

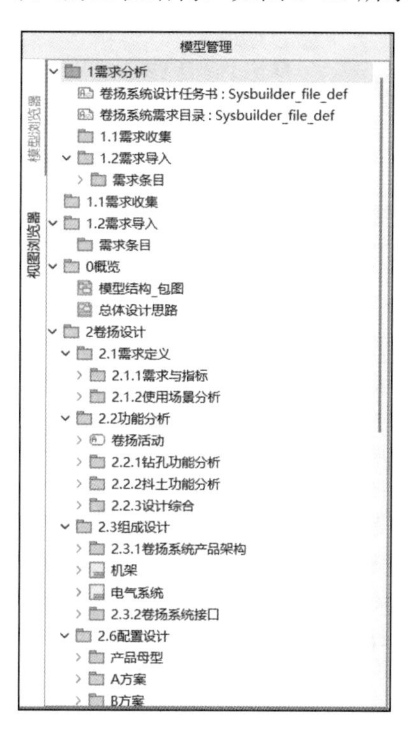

图 3-11　导入结果

2. 导出需求文件

单击“工具”→“导出需求”，在“选择需求导出”对话框中，勾选要导出的需求，单击“确定”按钮，如图 3-12 所示。

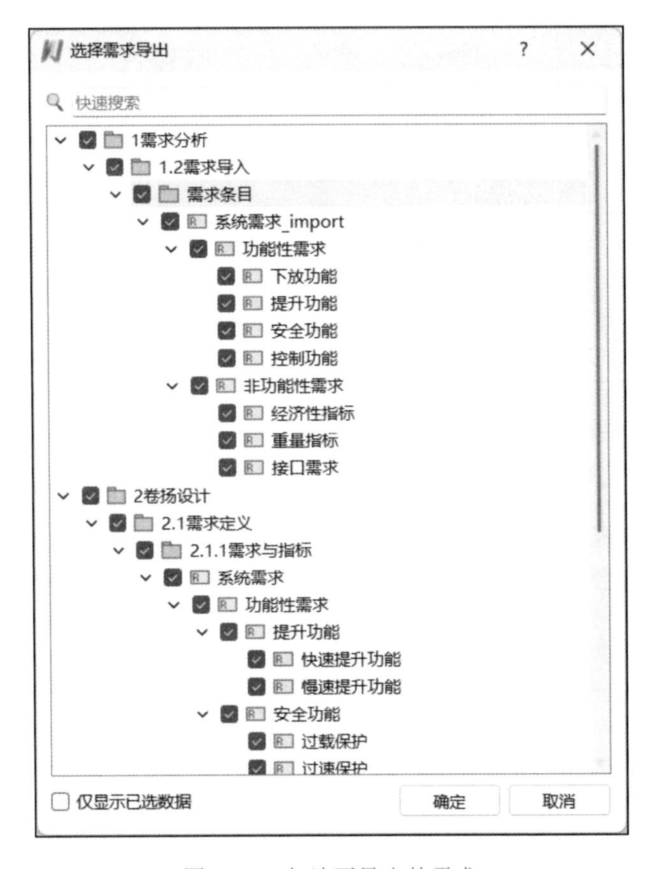

图 3-12　勾选要导出的需求

在弹出的对话框中选择路径“E:\Sysbuilder\用户手册\需求 xlsx\”，文件名为“卷扬设计_需求 001.xlsx”，单击“保存”按钮。

3. 导入需求文件

准备好符合导入规范的 Excel 文件，表格中各列存放的信息说明如下：列 A 是 Id（编号），列 B 是名字，列 C 是需求 Text（文本），列 D 是指标的参数名称，列 E 是指标值，列 F 是指标单位，列 G 是指标描述。一个需求的信息单独存放在一行中，该需求的指标在需求行后另起一行写入，示例如图 3-13 所示。

单击“文件”→“导入”→“导入需求文件”→“导入 Excel 文件”，在打开的对话框中选择路径“E:\Sysbuilder\用户手册\需求 xlsx\”下的“卷扬设计_需求 001.xlsx”文件，单击“打开”按钮。

	Id	名字	需求Text	指标的参数名称	指标值	指标单位	指标描述
	A	B	C	D	E	F	G
1	1	系统需求_import					
2	1.1	功能性需求					
3	1.1.1	下放功能					
4	1.1.2	提升功能					
5	1.1.3	安全功能					
6	1.1.4	控制功能					
7	1.2	非功能性需求					
8	1.2.1	经济性指标					
9	1.2.2	重量指标					
10	1.2.3	接口需求					
11	0	系统需求					
12	0.4	功能性需求	卷扬系统功能性需求				
13	0.4.1	提升功能	卷扬系统应具备将重物从低处提升到所需位置的功能				
14				提升功能最大提升力	500	kN	
15				最大提升高度	180	m	
16				最大提升速度	10	m/s	
17	0.4.1.1	快速提升功能	卷扬系统的快速提升功能是指系统可以以较高的速度将重物提升到所需高度的功能。				
18	0.4.1.2	慢速提升功能	卷扬系统的慢速提升功能是指系统可以以较慢的速度将重物提升到所需高度的功能。				
19	0.4.2	安全功能	卷扬系统应包含安全保护机制				
20	0.4.2.1	过载保护	用于检测和防止操作人员超过设备的额定负载或负荷能力。				

需求模型

图 3-13　Excel 文件

在模型浏览器中，将会显示已导入的需求树，如图 3-14 所示。

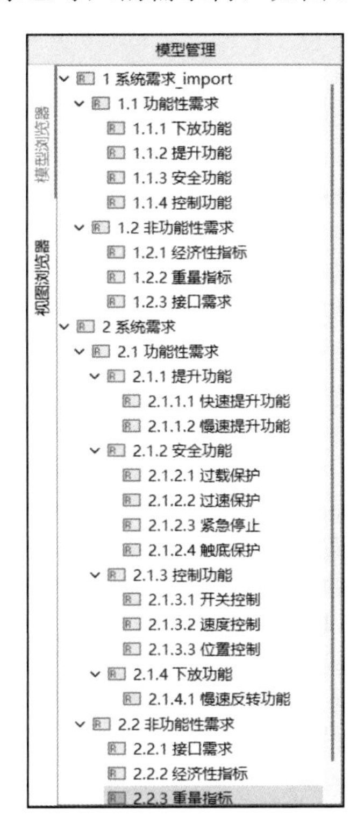

图 3-14　模型浏览器中的需求树

4. 导入链接文件

导入链接文件：右键单击“1 需求分析”，选择“新建元素”→“链接的文件”，在“文件链接”对话框中选择“卷扬系统设计任务书.sysml”，单击“打开”按钮，如图 3-15 所示。

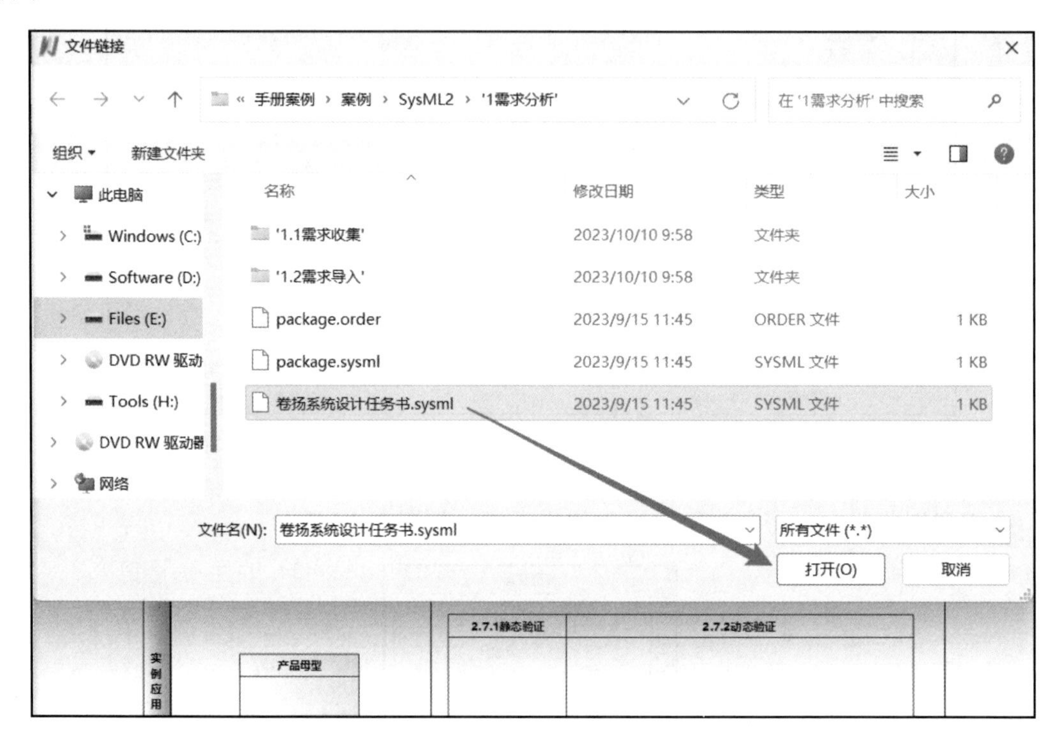

图 3-15 需求导入链接的文件

在模型浏览器中可以看到，卷扬系统设计任务书被链接到包“1 需求分析”下面，如图 3-16 所示。

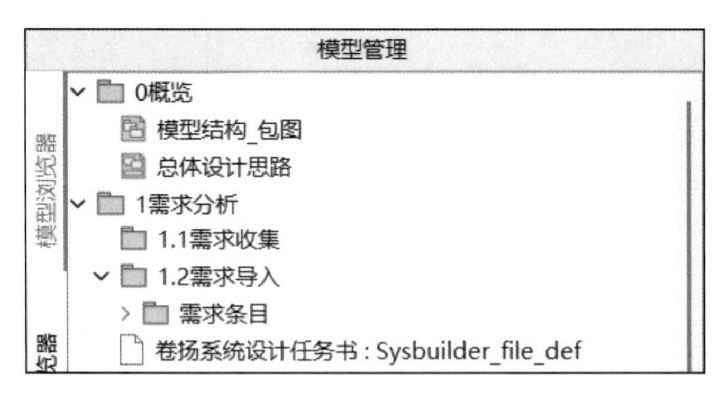

图 3-16 链接的文件

链接的文件支持.mo、.docx、.ppt 等类型文件。

5. 导出包

在模型浏览器中，右键单击“1 需求分析”，选择“导出”，在打开的对话框中选择导出路径“E:\Sysbuilder\用户手册\卷扬设计导出\”，单击“选择文件夹”按钮，将会在指定文件夹中保存导出的包。

6. 导入包

右键单击模型浏览器空白处，选择“导入”，在打开的对话框中安装路径下的“Example\卷扬系统\SysML 模型\卷扬设计\SysML2\'1 需求分析'”文件夹，单击“选择文件夹”按钮，在模型浏览器中将会显示导入的包，如图 3-17 所示。

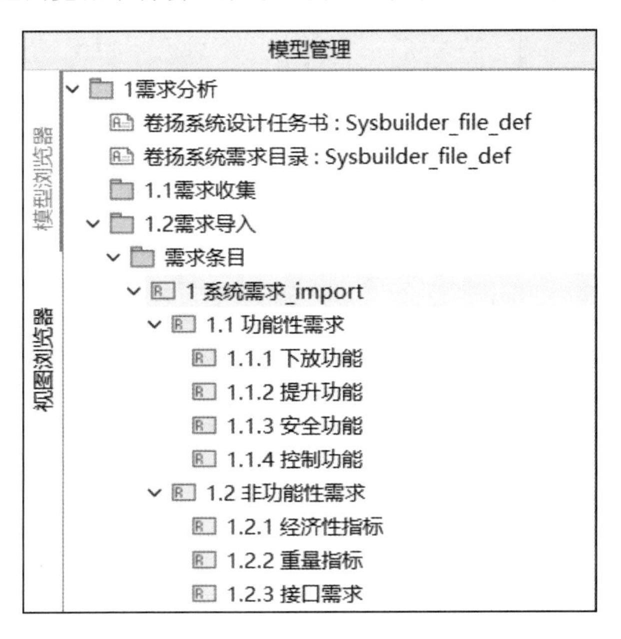

图 3-17　导入的包

7. 导出 XMI 文件

单击“文件”→“导出”→“导出 UML 2.5 XMI 文件”，在“导出到”对话框中选择路径“E:\Sysbuilder\用户手册\XMI 文件\”，文件名为“卷扬设计 UMLExport.xml”，单击“保存”按钮。

8. 导入 XMI 文件

单击“文件”→“导入”→“导入 UML 2.5 XMI 文件”，在打开的对话框中选择路径“E:\Sysbuilder\用户手册\XMI 文件\”，文件名为“卷扬设计 UMLExport.xml”，单击“打开”按钮。在模型浏览器中，将会显示导入的 XMI 文件内容，如图 3-18 所示。

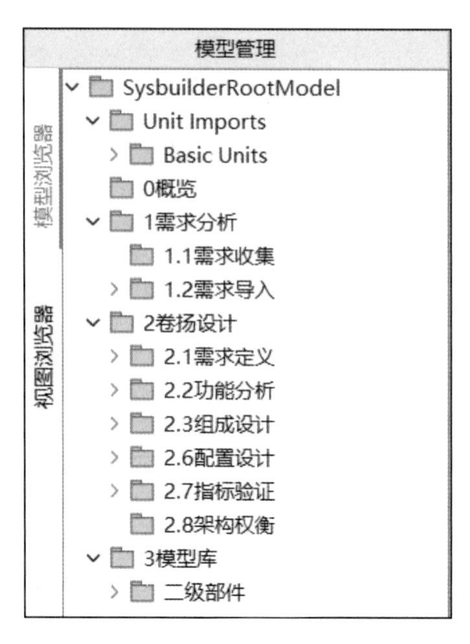

图 3-18　导入的 XMI 文件内容

3.4　需求定义

3.4.1　需求条目

创建需求：右键单击“需求条目”，选择“新建元素”→“需求”，将在“需求条目”下新建“需求 1”，命名为“1 系统需求_import”，如图 3-19 所示。

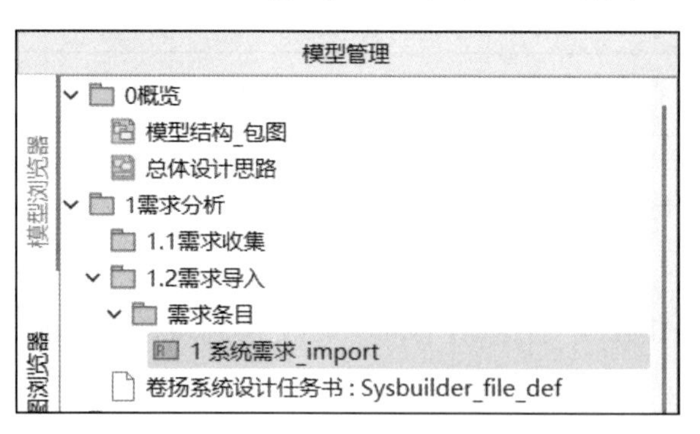

图 3-19　创建需求

3.4.2　场景分析

1. 用例定义

创建参与者：右键单击“2.1.2 使用场景分析”，选择“新建元素”→“参与者”，创建“参与者 1”，命名为“驾驶员”。

创建用例：右键单击“2.1.2 使用场景分析”，选择“新建元素”→“用例”，新建“用例 1”，命名为“钻孔”。

参照前面的步骤创建用例“抖土”、“流量控制器正向半打开”等，如图 3-20 所示。

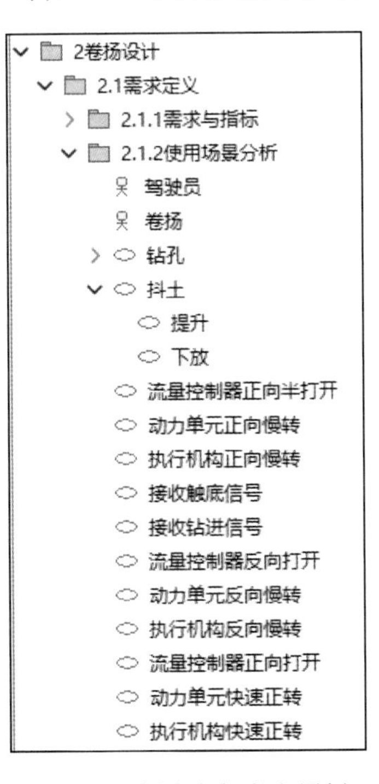

图 3-20 创建参与者和用例

创建边界：Sysbuilder 用例图中的边界用块来替代。右键单击“2.3 组成设计”，选择“新建元素”→“块”，新建“块 1”，命名为“机架”，如图 3-21 所示。

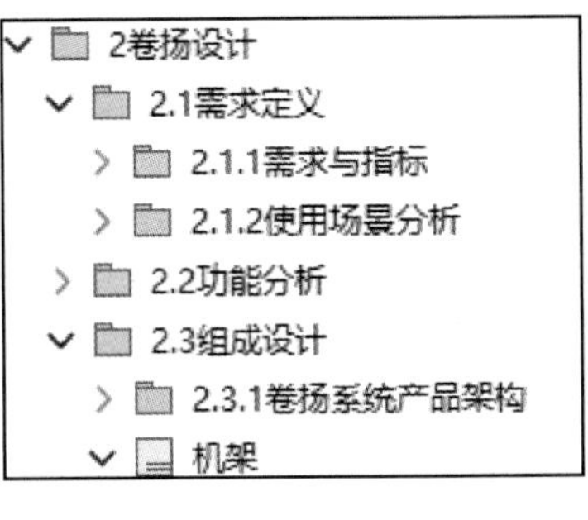

图 3-21 创建边界

2. 用例图

创建用例图：右键单击“2.1.2 使用场景分析”，选择“新建视图”→“用例图”，新建“用例图 1”，命名为“钻孔与抖土_用例图”，如图 3-22 所示。

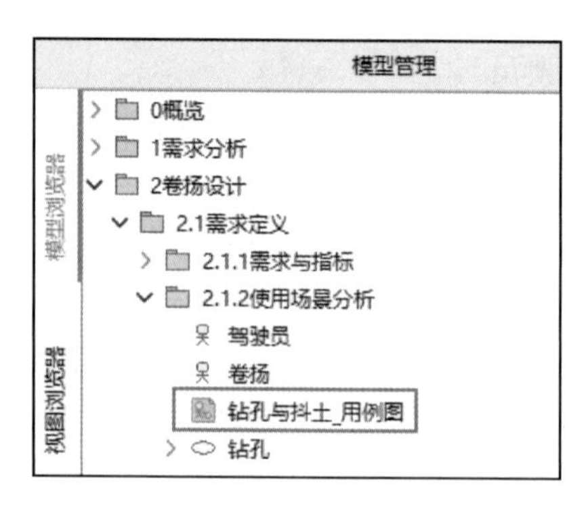

图 3-22　创建用例图

添加图元：在模型浏览器中选中参与者“驾驶员”，按住左键拖至用例图“2.1.2 使用场景分析”中，松开左键，将参与者“驾驶员”添加至用例图中。

按照上述方法将其他图元，如用例、边界等，拖动到用例图中，如图 3-23 所示。

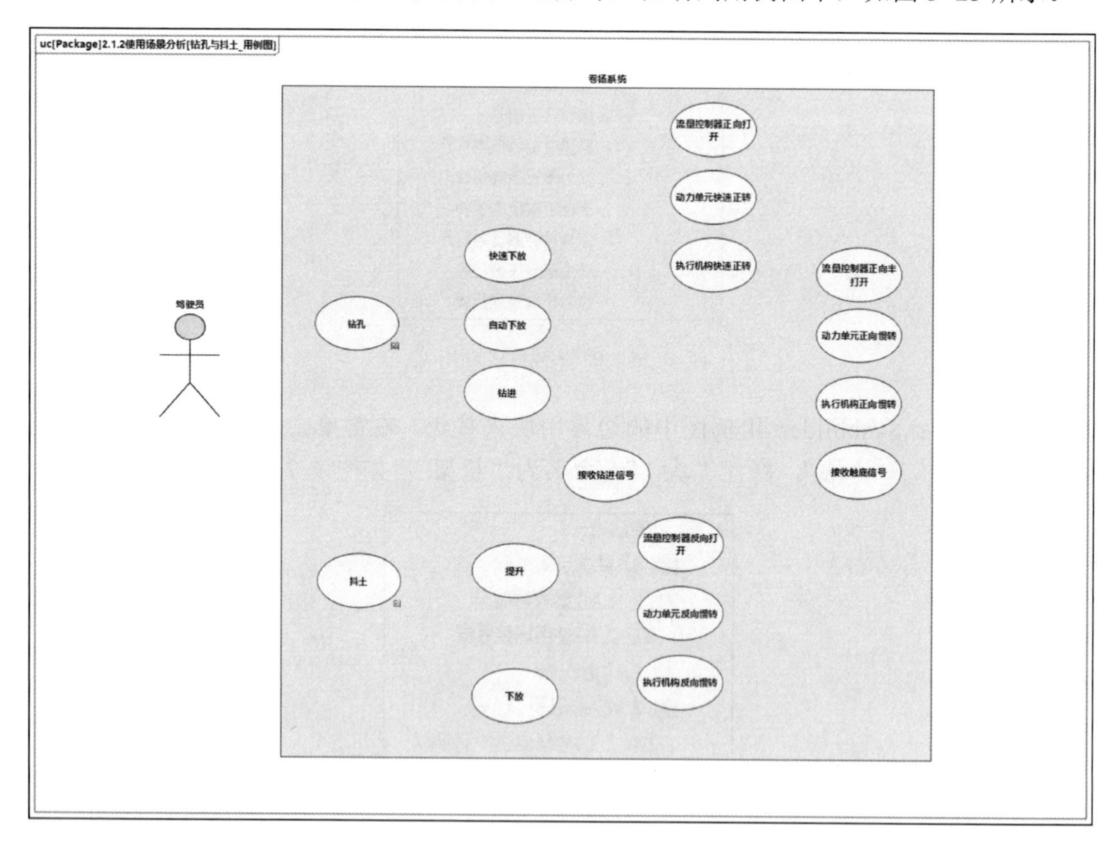

图 3-23　在用例图中添加图元

建立关联：在用例图中选中参与者“驾驶员”图元，单击其接口，然后单击用例“钻孔”图元的接口，在它们之间建立一个关联。同样方法，建立“驾驶员”和“抖土”之间的关联。结果如图 3-24 所示。

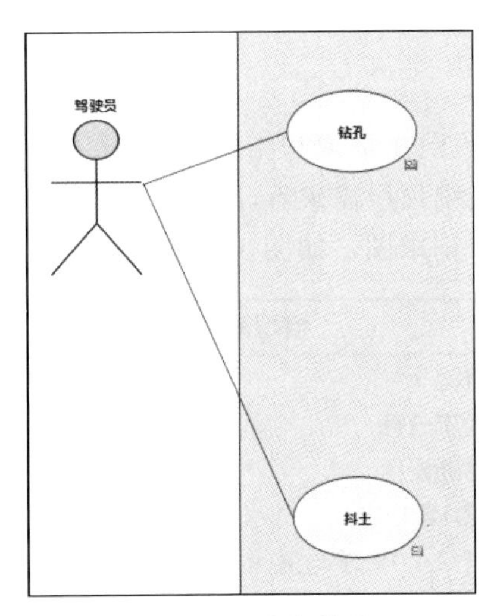

图 3-24　建立关联

建立包含关系：从模型库中拖动“包含”连接线至用例图中，并将其两端分别与用例“钻孔”和“快速下放”的接口连接，两个用例之间建立包含关系。

参照前面的方法建立其他用例之间的包含关系，如图 3-25 所示。

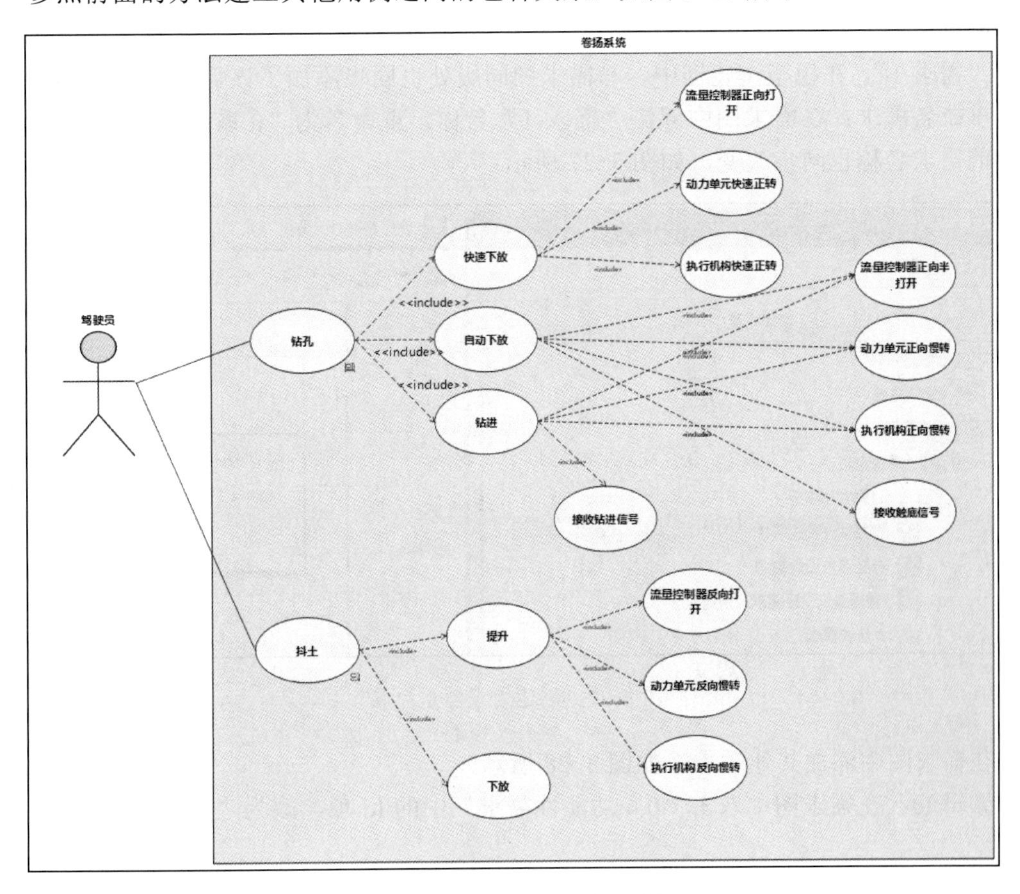

图 3-25　使用场景整体分析

3.4.3 系统需求分析

创建需求图：右键单击“2.1.1 需求与指标”，选择“新建视图”→“需求图”，新建“需求图 1”，命名为“卷扬系统顶层需求”。同样，创建“卷扬系统设计需求”和“'卷扬系统设计需求（最终）'”两个需求图，如图 3-26 所示。

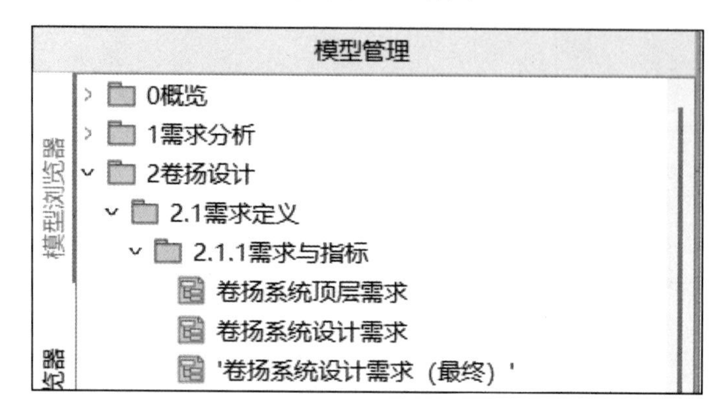

图 3-26　新建需求图

创建需求：在需求图“卷扬系统顶层需求”中，右键单击空白处，选择“新建需求”，创建“需求 1”，在模型浏览器中，与需求图同级处也同步添加了该需求。

重命名需求：在需求图中双击“需求 1”名称，重命名为“0 系统需求”，模型浏览器中的需求名称也同步改变，如图 3-27 所示。

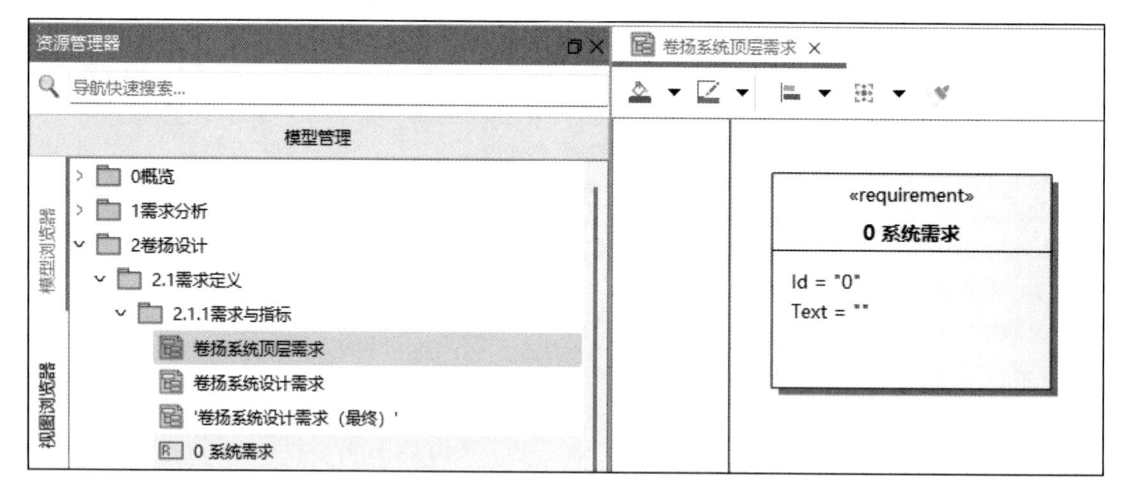

图 3-27　创建需求并重命名

在需求图中添加其他需求，如图 3-28 所示。

编辑 Id：在需求图中双击“0.4 功能性需求”中的 Id 项，改为“0.4”。

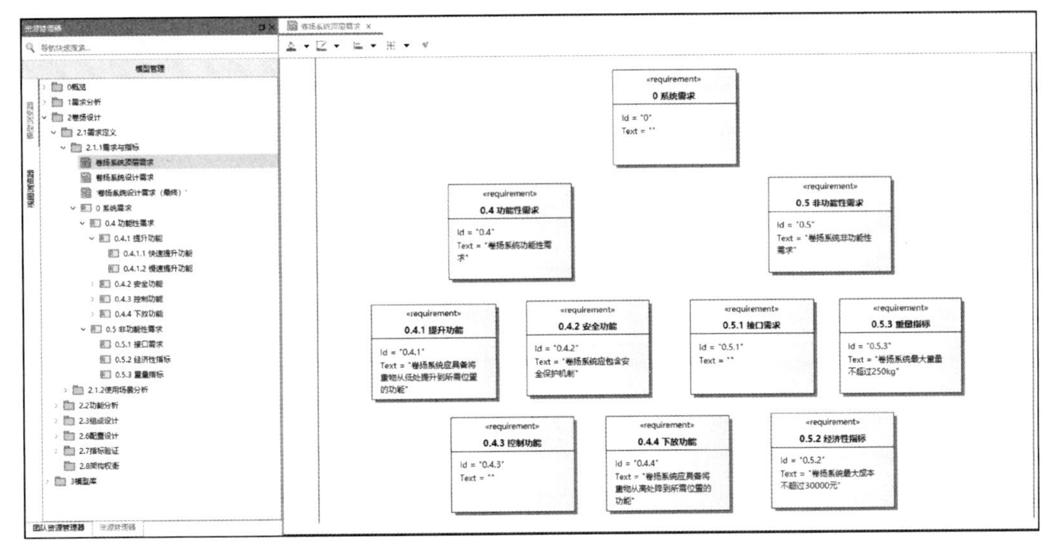

图 3-28　添加其他需求

编辑 Text：在需求图中双击“0.4 功能性需求”中的 Text 项，改为“卷扬系统功能性需求”。

结果如图 3-29 所示。

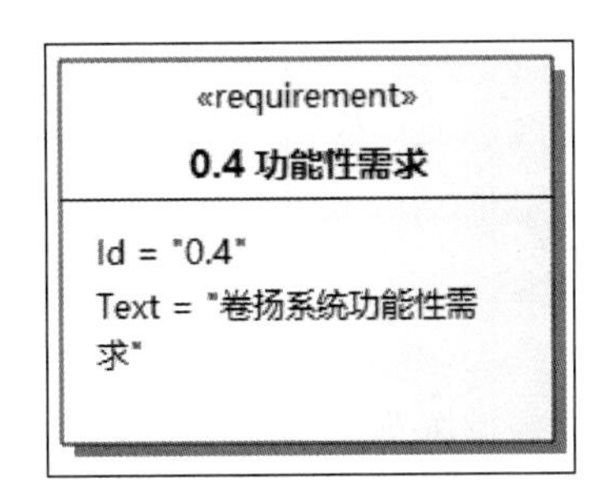

图 3-29　编辑 Id 和 Text

建立关系：选中“0 系统需求”，将其接口与“0.4 功能性需求”连接，即可创建它们之间的包含关系。

建立其他需求之间的关系，系统需求总览如图 3-30 所示。

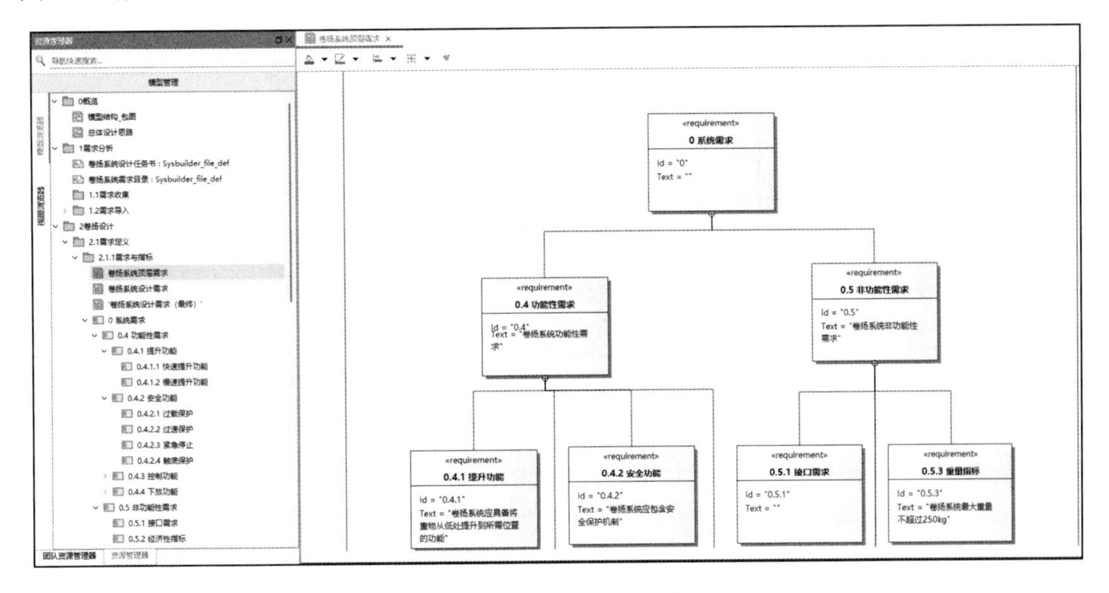

图 3-30　系统需求总览

3.5 系统功能分析

3.5.1 序列图

使用序列图对用例“卷扬设计”做进一步细化描述。

创建序列图：在“钻孔与抖土_用例图”中，右键单击“流量控制器正向打开”，选择“新建分析视图”→“序列图”，如图 3-31 所示。

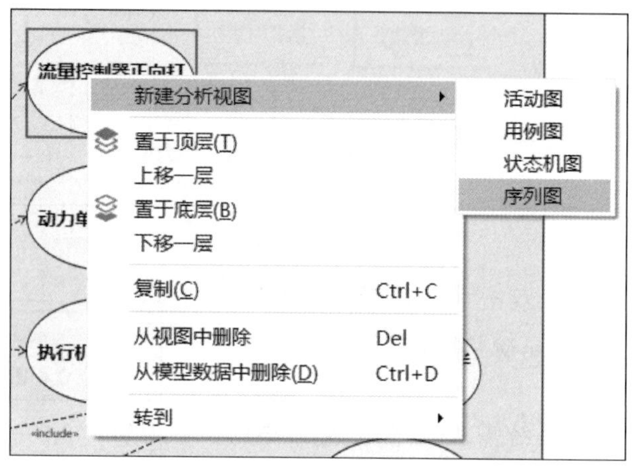

图 3-31 创建序列图

在模型浏览器中，与用例“流量控制器正向打开”同级，新建交互“流量控制器正向打开_交互 1”，在其下级新建序列图“流量控制器正向打开_序列图 1”，如图 3-32 所示。

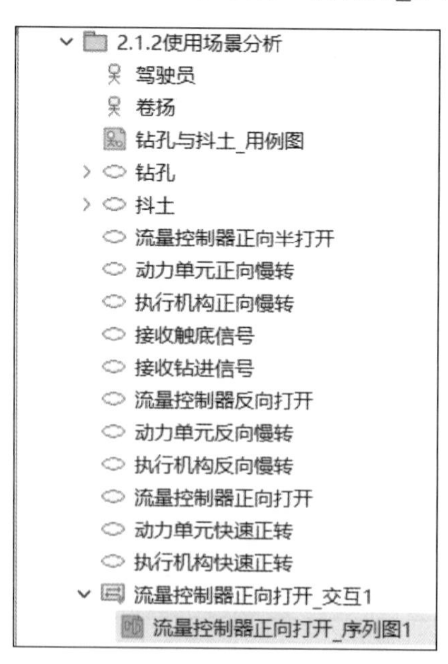

图 3-32 新建交互和序列图

注：序列图、活动图、内部模块图、参数图分别只能在交互、功能、块、约束下创建，如果直接创建以上视图，系统会自动创建相对应的建模元素，再在建模元素下创建视图。

重命名交互：在模型浏览器中选择交互“流量控制器正向打开_交互 1”，重命名为“流量控制器正向打开细化”。

重命名序列图：在模型浏览器中选择序列图“流量控制器正向打开_序列图 1”，重命名为“流量控制器正向打开_序列图”。

创建生命线：从模型库中拖动生命线至序列图中合适位置，然后双击生命线的矩形框，命名生命线为“驾驶员”。

设置生命线类型：右键单击生命线“驾驶员”，选择“选择类型”，弹出其类型选择对话框，如图 3-33 所示。在“类型”下拉列表中选择“驾驶员”，单击“确认”按钮，设置生命线类型。

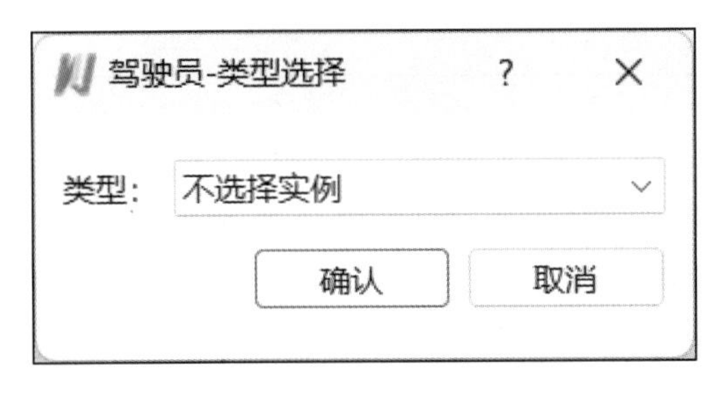

图 3-33　生命线类型选择

接着，创建生命线“卷扬”并设置类型为“卷扬”，结果如图 3-34 所示。

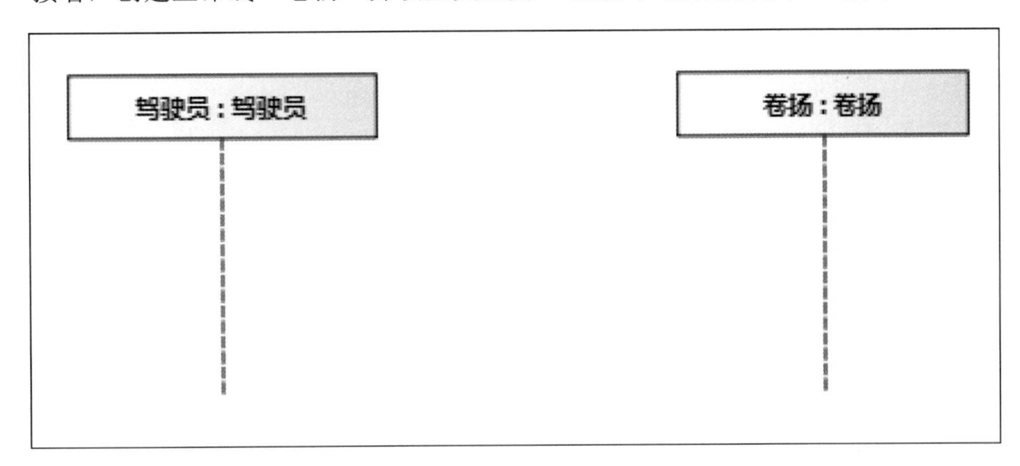

图 3-34　设置生命线类型

创建发送消息：从模型库中按住左键拖动“发送消息”至生命线“驾驶员”上，当生命线高亮时松开左键，然后移动鼠标指针至生命线“卷扬”上，当生命线高亮时单击，即可创建发送消息。

添加连接线说明：双击发送消息的连接线，在连接线下方文本框中输入连接线说明“启动”，结果如图 3-35 所示。

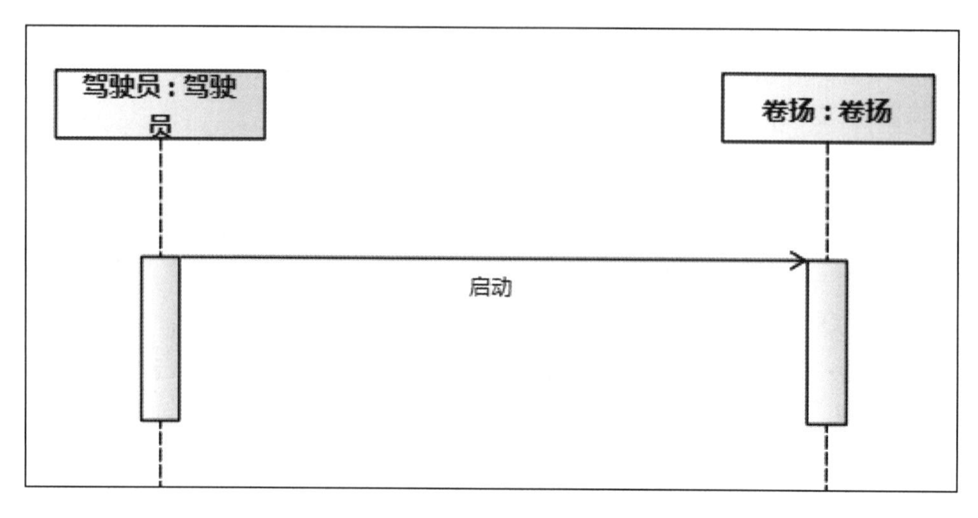

图 3-35 发送消息

创建回复消息：从模型库中按住左键拖动“应答消息”至生命线“卷扬”连接发送消息的矩形上，当矩形高亮时松开左键，然后移动鼠标指针至生命线“驾驶员”连接发送消息的矩形上，当矩形高亮时单击，即可创建回复消息，并添加连接线说明“启动成功”，结果如图 3-36 所示。

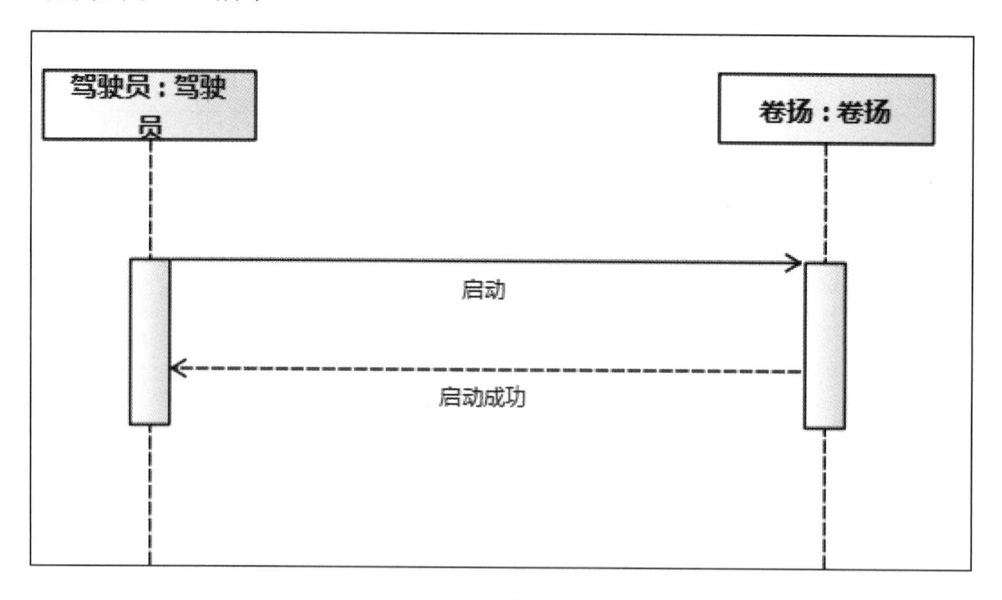

图 3-36 回复消息

在序列图中添加剩余的发送消息和回复消息，结果如图 3-37 所示。

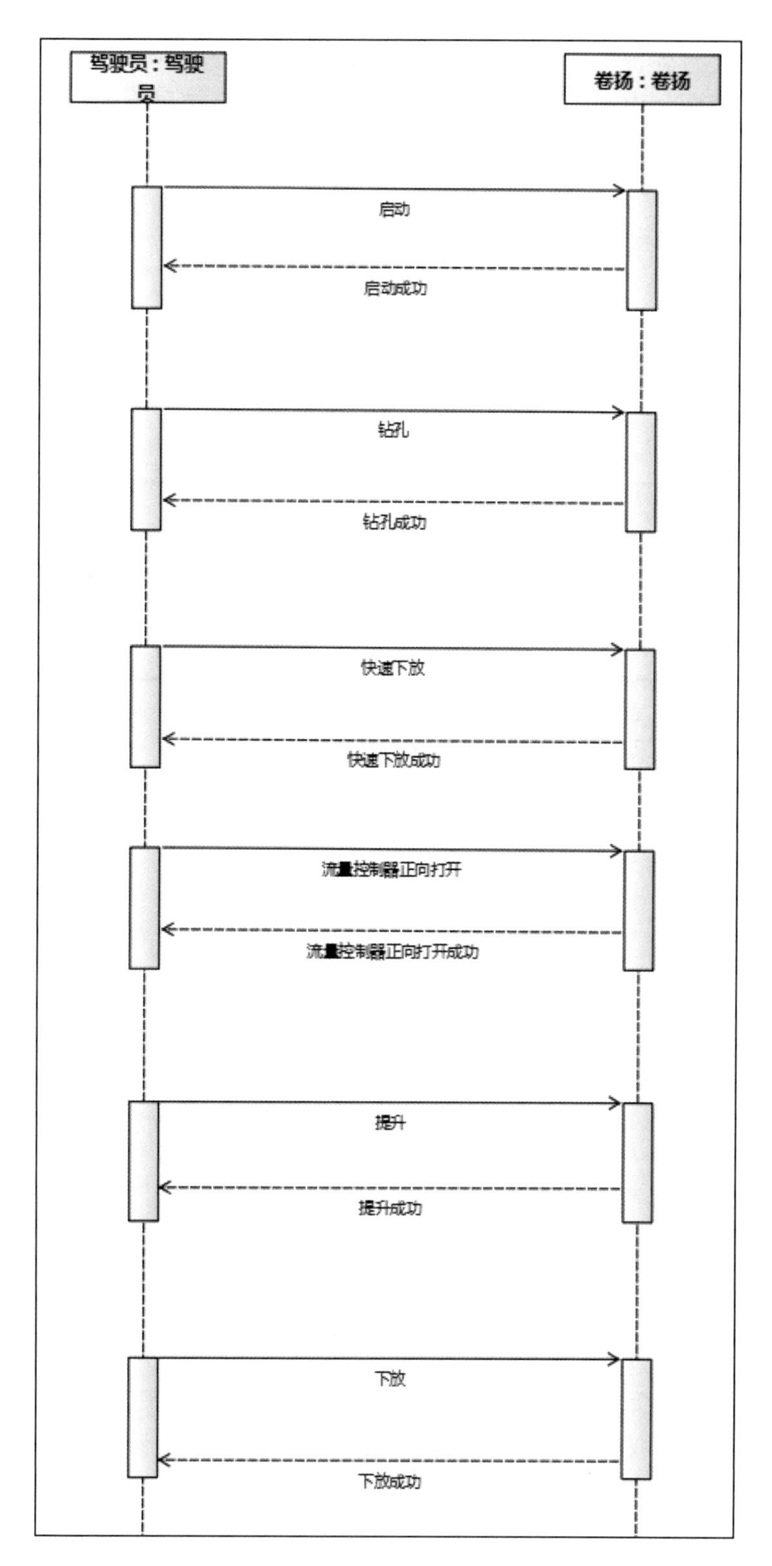
驾驶员：驾驶员
卷扬：卷扬
启动
启动成功
钻孔
钻孔成功
快速下放
快速下放成功
流量控制器正向打开
流量控制器正向打开成功
提升
提升成功
下放
下放成功

图 3-37　消息总览

添加操作符：首先，从模型库中拖动“替换”操作符至序列图中，然后设置操作符条件，双击操作符图元中的“[]”，输入条件“钻孔状态”，结果如图 3-38 所示。

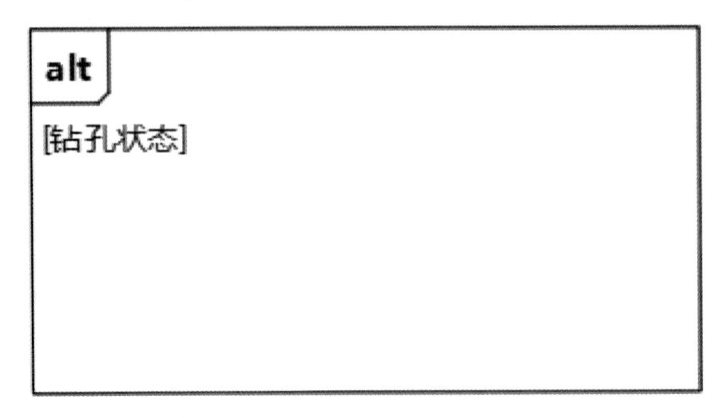

图 3-38　添加操作符

添加操作对象：在序列图中右键单击操作符，选择“添加操作对象”，添加一个操作对象，然后输入条件“抖土状态”，结果如图 3-39 所示。

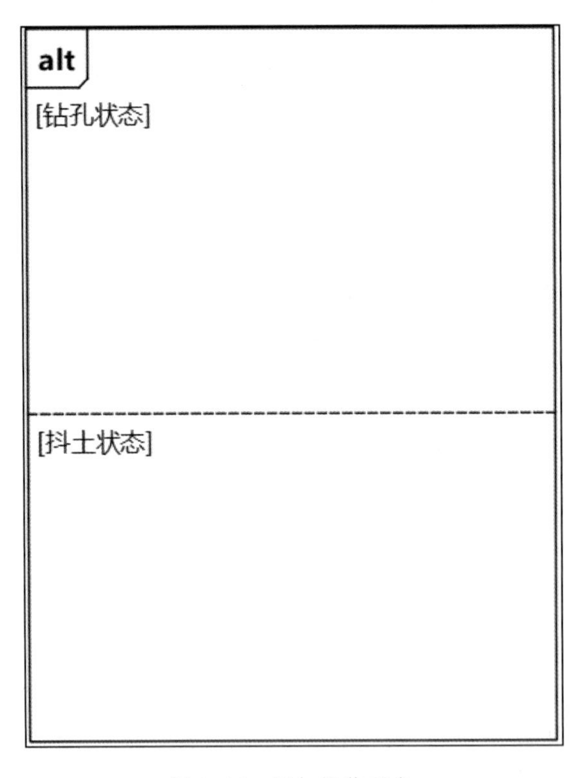

图 3-39　添加操作对象

通过拉伸操作符边框和虚线框，将消息框选在正确的操作对象中。序列图总览如图 3-40 所示。

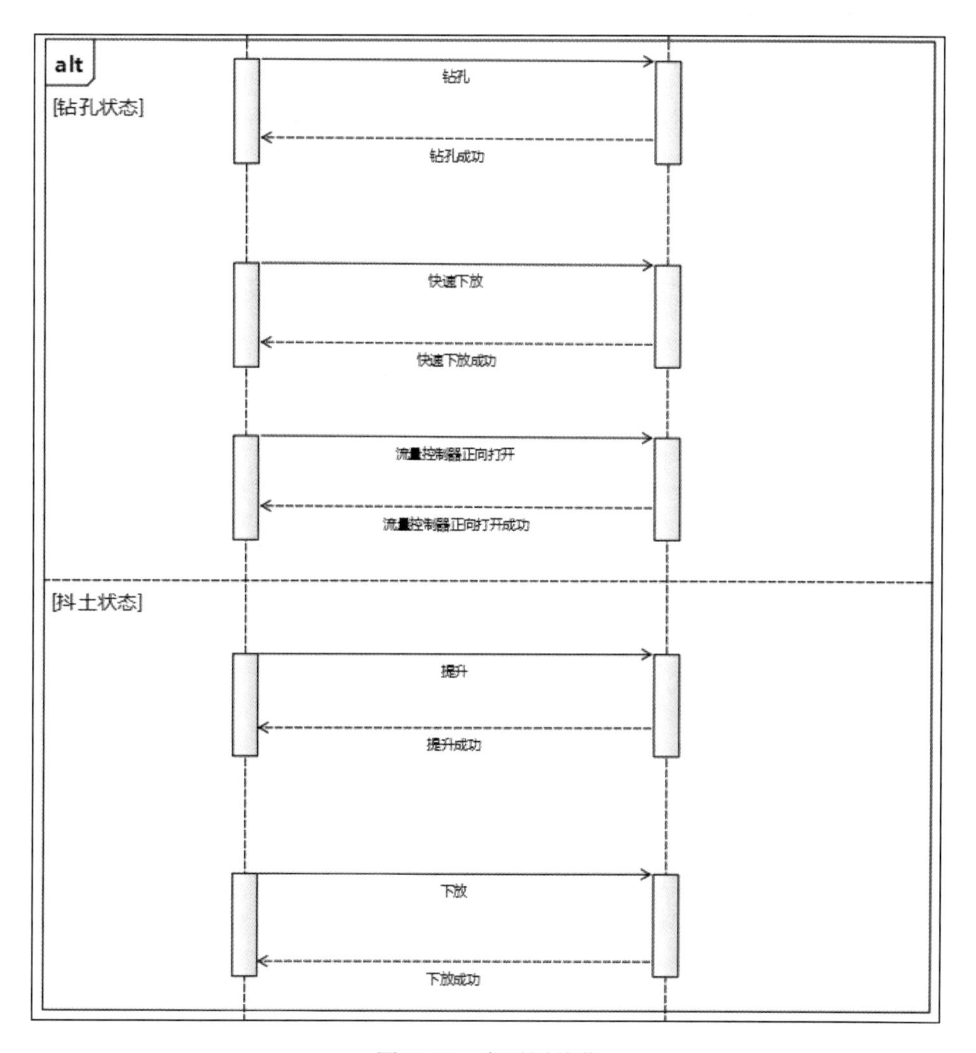

图 3-40　序列图总览

移动序列图：在模型浏览器中按住左键拖动交互“流量控制器正向打开细化”使之悬停在包“2.1.2.1 功能分解”上，松开左键，调整其位置，如图 3-41 所示。

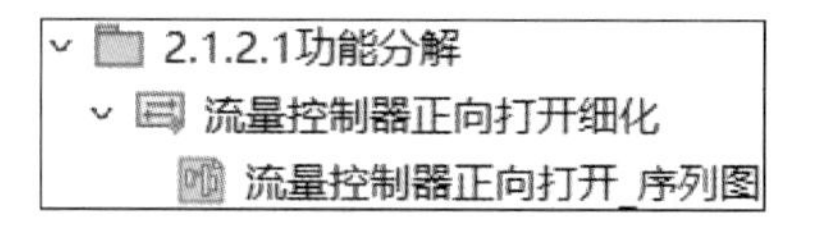

图 3-41　移动序列图

3.5.2　活动图

根据序列图进行分析，可以进一步得到系统的部分功能，然后使用活动图对功能进行细化和分解。

1. 功能定义

创建功能：在模型浏览器中右键单击“2.2 功能分析”，选择“新建元素”→“功能”，新建“功能 1”，命名为“卷扬活动”。

同样方法，在“2.2.1 钻孔功能分析”下创建功能“钻孔”“自动下放”“快速下放”“钻进”“触底保护”，在“2.2.2 抖土功能分析”下创建功能“抖土”“快速提升”“下放”，在“2.2.3 设计综合”下创建功能“控制液压油流量”“控制液压油方向”等，结果如图 3-42 所示。

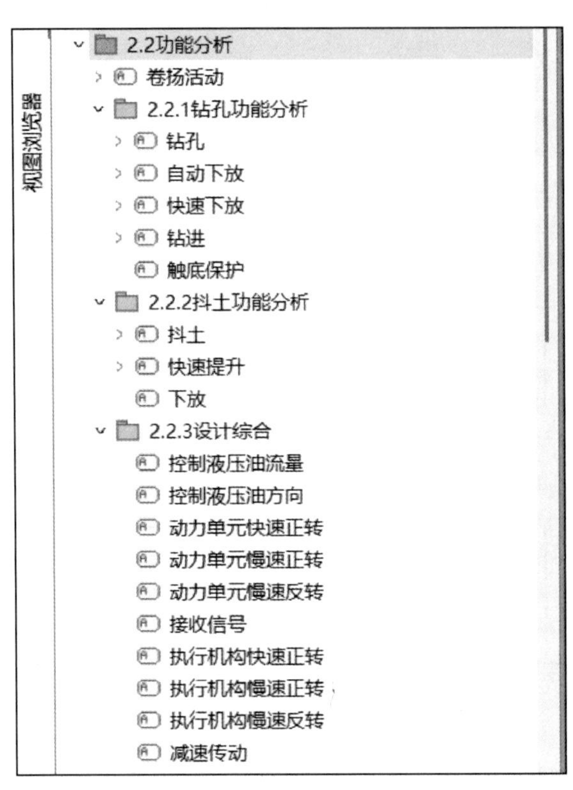

图 3-42　创建功能

2. 活动图

创建活动图：在模型浏览器中右键单击功能“钻孔”，选择“新建活动图”，新建“活动图 1”，命名为“钻孔_活动图”。

添加功能：在模型浏览器中按住左键拖动功能“快速下放”至活动图中合适位置，松开左键，在活动图中添加功能。

同样方法，在活动图中添加功能“触底保护”“自动下放”“钻进”。

添加初始节点：从模型库中按住左键拖动“初始节点”至活动图中合适位置，松开左键，在活动图中添加初始节点。

添加选择节点：从模型库中按住左键拖动“选择节点”至活动图中合适位置，松开左键，在活动图中添加选择节点。

添加合并节点：从模型库中按住左键拖动“合并节点”至活动图中合适位置，松开左键，在活动图中添加合并节点。

添加输出接口：在活动图中右键单击“触底保护”，选择“增加输出接口”，添加输出接口，命名为“触底信号”。

建立连接：选中初始节点，将其接口与“快速下放”连接，新建连接关系。

在“钻孔_活动图”中，给各功能建立连接，结果如图 3-43 所示。

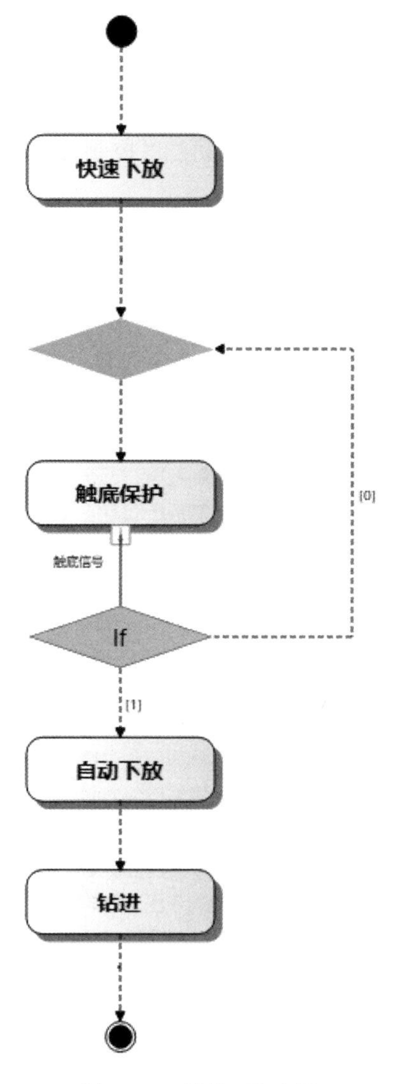

图 3-43　钻孔_活动图

参照“卷扬设计”案例中的结果，创建各个活动图。

移动接口：鼠标指针在接口处悬停，就会出现接口样式图标，可以按住鼠标左键拖动该接口至目标位置，如图 3-44 所示。

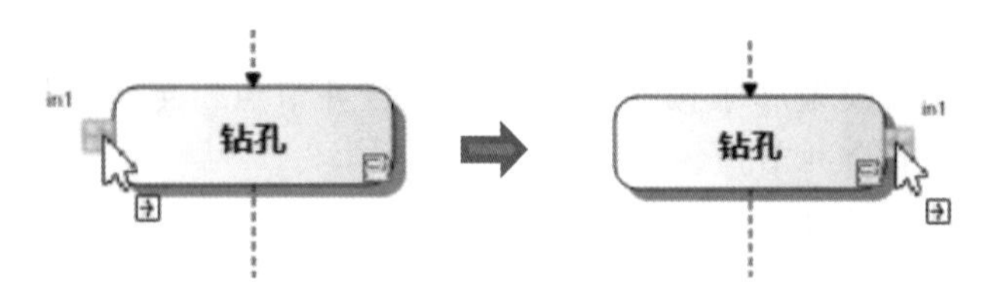

图 3-44　移动接口

3. 功能细化

创建子功能：在模型浏览器中右键单击功能“自动下放”，选择“新建功能”，新建“功能 1”，命名为“控制液压油流量”。

同样方法，为功能“自动下放”添加子功能“控制液压油方向”“动力单元慢速正转”“执行机构慢速正转”“接收信号”。

为其他功能添加的各子功能如图 3-45 所示。

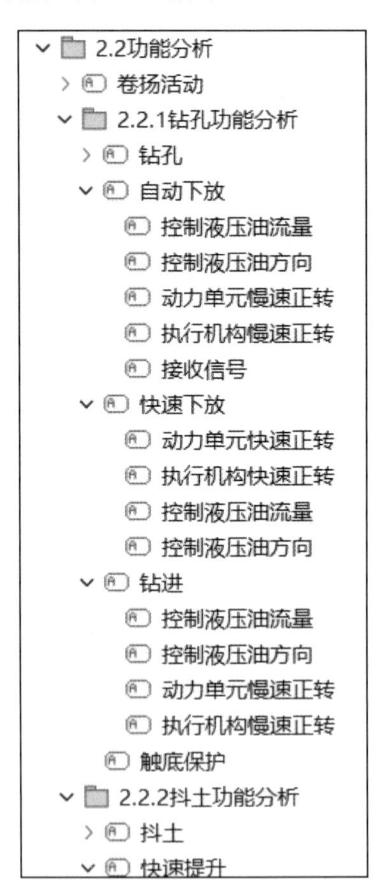

图 3-45　子功能

4. 功能分配

创建块：右键单击模型浏览器中的“2.3.1 卷扬系统产品架构”，选择“新建元素”→“块”，创建“块 1”，命名为“卷扬系统”。

同样方法，在包“2.3.2 卷扬系统接口”下添加块“卷扬系统接口”，结果如图 3-46 所示。

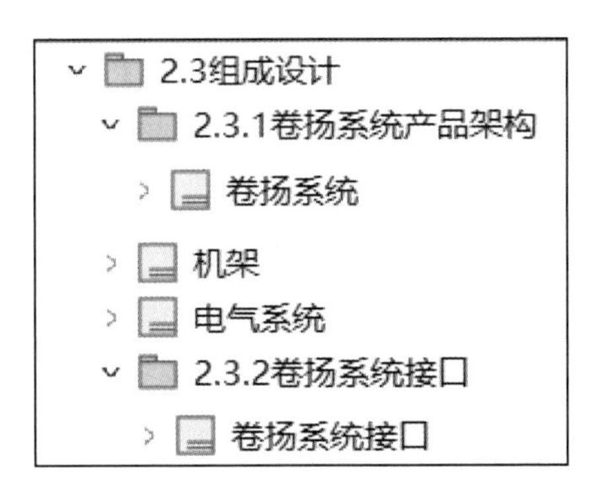

图 3-46　创建块

添加泳道：在模型浏览器中，在“卷扬系统”的下一级定义“电磁阀”“液压马达”“减速机”“卷筒”等组件。将这些块拖动到活动图中即可自动生成与之对应的泳道图：首先，拖动“电磁阀”到活动图中作为泳道，然后框选“控制液压油流量”“控制液压油方向”等功能，初步实现功能与系统组成之间的映射；同样方法，将块“液压马达”“减速机”“卷筒”拖动到活动图中作为泳道，结果如图 3-47 所示。

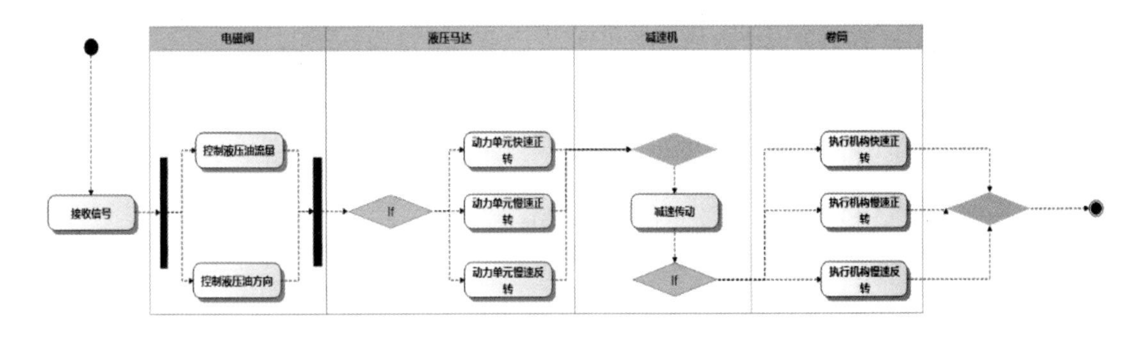

图 3-47　添加泳道

5. 功能需求关联

双击打开需求图“'卷扬系统设计需求（最终）'”，从模型浏览器中拖动功能“快速下放”至需求图中，并将此功能与需求“0.4.4 下放功能”连接，可以建立满足关系。

参照以上步骤可以建立需求与其他功能的关联，结果如图 3-48 所示。

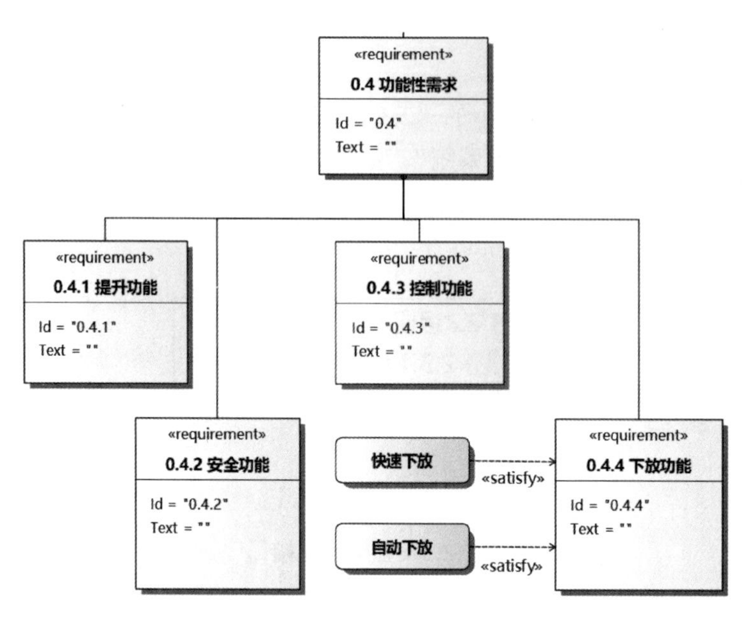

图 3-48　需求功能关联（部分）

3.5.3　状态机图

1. 创建状态机图

创建子包：在模型浏览器中，在包“2.2 功能分析”下面创建子包“2.2.4 状态分析”。

创建状态机图：右键单击“2.2.4 状态分析”，选择“新建元素”→“状态机图”，新建状态机图，此时，软件自动生成一个空白的状态机图模型，可将状态机命名为“卷扬状态机”，将状态机图命名为“卷扬状态机图”，结果如图 3-49 所示。

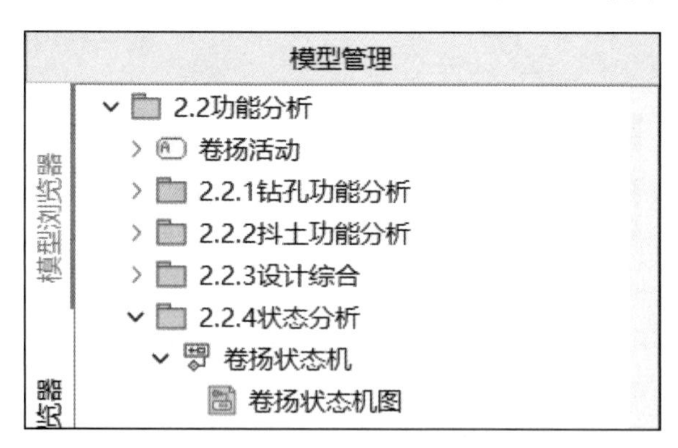

图 3-49　创建状态机图

在“卷扬状态机图”下建立“电磁阀打开状态机”“减速机工作状态机”“液压马达运转状态机”“卷筒旋转状态机”。其中，“电磁阀打开状态机”中包含“液压油流量控制状态”“液压油方向控制状态”“液压油流通状态”；“液压马达运转状态机”中包含“动力单元转动状态”；“减速机工作状态机”中包含“减速转动状态”；“卷筒旋转状态机”中包含“执行机构旋转状态”。

2. 状态定义

添加初始状态：从模型库中拖动“初始状态”至卷扬状态机图中，作为卷扬机整体的初始状态。

添加组合状态：从模型库中拖动“组合状态”至卷扬状态机图中，修改名称为“卷扬系统关闭状态”。组合状态可以进一步分解为多个分支状态。

对每个组合状态，需要单独定义初始状态和关闭状态，与前述操作相同。在组合状态“卷扬系统关闭状态”中添加初始状态和最终状态。

创建分支：在“卷扬系统关闭状态”中右键单击，选择“新建分支”或者从右侧元素库中拖动“分支”，在组合状态中建立分支，添加“电磁阀关闭状态”“液压马达停止状态”“减速机空闲状态”“卷筒空闲状态”，结果如图 3-50 所示。

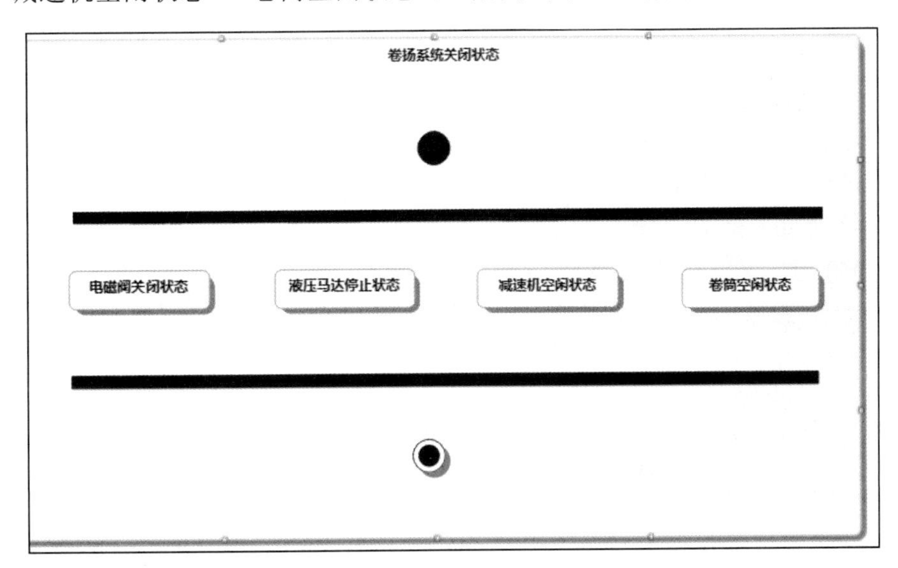

图 3-50　创建分支

3. 状态关联

建立关联：在卷扬状态机图中选中初始状态，将鼠标指针悬浮于初始状态图标的任一接口上，待图标变成绿色时，单击此接口，并拖动至“卷扬系统关闭状态”的接口处，生成初始状态接口与“卷扬系统关闭状态”接口间的连接线，建立二者之间的关联。

增加锚点：在“分支”元素上右键单击，选择“增加锚点”→“底部”。

建立其他关联，结果如图 3-51 所示。

下面添加其他组合状态。

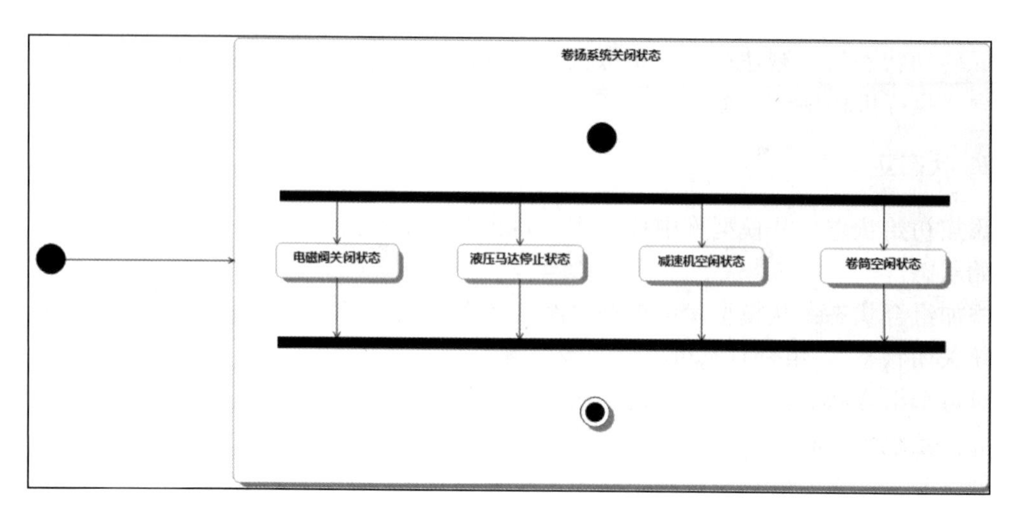

图 3-51　状态关联

添加组合状态：在卷扬状态机图中添加组合状态“卷扬系统启动状态”，先添加初始状态和最终状态，然后添加状态，包括“电磁阀打开状态”“液压马达运转状态”“减速机工作状态”“卷筒旋转状态”。

建立关联：从初始状态到“电磁阀打开状态”建立关联。

添加活动：在模型浏览器中选中“电磁阀打开状态机”，将其拖动到“卷扬状态机图”的组合状态“卷扬系统启动状态”的“电磁阀打开状态”中，将会显示 Entry、Do Activity 和 Exit 三个选项，这里选择 Do Activity。

为其他状态添加活动和建立关联，结果如图 3-52 所示。

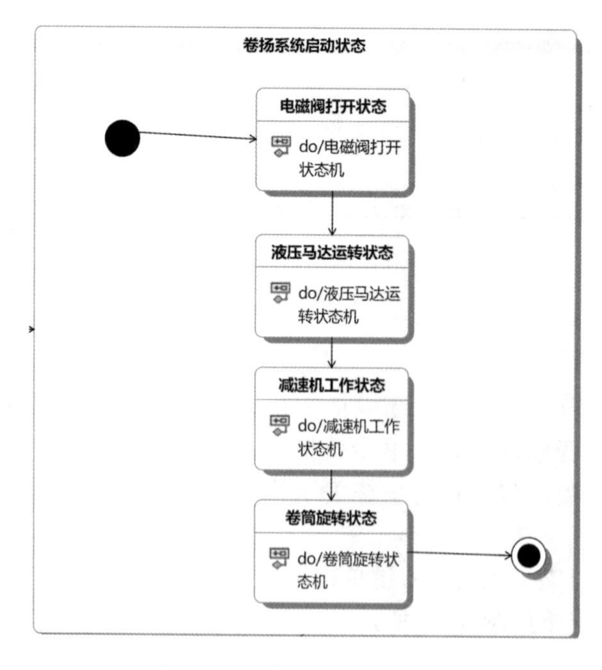

图 3-52　卷扬系统启动状态

添加组合状态：在卷扬状态机图中添加组合状态“卷扬系统运行状态”，先添加初始状态和最终状态，然后添加状态，包括“钻孔状态”和“抖土状态”。

建立关联：从初始状态到“钻孔状态”建立关联。

添加活动：在“钻孔状态”上右键单击，选择“编辑属性”，弹出“属性编辑”对话框，单击 Do Activity 后面的浏览按钮。在 Do Activity 对话框中勾选“钻孔”，如图 3-53 所示，为“钻孔状态”添加“钻孔”活动；也可以在模型浏览器中选中“钻孔”，将其拖动到“钻孔状态”中。

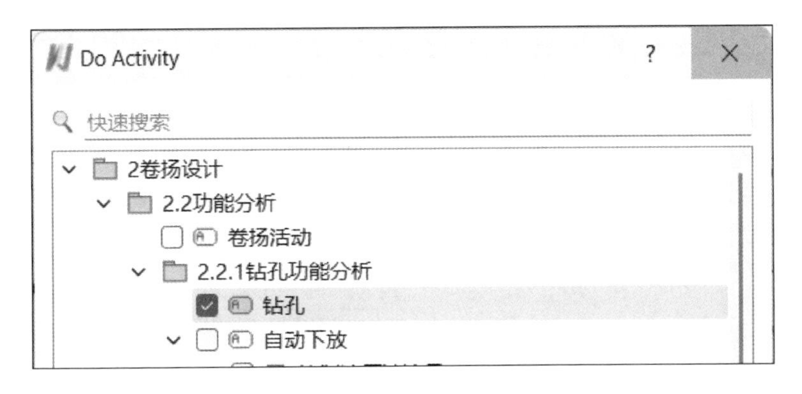

图 3-53　Do Activity 对话框

为其他状态添加活动和建立关联，结果如图 3-54 所示。

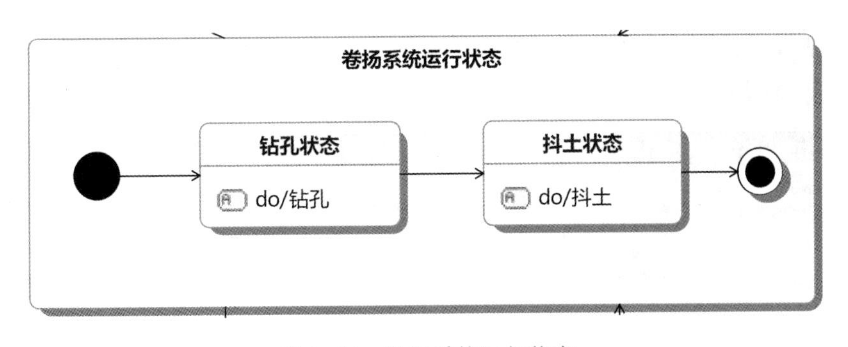

图 3-54　卷扬系统运行状态

4. 创建信号并进行关联

创建信号：右键单击“2.2.4 状态分析”，选择“新建元素”→“信号”，创建信号，命名为“启动卷扬系统”，如图 3-55 所示。

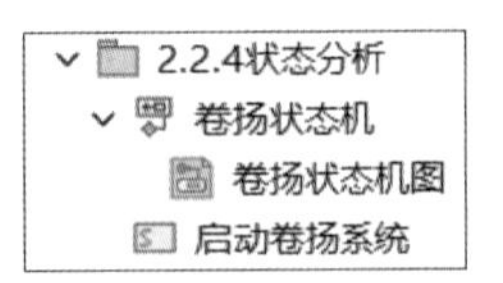

图 3-55　创建信号

信号关联：在模型浏览器中选中“启动卷扬系统”，将其拖动到“卷扬系统关闭状态”和“卷扬系统启动状态”的关联连线上。

创建其他信号，完成的“卷扬状态机图”如图 3-56 所示。

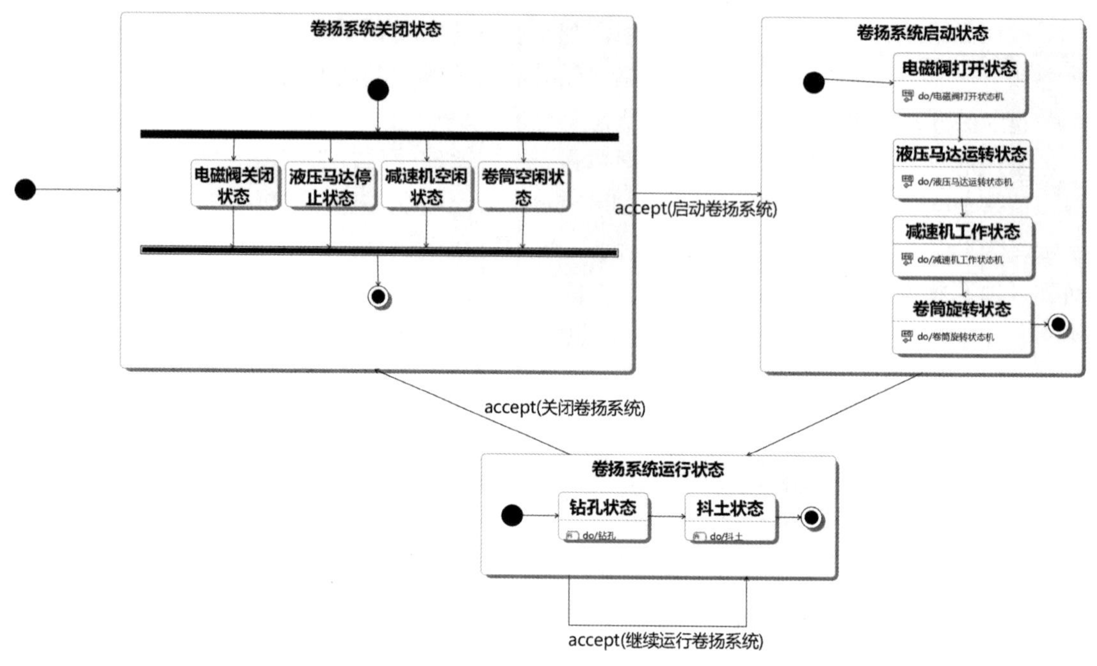

图 3-56 卷扬状态机图

5. 状态机仿真

单击“建模”→“仿真”→“仿真”按钮，在仿真显示栏中将会显示状态机仿真情况。选择“钻孔状态机”，单击仿真工具栏中的“开始”按钮，钻孔状态机仿真开始，输出情况如图 3-57 所示。

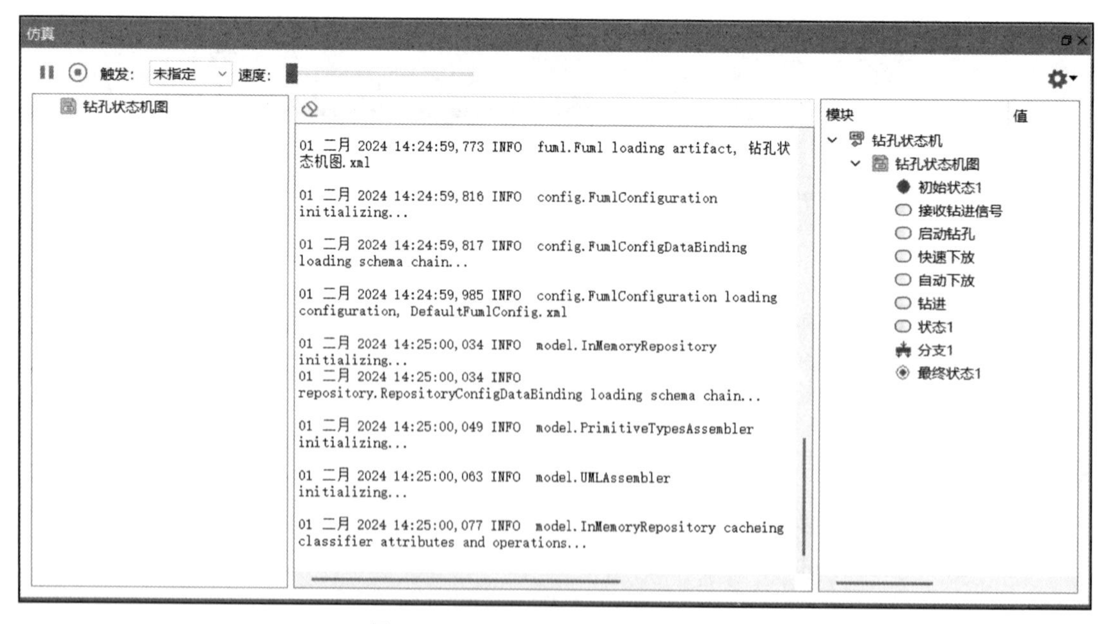

图 3-57 钻孔状态机仿真输出情况

3.6 系统组成设计

3.6.1 模块定义

创建子包：在包“2.3 组成设计”下创建子包“2.3.1 卷扬系统产品架构”和“2.3.2 卷扬系统接口”。

创建块：在子包“2.3.1 卷扬系统产品架构”下创建块，命名为“卷扬系统”。同样方法，创建块“机架”和“电气系统”。

创建接口块：在子包“2.3.2 卷扬系统接口”下创建接口块，命名为“机械接口”。

同样方法，创建其他接口块。为了方便查看，对创建的块和接口进行分类，结果如图 3-58 所示。

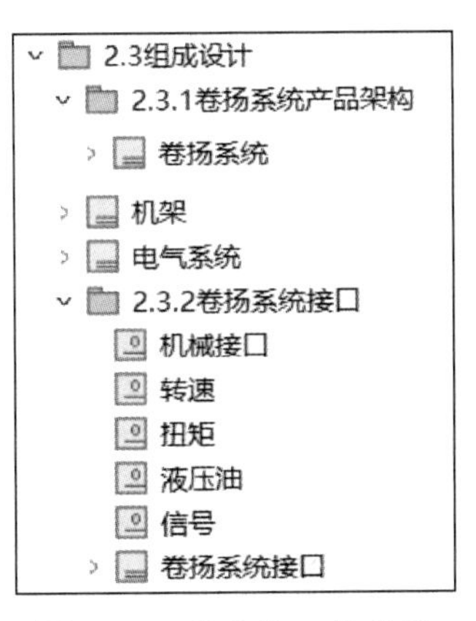

图 3-58 块和接口块分类

创建包“3 模型库”，添加子包“二级部件”，包括块“卷扬支架”“压绳器”“减速机”“卷筒”“液压马达”“电磁阀”“钢丝绳”等二级配套产品模型。模型库中的内容允许复用，可以分别定义其接口、参数，从而为系统组成结构的具体建模提供基础资源，结果如图 3-59 所示。

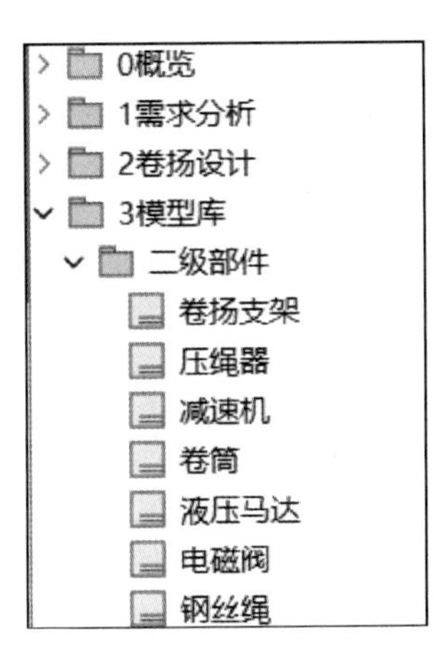

图 3-59 “3 模型库”中的块

3.6.2 模块定义图

创建模块定义图（BDD，即块定义图）：在模型浏览器中右键单击“2.3.1 卷扬系统产品架构”，选择“新建视图”→“模块定义图”，新建模块定义图，命名为“卷扬系统产品架构”。

添加建模元素：在模型浏览器中单击块“卷扬系统”，按住左键拖动到模块定义图中，松开左键，添加块“卷扬系统”。

同样方法，添加块“卷扬支架”“压绳器”“减速机”“液压马达”“卷筒”“电磁阀”“钢丝绳”“电气系统”“机架”。

建立关联：在模块定义图中选中块“卷扬系统”，将其接口与块“卷扬支架”连接，建立组合关系，同时，在模型浏览器中，块“卷扬系统”下方同步添加了“组成属性 1：卷扬支架”。

建立块“卷扬系统”与其他块的组合关系，结果如图 3-60 所示。

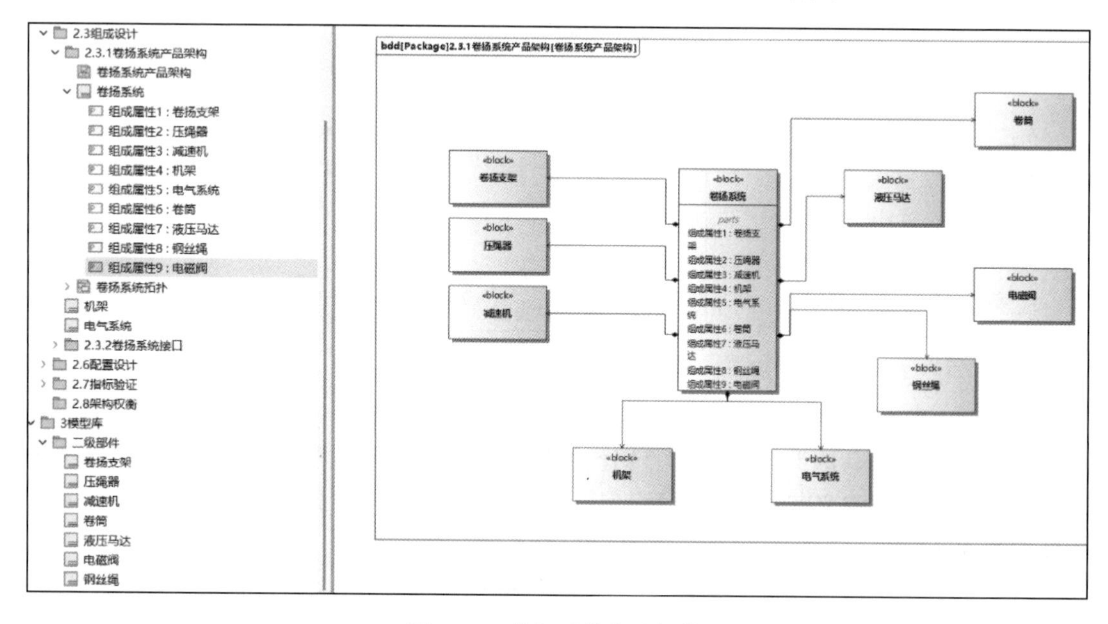

图 3-60 卷扬系统产品架构

3.6.3 内部属性定义

1. 添加值属性

添加值属性：在模型浏览器中，右键单击“卷扬系统”，选择“新建值属性”，创建值属性“总体成本指标”。

设置默认值：右键单击“总体成本指标”，选择“设置默认值”，弹出“设置参数”对话框，输入默认值 30000，如图 3-61 所示，单击“确定”按钮，设置默认值。

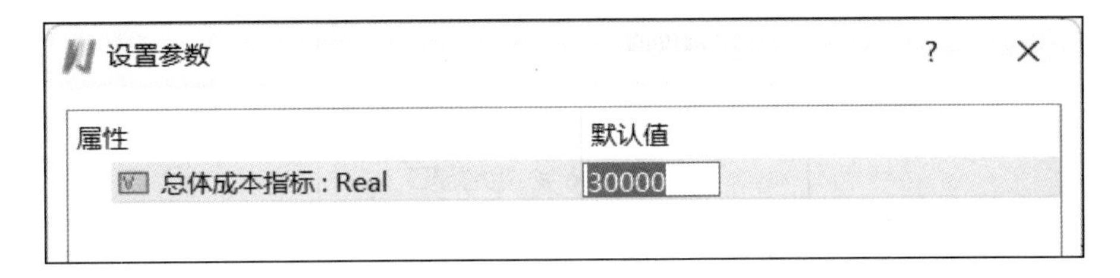

图 3-61　设置默认值

添加其他值属性："总体重量指标""最大提升力指标""最大提升速度指标""提升力""提升速度""总成本""总质量"，并设置其默认值，结果如图 3-62 所示。

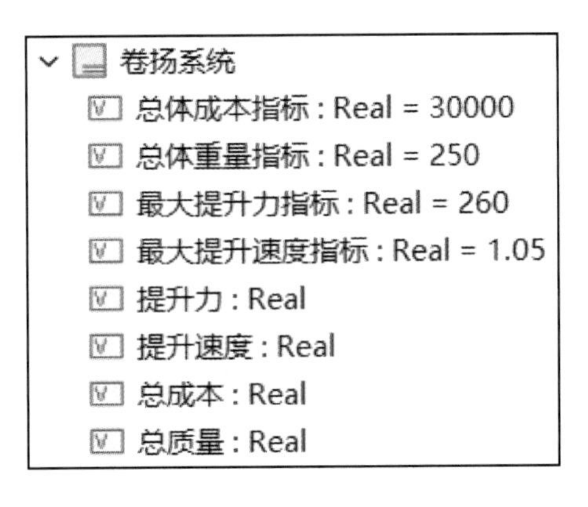

图 3-62　"卷扬系统"值属性设置

2. 添加代理端口

添加代理端口：在模型浏览器中，右键单击"卷扬支架"，选择"新建代理端口"，创建代理端口"frame_a"。

设置端口类型：右键单击"frame_a"，选择"选择类型"，在弹出的对话框中设置"类型"为"机械接口"，如图 3-63 所示。

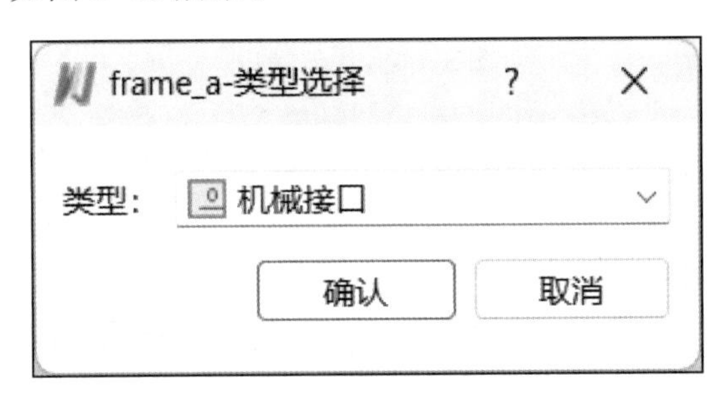

图 3-63　设置端口类型

在"二级部件"中设置其他代理端口，结果如图 3-64 所示。

图 3-64　代理端口

3.6.4　内部模块图

创建内部模块图（IBD，即内部块图）：在模型浏览器中，右键单击块“卷扬系统”，选择“新建内部模块图”，新建内部模块图，命名为“卷扬系统内部模块”。

添加建模元素：在模型浏览器中选中“卷扬支架”，将其拖动到内部模块图“卷扬系统内部模块”中。

同样方法，将“属性卷筒”“减速机”“液压马达”“电磁阀”“电气系统”“压绳器”“钢丝绳”拖动到内部模块图“卷扬系统内部模块”中。

建立关联：在内部模块图“卷扬系统内部模块”中选中“卷扬支架”边框上的端口并与“卷筒”边框上的端口连接，建立连接关系。

建立其他关联，结果如图 3-65 所示。

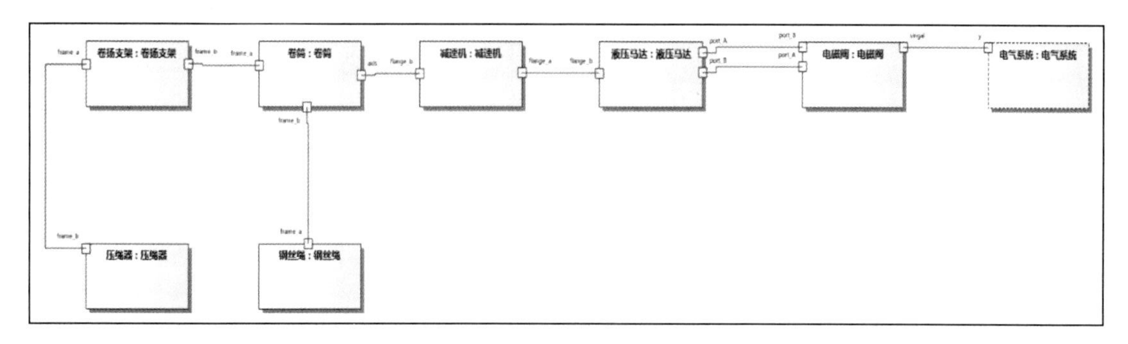

图 3-65　卷扬系统内部模块

内部模块图中可以嵌套子内部模块图。

3.7　设计验证

3.7.1　约束定义

创建约束：在模型浏览器中，右键单击“2.7.1.1 数学模型”，选择“新建元素”→“约束”，命名为“体积计算”。

添加输入参数：右键单击约束“体积计算”，选择“新建输入参数”，命名为“a”。

同样方法，添加“2.7.1.1 数学模型”的全部参数，结果如图 3-66 所示。

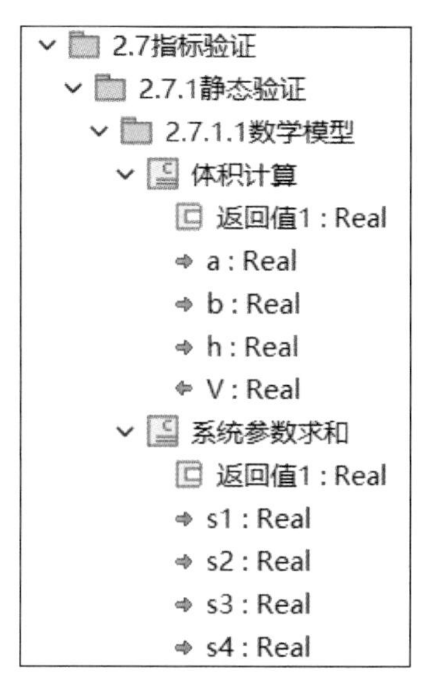

图 3-66　“2.7.1.1 数学模型”的全部参数

同样方法，添加“2.7.1.2 指标验证”的全部参数，结果如图 3-67 所示。

图 3-67 “2.7.1.2 指标验证”的全部参数

3.7.2 参数图

创建参数图：在模型浏览器中，右键单击“2.3.1 卷扬系统产品架构”，选择“新建参数图”，命名为“卷扬系统参数图”。

添加值属性：从模型浏览器中选择块“卷扬系统”的值属性“卷筒重量”拖动到参数图中。

添加其他值属性，结果如图 3-68 所示。

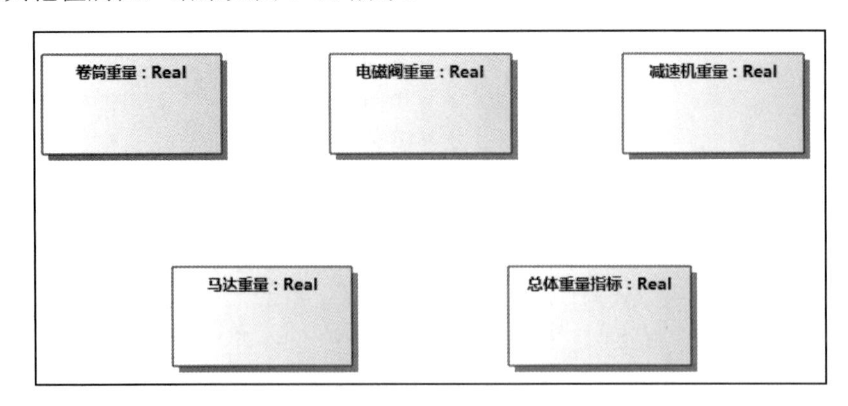

图 3-68 添加值属性

建立映射关系：从模型浏览器中拖动约束“总体质量验证”至参数图中，弹出“关系映射”对话框，在左侧框中选中“卷扬系统”下的“卷筒重量”，按住 Alt 键，单击右侧框中“卷扬系统”下的“总体重量指标”，建立映射关系，如图 3-69 所示。

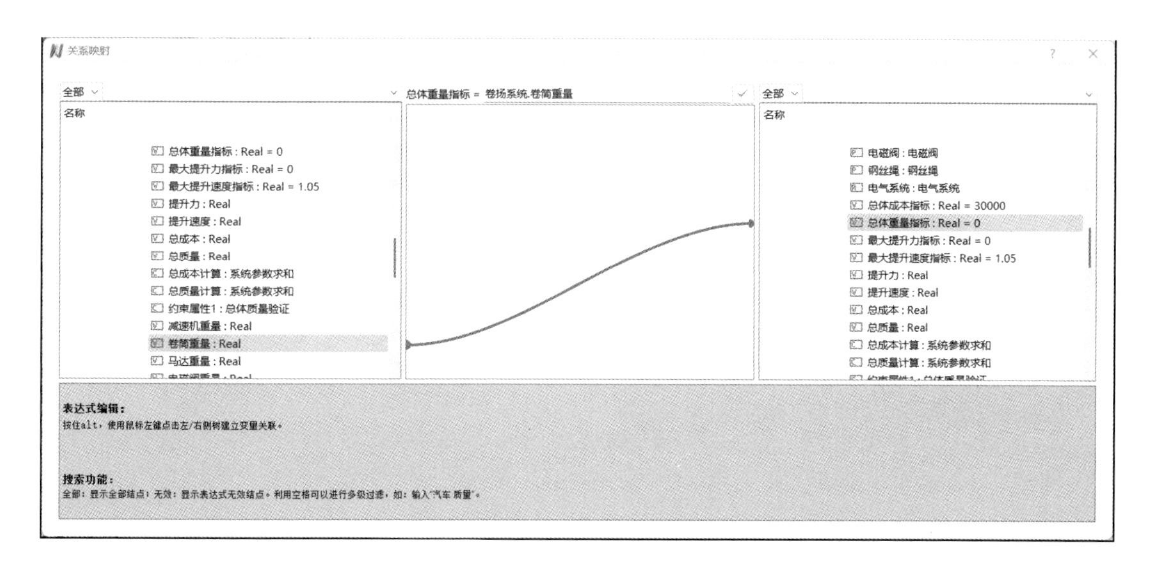

图 3-69　映射关系

建立关联：在参数图中选中值属性“卷筒重量”，将其接口与约束属性“总体质量验证”建立关联。

建立其他值属性与约束属性的关联，结果如图 3-70 所示。

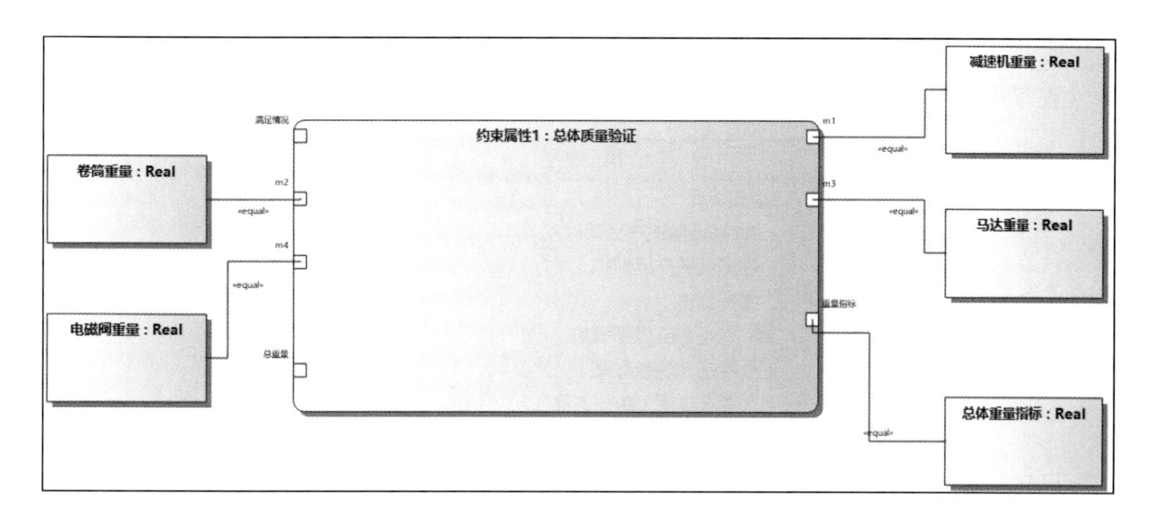

图 3-70　值属性与约束属性建立关联

3.7.3 约束设计

在参数图中右键单击约束属性“总体质量验证”，选择“编辑约束表达式”，弹出“约束表达式”对话框，在左侧“变量”选项卡中双击“总重量：Real”，在右侧“表达式编辑”框中将会添加此变量。编辑约束表达式，如图 3-71 所示。

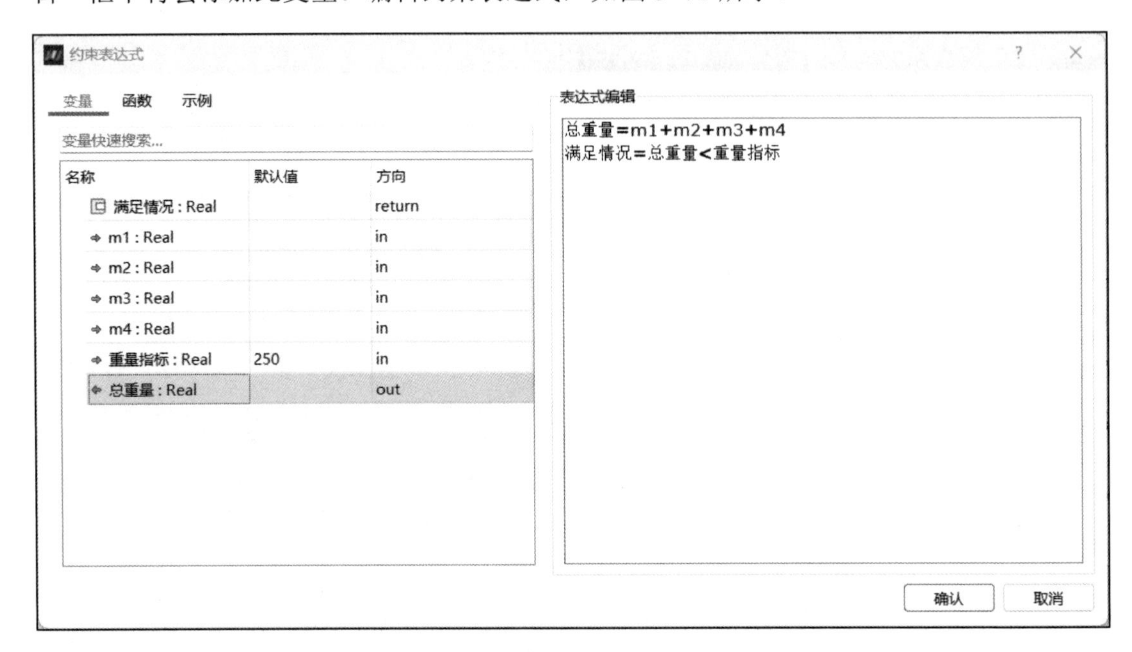

图 3-71　编辑约束表达式

3.7.4 参数计算

在模型浏览器中，选中“卷扬系统参数图”，如图 3-72 所示。

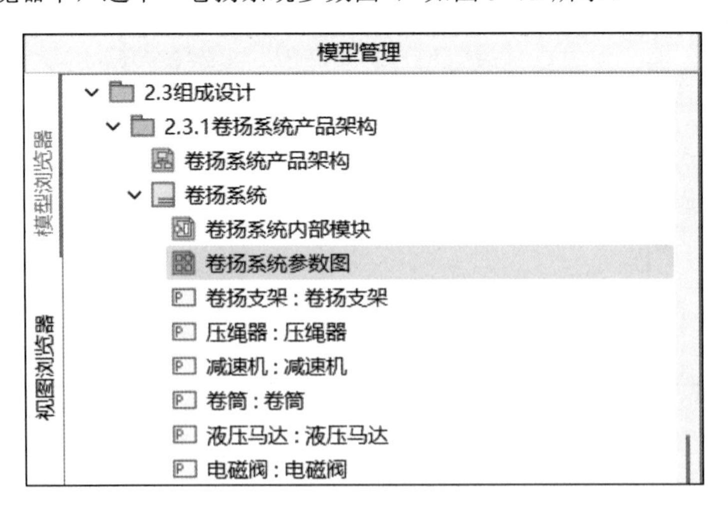

图 3-72　卷扬系统参数图

单击“建模”→“仿真”→“仿真”按钮，打开“约束计算”对话框，在“计算参数设置”框中设置参数值，单击“计算”按钮，自动计算参数值，结果如图 3-73 所示。

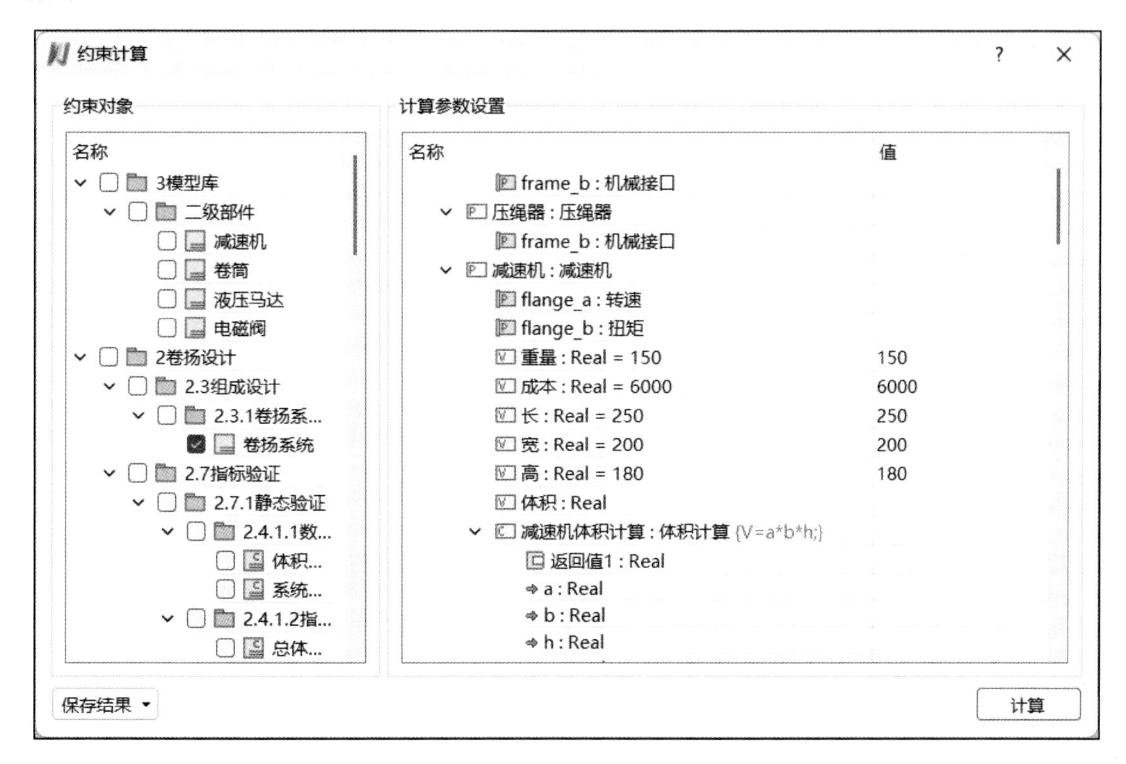

图 3-73 “约束计算”对话框

3.8 分析评估

3.8.1 追溯性分析与需求覆盖

1. 追溯性分析

单击“建模”→“查看”→“追溯性分析”按钮，弹出“追溯性分析”对话框，可以查看需求、功能的追溯情况和覆盖率，如图 3-74 所示。

2. 需求覆盖

单击“建模”→“查看”→“需求覆盖”按钮，弹出“覆盖性分析表”对话框，在“视图”下拉列表中选择“需求覆盖表”，通过需求追溯矩阵展示需求被功能和块满足的情况，如图 3-75 所示。

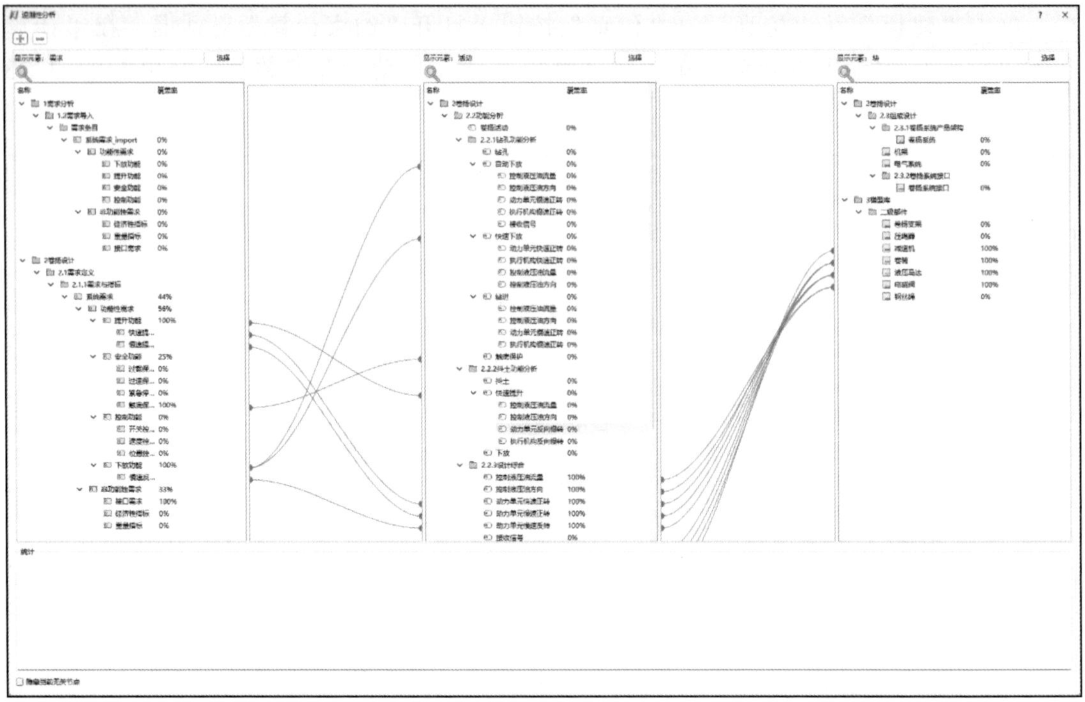

图 3-74　追溯性分析

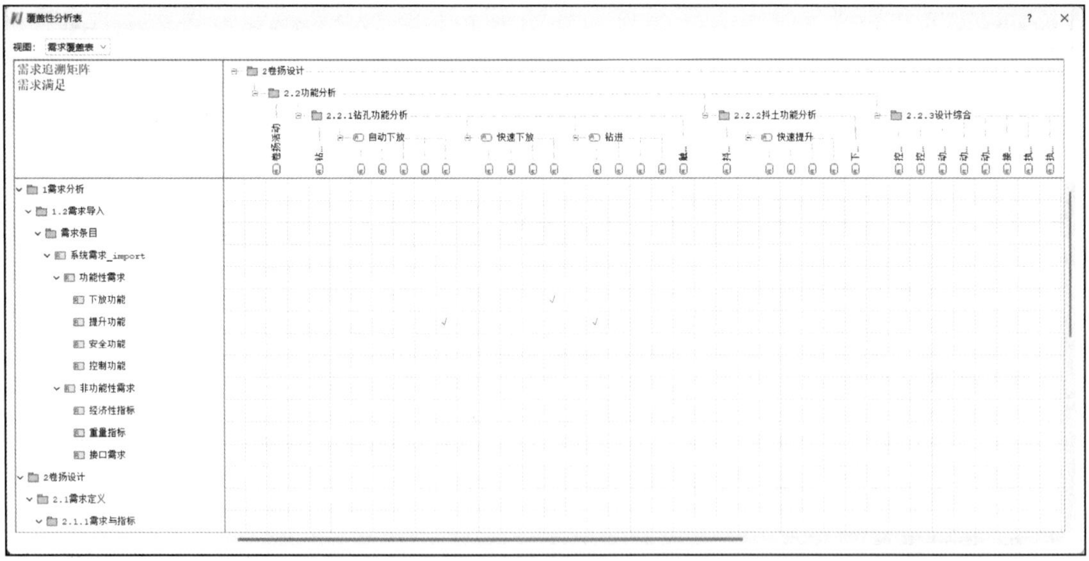

图 3-75　需求覆盖表

3.8.2　架构多方案权衡

创建多个架构方案：在包“2.6 配置设计”下创建“产品母型”“A 方案”“B 方案”

“C 方案”“D 方案”“E 方案”“F 方案”“G 方案”，并设置它们的值属性，结果如图 3-76 所示。

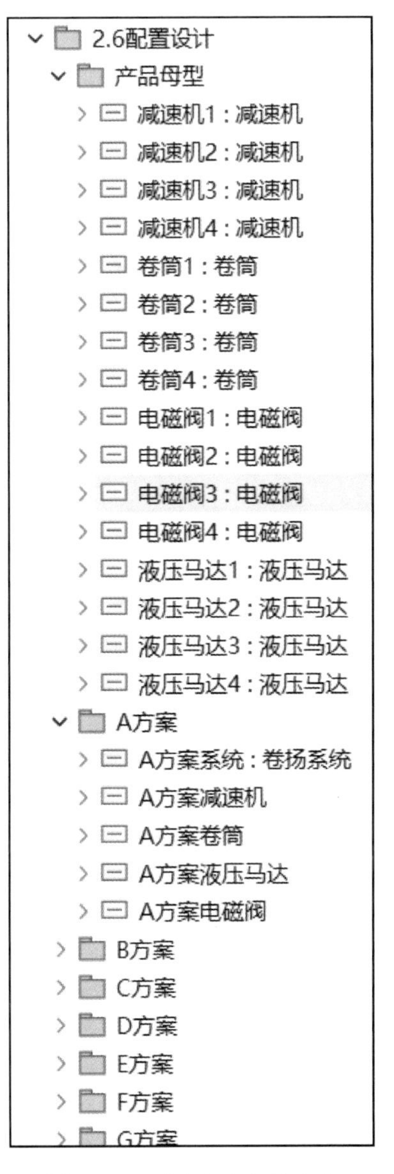

图 3-76　创建多个架构方案

选择架构方案：单击“建模”→“查看”→“架构权衡”按钮，弹出“架构权衡”对话框，在左侧下方勾选“全选”复选框，选择全部要对比的架构方案。

导入脚本：单击“导入”按钮，找到安装路径下的 Example 文件夹，选择脚本文件 architect_test.py，单击“打开”按钮，在“架构脚本编辑”框中将会显示其中的 Python 脚本，如图 3-77 所示。

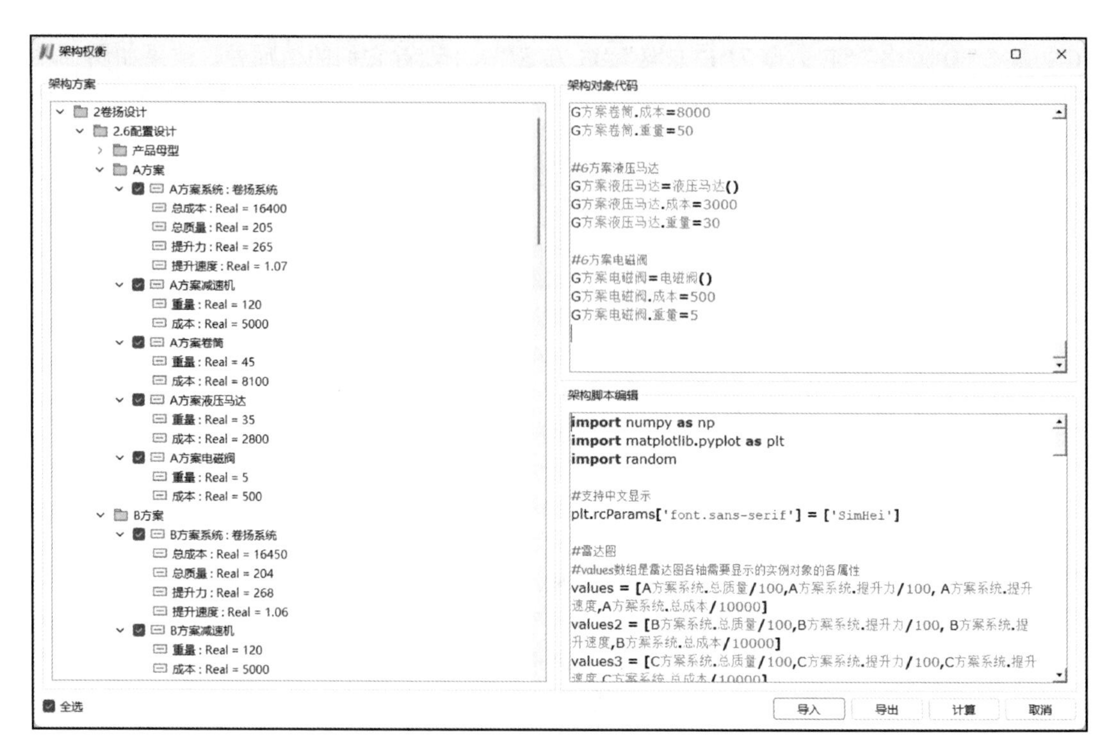

图 3-77　导入 Python 脚本

架构方案对比结果：单击“计算”按钮，显示架构方案的对比结果，如图 3-78 所示。

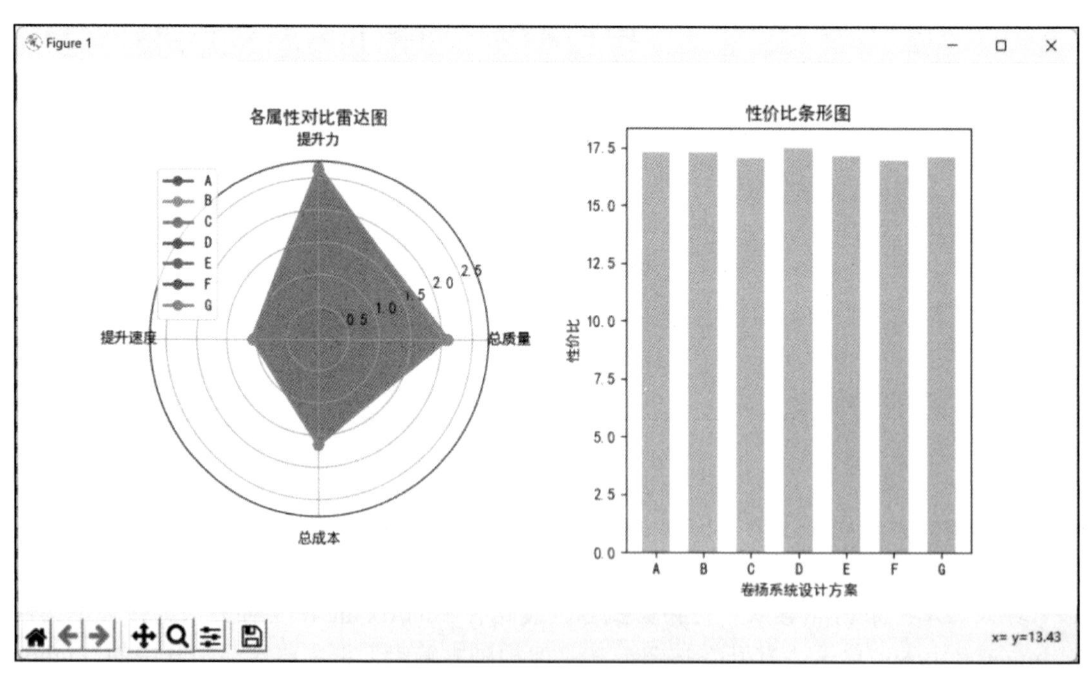

图 3-78　对比结果

3.8.3 参数计算

关系映射支持变量映射功能，还支持指标、值属性的传递和计算。

参数计算：单击“关系映射”按钮，在“关系映射”对话框中分别建立“3 模型库”的“二级部件”中的“卷筒.长”、“卷筒.宽”和“卷筒.高”与“卷筒.体积”的关系映射。修改公式为“体积=卷筒.长*卷筒.宽*卷筒.高”，可以查看体积的计算结果，如图 3-79 所示。

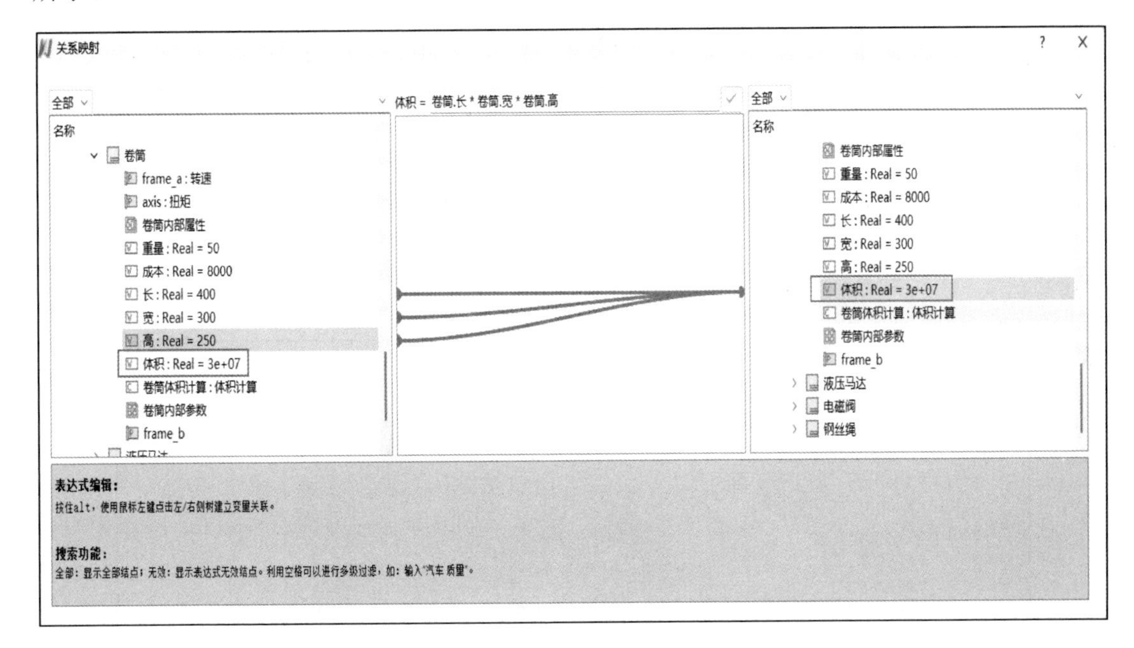

图 3-79 参数计算

3.9 表格视图与关系矩阵

1. 表格视图

创建表格视图：在模型浏览器中右键单击“2.8 架构权衡”，选择“新建视图”→“表格视图”，新建表格视图，命名为“卷扬设计_表格”。

筛选数据：在表格视图“卷扬设计_表格”中单击“选择表格中显示的数据”按钮，弹出“筛选数据”对话框，勾选需要显示的数据，如图 3-80 所示。

编辑注释内容：在表格视图“卷扬设计_表格”中，还可编辑注释内容，如图 3-81 所示。

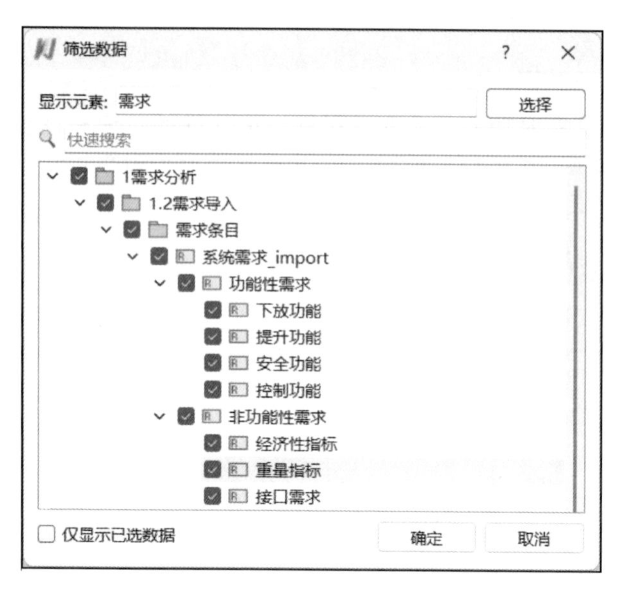

图 3-80　筛选数据

卷扬设计_表格 ×

关系类型: 满足 ...

名称	注释	值	单位	描述	满足
1 系统需求_import					
1.1 功能性需求					
1.1.1 下放功能					
1.1.2 提升功能					
1.1.3 安全功能					
1.1.4 控制功能					
1.2 非功能性需求					
1.2.1 经济性指标					
1.2.2 重量指标					
1.2.3 接口需求					
0 系统需求					
0.4 功能性需求	卷扬系统功能性...				
0.4.1 提升功能	卷扬系统应具备...				快速提升
0.4.1.1 快速提升功能	卷扬系统的快速...				动力单元快...
0.4.1.2 慢速提升功能	卷扬系统的慢速...				动力单元慢...
提升功能最大提升力		500	kN		
最大提升高度		180	m		
最大提升速度		10	m/s		
0.4.2 安全功能	卷扬系统应包含...				
0.4.2.1 过载保护	用于检测和防止...				
0.4.2.2 过速保护	用于检测和防止...				
0.4.2.3 紧急停止	：紧急停止是指...				
0.4.2.4 触底保护	防止卷扬设备因...				触底保护
0.4.3 控制功能					
0.4.3.1 开关控制	控制卷扬系统的...				
0.4.3.2 速度控制	控制卷扬系统的...				
0.4.3.3 位置控制	控制卷扬系统提...				
0.4.4 下放功能	卷扬系统应具备...				自动下放 快速下放
	卷扬系统的慢速				动力单元慢

图 3-81　编辑注释内容

2. 关系矩阵

创建关系矩阵：在模型浏览器中右键单击“2.8 架构权衡”，选择“新建视图”→“关系矩阵”，新建关系矩阵，命名为“卷扬设计_关系矩阵”。

在“卷扬设计_关系矩阵”视图中单击“筛选行数据”按钮，弹出“筛选数据”对话框，勾选关系矩阵中需要显示的行数据，单击“确定”按钮，如图 3-82 所示。

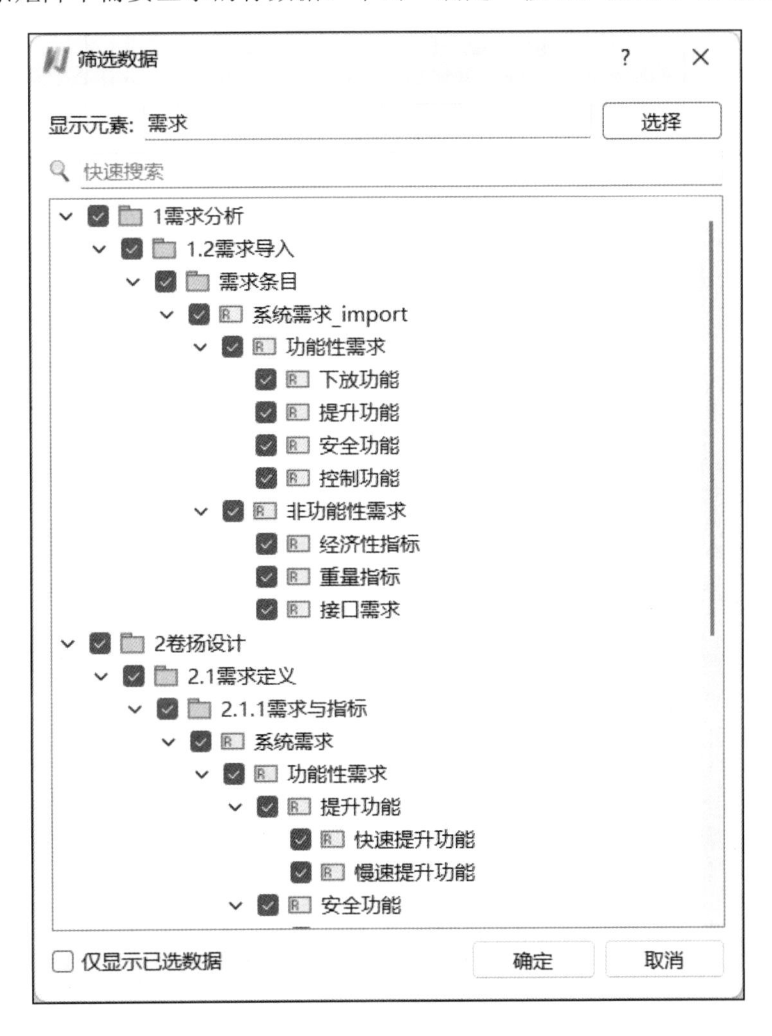

图 3-82　勾选行数据

在“卷扬设计_关系矩阵”视图中单击“筛选列数据”按钮，在“筛选数据”对话框中勾选关系矩阵中需要显示的列数据，单击“确定”按钮，如图 3-83 所示。

在显示出的关系矩阵中，双击勾选矩阵中的单元格，检查功能条目对需求条目的满足关系，还可以手动更改，如图 3-84 所示。

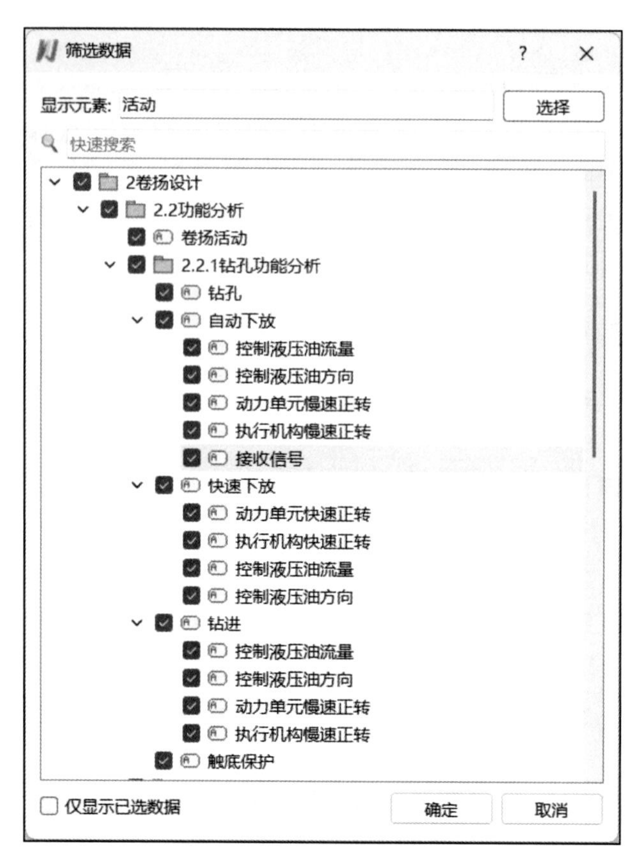

图 3-83　勾选列数据

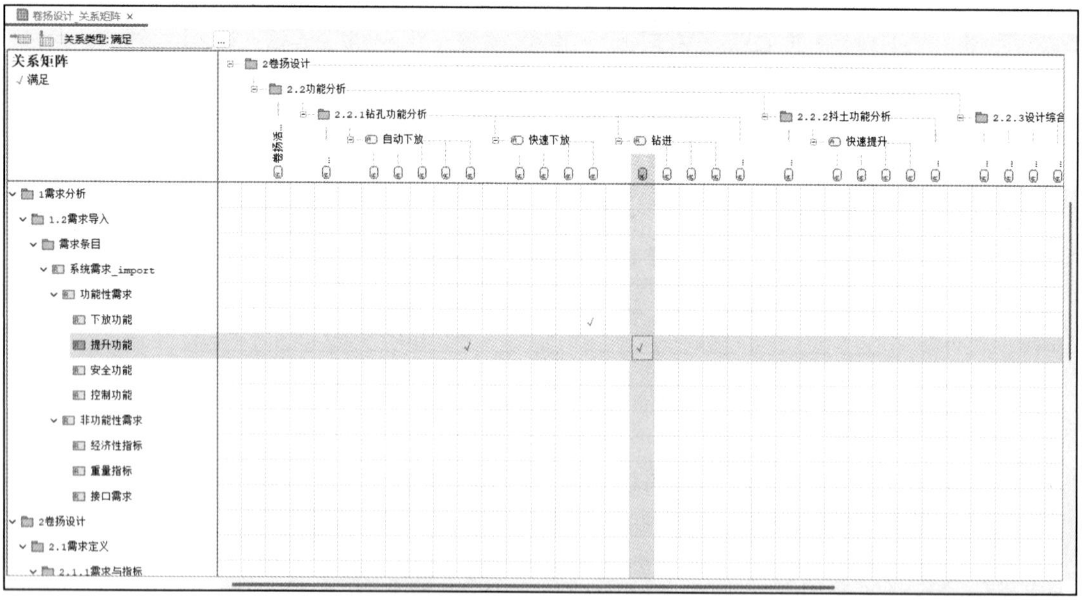

图 3-84　勾选单元格

3.10 链接 Modelica 模型

本节将结合简单示例 PropulsionSystem（案例存放位置：安装路径下的 Example 文件夹中）介绍如何链接 Modelica 模型。

新建链接文件：在模型浏览器中右键单击空白处，选择“新建元素”→“链接的文件”，在对话框中选择路径“Example\卷扬系统\Modelica 模型\RotaryDigDrill”，单击“打开”按钮，在模型浏览器中将会显示包 package1。

配置显示模型：右键单击包 package1，选择“配置显示的模型”，弹出“模型显示配置”对话框，勾选要显示的模型，使其在模型浏览器中显示，如图 3-85 所示。

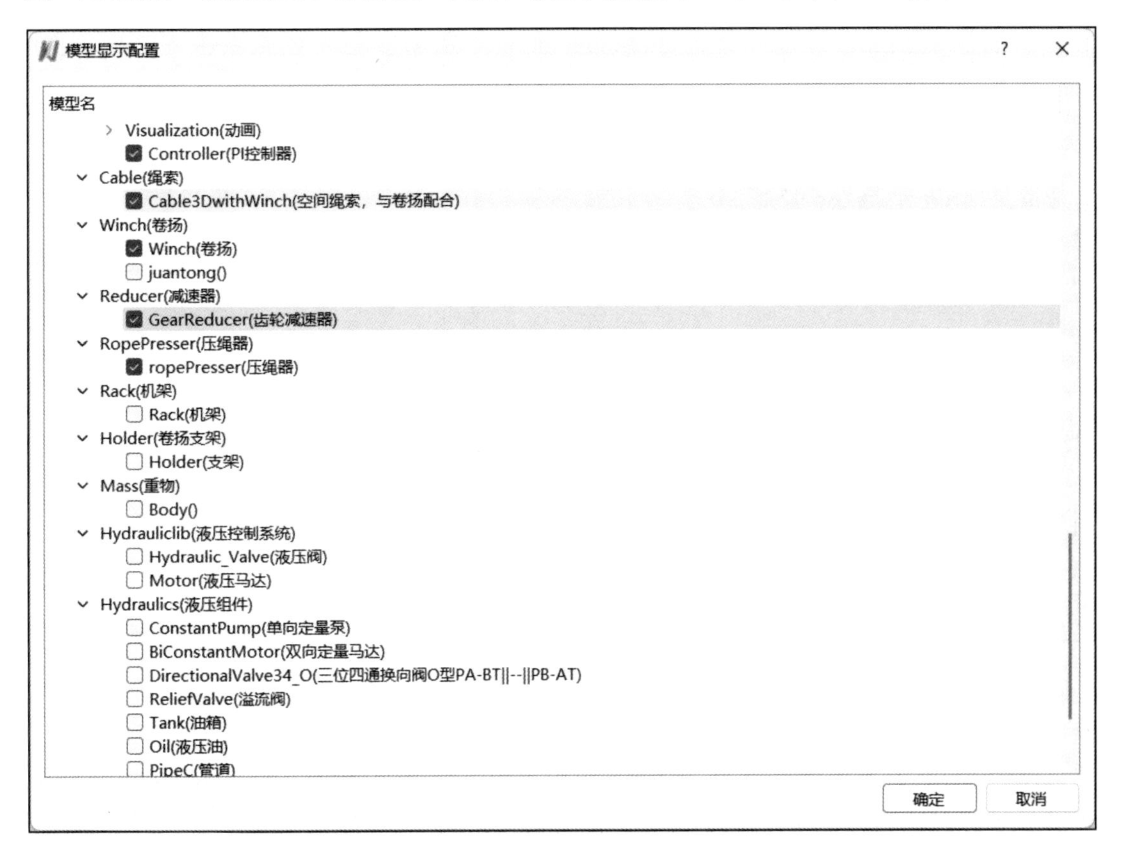

图 3-85　模型显示配置

打开模型：展开包 package1，双击“PI 控制器 1”，在建模视图中将会打开对应的模型，如图 3-86 所示。

设置输入参数：在下方的“模型输入输出”窗口中，双击“值”输入框可以设置输入参数 u、u1 的值。

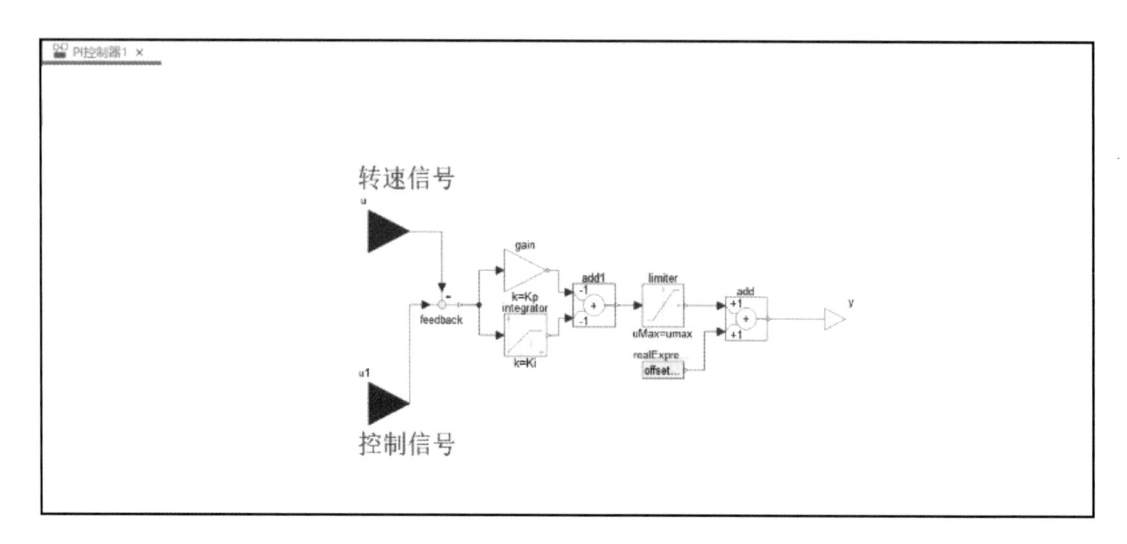

图 3-86　打开模型

仿真：单击“建模”→“仿真”→“仿真”按钮，系统会根据输入参数值计算输出参数值，结果如图 3-87 所示。

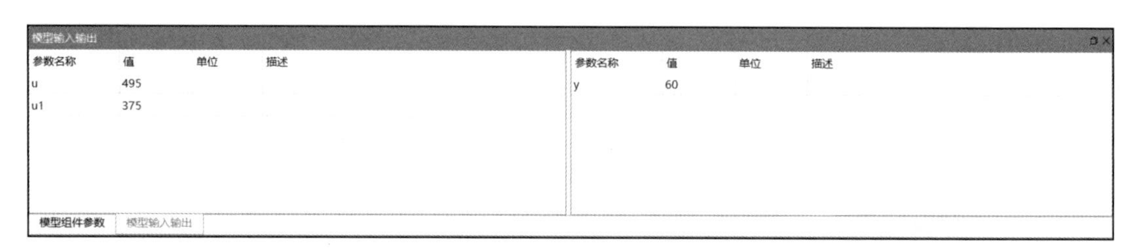

图 3-87　计算结果

3.11　生成 Modelica 模型

生成 Modelica 模型主要包括两部分内容：为内部模块图设置 Modelica 仿真框架属性以及生成 Modelica 仿真框架。

设置属性：打开内部模块图“卷扬系统内部模块”，在空白处右键单击，选择“设置 Modelica 仿真框架属性”，弹出“Modelica 仿真框架属性”对话框，在目标属性“类型”列的下拉列表中选择类型，如图 3-88 所示。

同样方法，设置 Modelica 仿真架构属性的全部类型。

生成仿真框架：打开内部模块图“卷扬系统内部模块”，在空白处右键单击，选择“生成 Modelica 仿真框架”，弹出“生成仿真框架-选择模块”对话框，勾选“卷扬系统内部模块”，单击“生成”按钮，如图 3-89 所示。

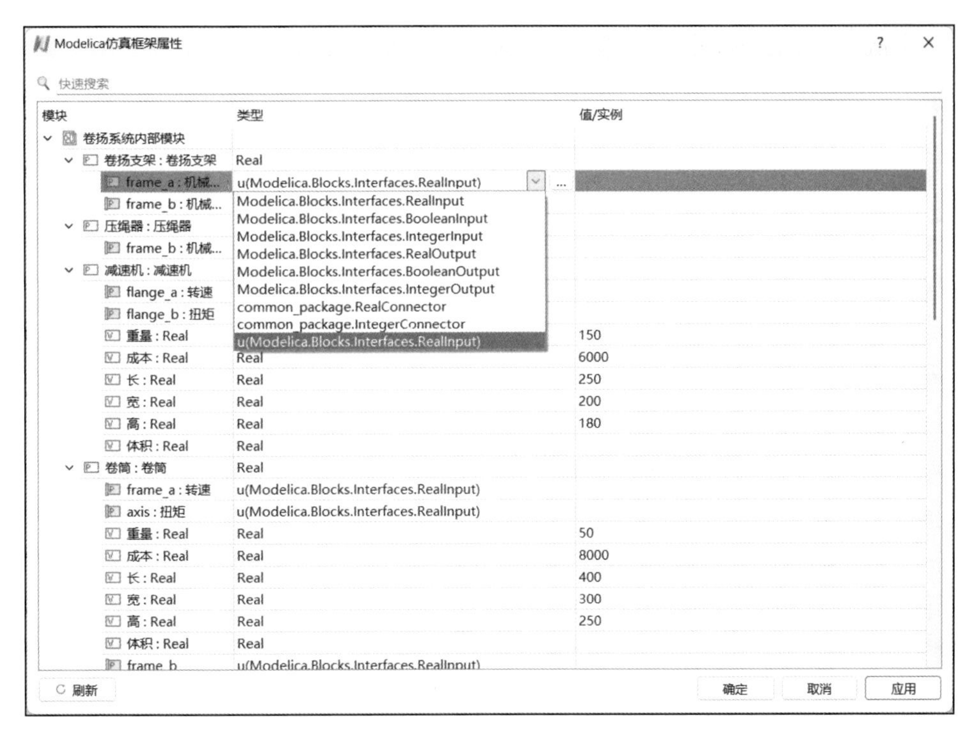

图 3-88　设置 Modelica 仿真框架属性

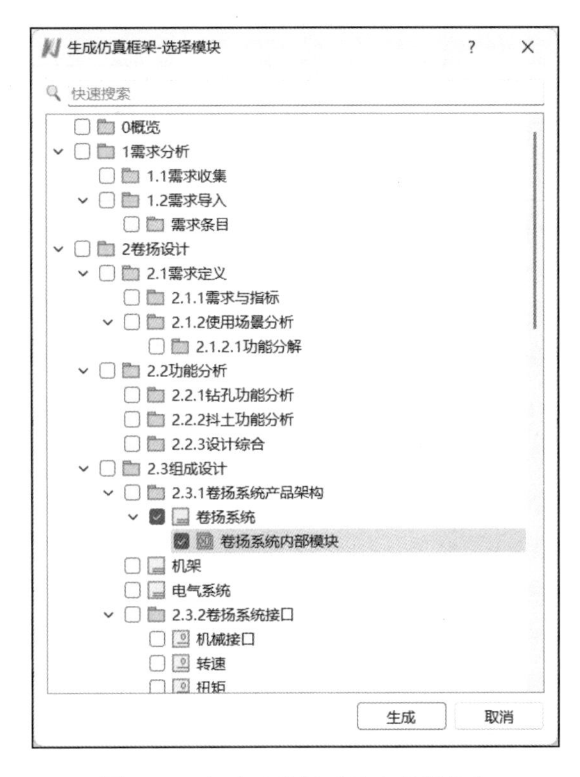

图 3-89　勾选“卷扬系统内部模块”

加载生成的 Modelica 模型，可视化效果如图 3-90 所示。

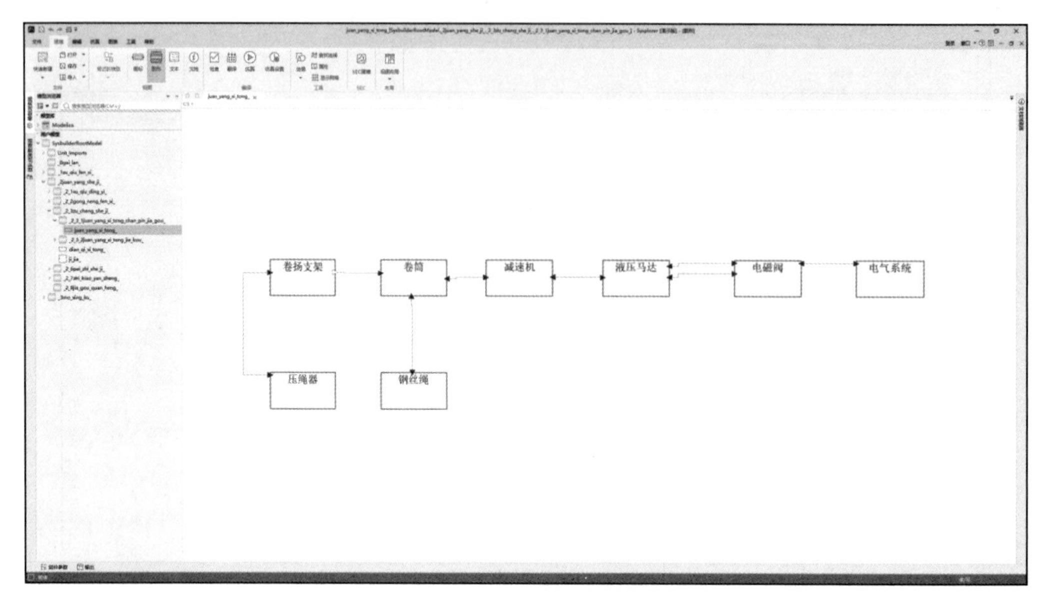

图 3-90　Modelica 模型的可视化效果

3.12　报告生成

单击“生成报告”按钮，弹出“选择报告模板”对话框，在“方案报告模板”框中选择“系统方案设计报告”，在“系统方案设计”框中选择“一、设计输入”，在“专项数据”框中根据实际需要进行勾选，单击“确定”按钮，如图 3-91 所示。

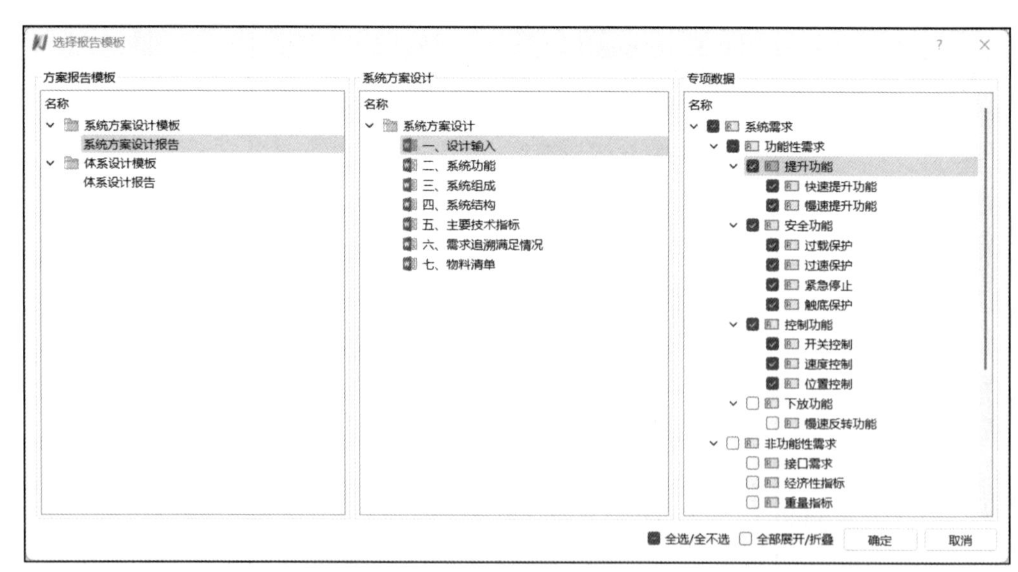

图 3-91　“选择报告模板”对话框

在弹出的“报告生成”对话框中，选择模板和输出路径，单击“确定”按钮，如图 3-92 所示。

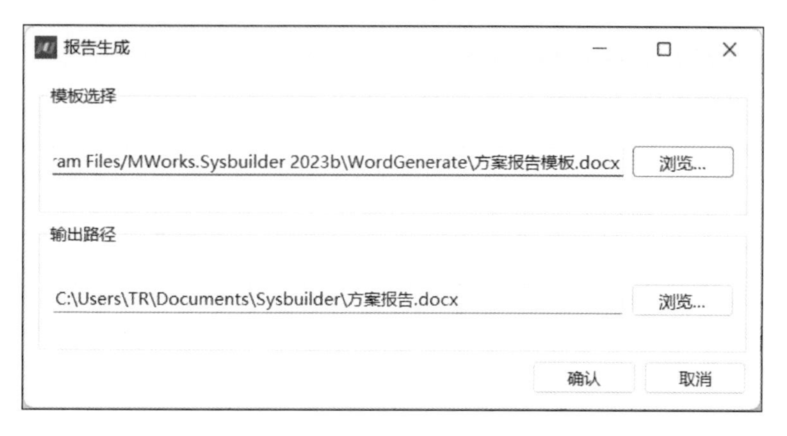

图 3-92 “报告生成”对话框

报告生成后，可以打开方案报告，如图 3-93 所示。

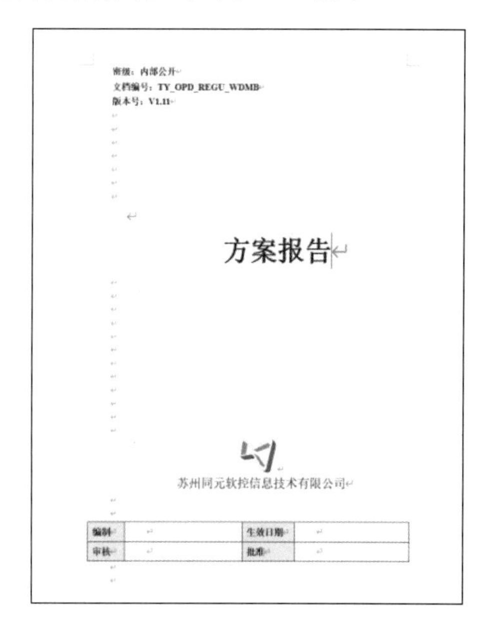
密级：内部公开
文档编号：TY_OPD_REGU_WDMB
版本号：V1.11

方案报告

苏州同元软控信息技术有限公司

编制		生效日期	
审核		批准	

图 3-93 方案报告

本 章 小 结

本章介绍了 MWORKS.Sysbuilder 系统设计建模功能，主要内容包括模型组织结构管理，模型导入、导出，需求定义，系统功能分析，系统组成设计，设计验证，分析评估，表格视图与关系矩阵，链接和生成 Modelica 模型，报告生成。

第 4 章

设计与仿真一体化的新一代 MBSE 方法

4.1 设计与仿真一体化的 MBSE 技术体系

如前所述，通过 MBSE 方法研究与工程实践工作，国内外研究机构已经积累了 MBSE 的通用标准规范、方法、工具等，并在航空、航天等领域开展了大量的应用实践，能够为复杂系统的设计、论证提供系统工程技术基础。面向企业、科研单位在产品、装备、研制体系的数字化建设需求，要将通用的 MBSE 方法、工具、模型等与具体业务相结合，必须根据企业业务流程、产品技术特点、上下游配合关系等构建流程、模型、工具、标准规范、团队相融合的 MBSE 技术体系，覆盖从需求获取、需求分析到系统架构设计、仿真验证等的全生命周期各阶段活动，为大规模团队协作提供统一的模型数据源、统一的数字化设计验证操作要求、统一的软件工具平台，从而支撑跨阶段、跨层级、跨团队的协同论证、设计与运营。MBSE 技术体系框架如图 4-1 所示。

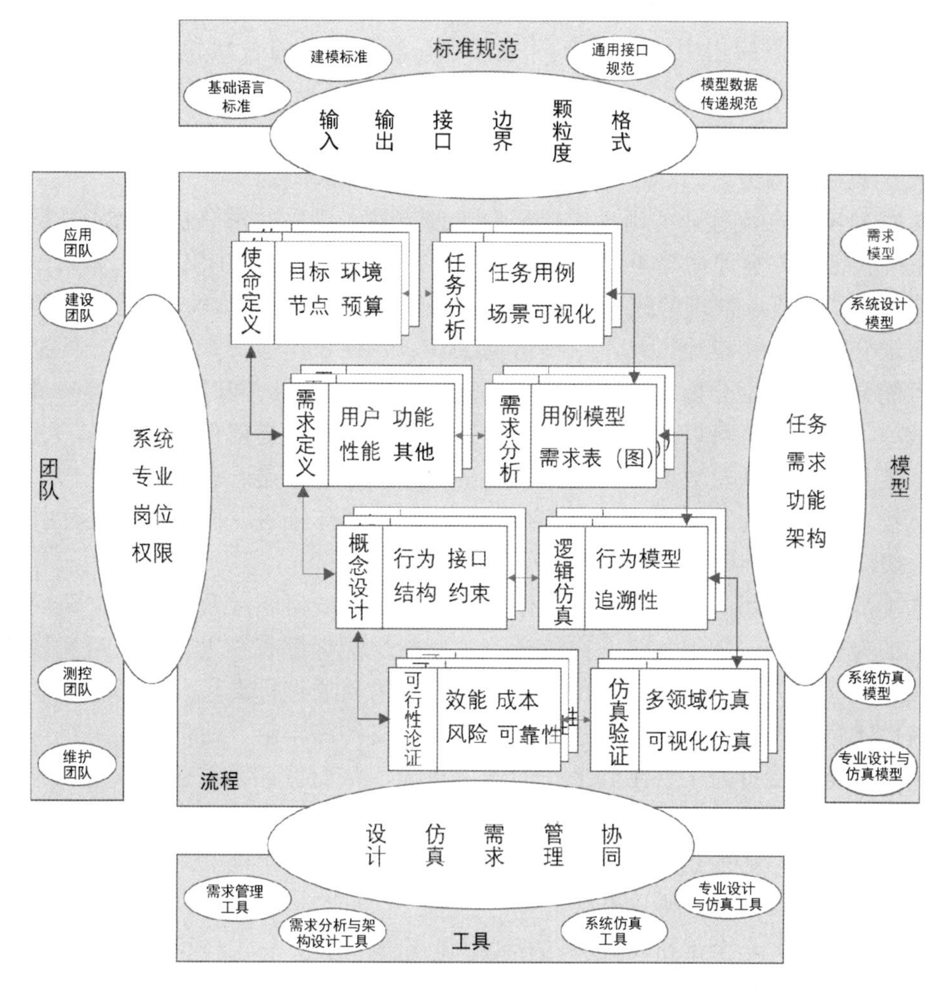

图 4-1 MBSE 技术体系框架

流程是 MBSE 技术体系的核心。基于团队研制流程划分出 MBSE 研制过程中不同阶段的活动，可以作为企业、型号、专业等不同层级开展数字化研制工作的准绳，既能够将复杂系统的研制过程分解为不同颗粒度、不同侧重的业务活动，把系统研制的全局复杂工作分解为小颗粒度的设计、仿真、建模活动，同时，还能够明确各个研制环节之间的接口关系，例如，模型、数据、文件的传递关系和传递范围。传统研制流程中，企业或型号管理部门都已经建设了完整、规范、严谨、细致的研制流程。面向 MBSE 以及数字化技术的具体特点，则需要对传统研制流程进行优化或者重构，从而更好地提升效率和质量。

模型为 MBSE 技术体系提供了基础资源。根据 MBSE 方法对模型的定义，同一个对象在不同阶段、不同场景、不同研发活动中将产生不同的模型，例如，需求模型、系统设计模型、系统仿真模型、专业设计与仿真模型等，这些模型描述的是相同的系统对象，因此具有一定的继承性，在架构、接口方面公用了很多模型数据；同时根据业务目标，这些模型之间也具有较大的差异，包括建模方式、模型形式、模型解析和求解方法等，在实际应用中，需要充分考虑这些模型之间的共性和特性。MBSE 模型可以包含绝大部分的系统设计验证信息，能够对同一个系统对象在不同时间点的技术状态进行统一存储、管理，也能够作为专业团队建设的知识传承载体，是企业无形知识资产的重要组成部分。

工具为 MBSE 全流程业务活动提供平台功能支撑，满足需求分析、功能分析、系统设计、系统验证、方案评估等不同场景的功能需求，在完整的 MBSE 技术体系中，还要能够打通设计、仿真、需求等模型间的接口。完整的 MBSE 平台，一般会包含需求管理工具、需求分析与架构设计工具、系统仿真工具、专业设计与仿真工具等。根据业务要求，还可能会包含成本分析、通用质量特性分析等辅助工具。同时，为了提升具体业务活动的效率、能力，还可以选择专用的软件工具，例如，关键部件设计工具、关键性能设计评估工具、转向试验数据分析工具等。MBSE 平台建设是一项持续性工作，需要在型号总体管理或者企业顶层管理层面进行整体规划，逐年推进，同时还要关注行业产品的不断升级演进。

标准规范为研制团队提供具体的工作指导。大型系统研制涉及多专业团队的广泛协同，他们的专业领域、知识背景、岗位分工、职能层级等都有很大差异，对建模语言、建模手段以及建模方式的理解很难保持一致，因此需要通过标准规范来描述多学科、多层级系统的不同模型视图内容：通过基础语言标准支持跨学科、跨项目和跨组织沟通；通过通用接口标准支持跨平台工具之间的通信协同，从而保证系统建模或集成应用的准确性与表达方式的一致性；通过不同的建模标准各自覆盖特定领域，进而支撑不同类型模型的跨领域集成，实现系统模型的集成、分析、规范、设计和验证，为 MBSE 在型号研制过程中的广泛应用提供协议基础。

最后，团队能力是全部研制能力的核心，是研制流程、标准规范的具体执行者，是模型、工具的具体使用者。一方面，使用工具、模型等数字化手段能够减少研制团队的重复性工作，提高团队间的信息同步质量和效率，提升团队在大系统整体设计、评估方面的整体能力；另一方面，MBSE 对团队能力提出了更高的要求，需要团队在传统的系统研制、管理能力基础上，提高对 MBSE 语言、工具、模型的理解与应用能力，并重新建立起与 MBSE 研制流程、标准规范相一致的岗位分工与协作要求。

如上所述的 MBSE 技术体系，包含流程、模型、工具、标准规范、团队等要素，能够定义多专业联合团队在不同流程中的业务活动，结合标准建模语言构建多领域、多层级统一模型库，描述系统任务、需求、功能、架构等元素，支撑系统设计验证，实现知识积累；通过标准规范约束建模或论证过程的输入、输出、接口、边界、颗粒度和格式，支持满足多阶段间、多工具间、多团队间的模型传递与协同；通过开放自主的工具开展需求分析、架构设计、仿真验证等业务工作，打通工具间的模型接口，实现并行协同论证软件环境的开发构建，明确数字化背景下的分工协作机制，从而支持型号研制大型团队的协同论证。

4.2 新一代 MBSE 方法的技术特点

在复杂系统设计过程中，需要构建任务场景、功能逻辑、架构设计、系统仿真、详细仿真等多种模型。这些模型中需要包含任务、环境等多种模型元素，以及通信、控制、机电等多种接口形式，同时也需要支持黑盒、白盒不同层次建模方式。在整个系统设计过程中会产生大量不同结构、不同层次、不同颗粒度以及不同建模形式的模型，需要从技术上解决各类模型之间的一致性问题，保证系统总体设计各个闭环流程具有统一的模型数据源。

根据复杂系统的技术组成关系，可以建立系统设计与仿真公用的统一模型框架，实现不同研制阶段架构模型与仿真模型的统一映射关系。基于统一的数据结构实现多种模型底层数据的一致性，构建设计、仿真等多种任务阶段公用的概念主模型。在系统设计阶段能够实现概念、架构模型的定义，通过底层的统一数据结构，支持设计模型向仿真模型的扩展，在简化仿真建模过程的同时，保证设计模型与仿真模型的数据一致性。进一步结合层级化的接口关系，在模型框架持续扩展的同时，能够实现对已有模型库的快速调用和集成，从而完成多阶段设计验证与应用。

通过统一的数据结构描述系统的任务需求、功能、架构、接口，将它们编辑为统一的结构化参数文件，然后将设计与仿真统一的结构化参数文件分别解释成系统任务需求、概念、架构以及仿真模型，实现设计模型与仿真模型的参数一体化。通过统一参数驱动设计和仿真建模，构建设计功能与仿真功能的联动机制。一方面实现可视化设计模型与仿真模型的参数关联映射与一致性检查；另一方面建立设计模型与仿真模型之间的双向操作机制，通过系统任务设计功能模块调用、修改、运行仿真模型，能够快速实现设计与仿真计算，并通过仿真结果驱动方案优化。

1. 统一架构

在复杂系统研制流程中，统一架构是指采用一个整体的、统一的模型来描述系统的结构和行为。按照系统架构拆分为若干个可独立执行的业务组件，并将模型按照生命周期与版本修订过程分别建立不同颗粒度的系统构型与组件模型。通过构建体系架构模型与建模仿真框架接口的映射关系，实现架构驱动的多层次、多颗粒度、多版本模型自适应重构，通过可扩展插件方式支持系统模型的组装定制和扩展。某装备系统的统一架构示例如图 4-2 所示。

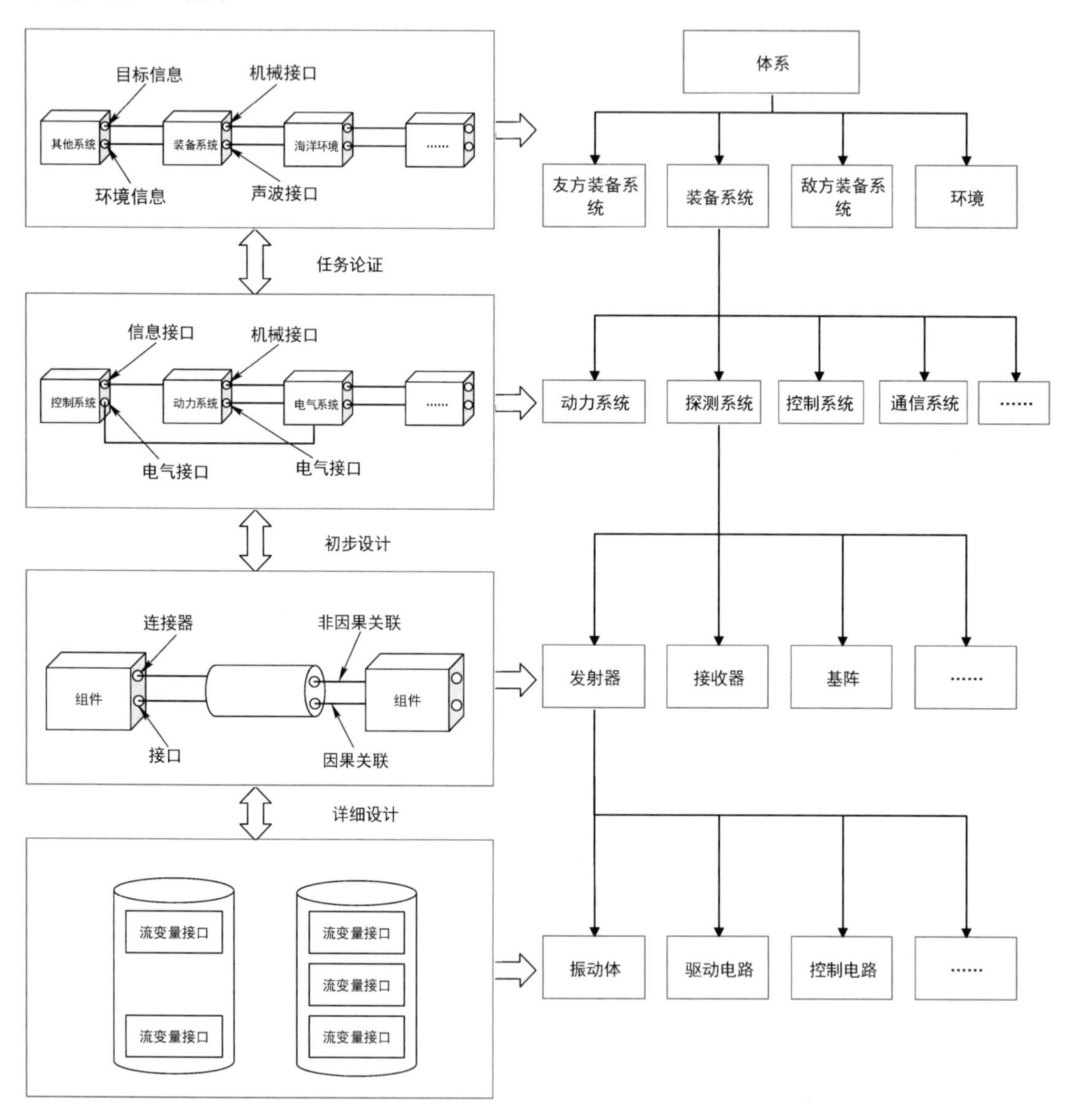

图 4-2　某装备系统的统一架构示例

在统一架构中，使用统一建模语言表示模型的组成形式，描述系统的层次结构和组件关系，包括动力、探测、控制、通信等各专业系统的组成关系，能够兼顾线导、自导、电动力、热动力等不同类型的产品技术特点。明确动力、探测、控制、通信等各专业系统的层次结构、接口规范和交互方式，确保各分系统和组件之间的协调性和一致性。统一架构还包含系统的任务过程和功能逻辑，从而实现对系统功能和逻辑架构的整体抽象。图 4-2 所示统一架构中，接口分为 4 个层次，在接口描述的细致程度、具体层级等方面逐层细化，从最初的环境以及内外部系统之间的逻辑接口描述，到最详细的元件级接口参数详细定义，可满足研制过程中逐阶段扩展的要求。

以面向对象的方式构建统一架构，能够同时符合系统仿真模型和系统设计模型的要求，在具体型号应用中，可以根据技术方案进行灵活配置，以参数化的形式完成模型实例化，能够根据模型库索引信息，对设计元模型库、仿真模型库进行集成调用。面向系统设计过程中的迭代，允许在系统开发过程中动态地调整和变更接口配置，以满足不同的设计要求和集成需求。

2. 统一接口

复杂系统模型具有层次特性，面向系统不同研制阶段会产生不同颗粒度的模型，需要定义不同颗粒度的模型接口，各阶段任务场景与接口的关系如图 4-3 所示。

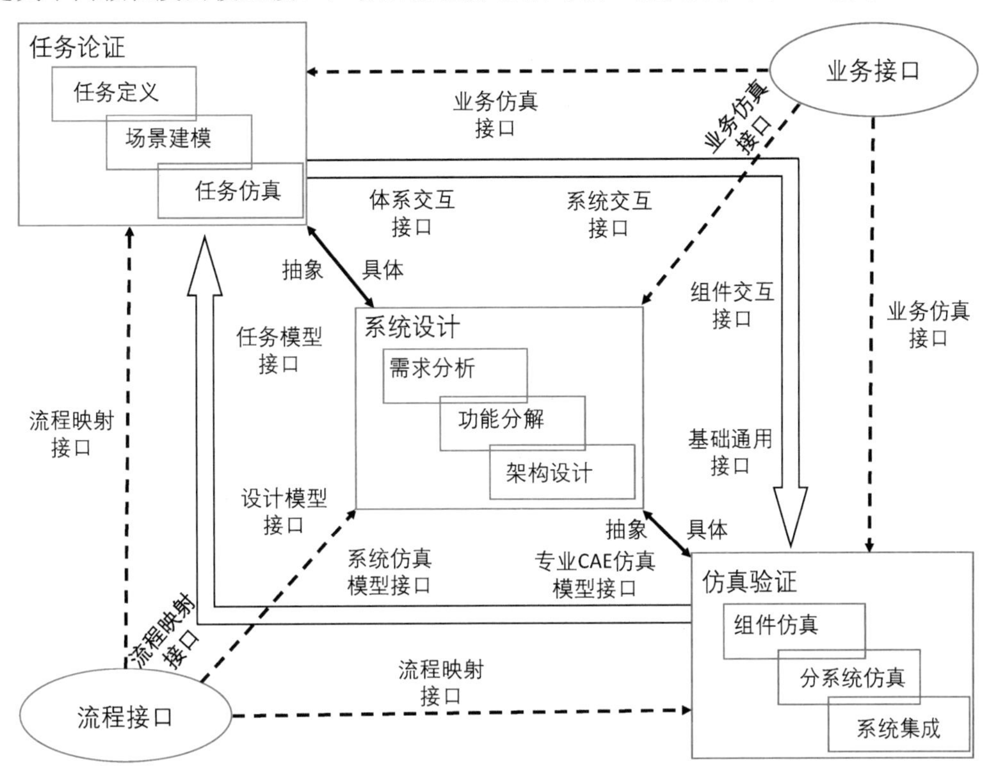

图 4-3 各阶段任务场景与接口的关系

在任务论证场景，定义系统与其他外部系统的信息和其他交互接口，仅需描述其基本的任务逻辑、顶层消息事件接口模型，并开展任务级的整体仿真验证；在系统设计场景，则需进一步开展系统需求分析，定义系统组成关系，明确系统与外部系统、目标和运行环境的机械、电气及信息接口，进一步向下进行功能分解、迭代，开展各个分系统的架构设计，约定各专业接口所需要遵循的接口协议；在仿真验证场景，定义系统、分系统、组件多层级的仿真接口模型，既能支持系统仿真模型的接口需求，也能兼容结构、电气等专业 CAE 仿真模型的集成接口。面向研制单位内部的产品数据管理、流程集成管理等需求，还可以提供流程接口和业务接口，流程接口为流程管理、技术状态管理、模型数据管理等信息化系统提供了工具和模型访问接口，业务接口则为数字试验管理、故障仿真、健康状态评估等具体业务场景的仿真需求提供不同模型的访问接口。

根据各阶段技术方案的持续扩展方式，抽象系统多层级、多专业、多类型的接口对象模型，分析其泛化、实现、依赖、关联、聚合、组合关系，通过面向对象的多态特性，构建可配置的系统任务接口模型体系，支持不同视图模型的调用，通过面向对象的抽象继承特性实现不同颗粒度接口模型的定义，定义多阶段接口的持续细化路径，支持使命任务、需求、概念、架构等不同阶段模型的递进演化。

面向设计与仿真模型的具体需求，将通用设计接口要求转化为设计与仿真专用的接口模型，对外提供参数化调用，并支持参数驱动的接口类型、颗粒度、专业的自动实例化生成，如设计模型与仿真模型的接口映射与转换关系、系统仿真模型与分系统（专业）CAE 仿真模型的接口映射与转换等。系统设计阶段可能需要关注的系统接口如表 4-1 所示。

表 4-1　系统设计阶段可能需要关注的系统接口

对象	交互	接口类型
动力系统与控制系统接口	开启动力系统	信息接口
	加速	
探测系统与控制系统接口	目标距离	信息接口
	目标角度	
	目标速度	
导航系统与控制系统接口	运行速度	信息接口
	位置	
	航向	
动力系统与结构系统接口	推力	机械接口
通信系统与控制系统接口	目标信息	信息接口
组件之间的接口	电气传输	电气接口
	信息传输	信息接口
	力学传输	机械接口

3. 统一模型

面向复杂系统任务设计与验证全过程，从各环节的建模仿真需求出发开展相应的模型体系框架研究。如图 4-4 所示，根据霍尔三维结构提出包含层级、流程、专业三个维度的三维模型体系框架，在层级维度，对任务级、系统级、分系统级、组件级等层级梳理数字化逻辑关系、模型需求，明确模型的颗粒度与接口关系；在流程维度，结合需求分析、功能分解、架构设计、仿真验证等对模型的不同需求来研究与流程对应的模型表达和视图呈现；在专业维度，开展支撑需求、功能、逻辑、物理等建模需求的领域模型库，例如，动力、探测、控制、通信等，提升建模效率和质量。三个维度均可扩展，支持更多的研制阶段、更多的产品层次、更多的专业，形成更复杂的“数字魔方”。

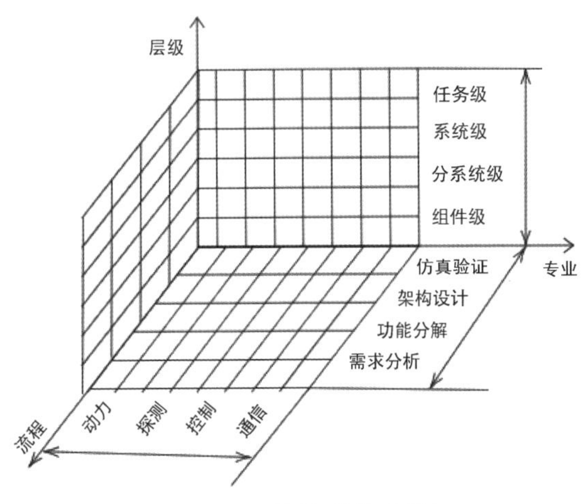

图 4-4　三维模型体系框架

模型体系按照复杂系统任务设计与仿真流程，可分为需求模型、功能模型、架构模型及仿真模型 4 类，每类模型又根据层级分为任务、系统、分系统、组件等不同层级的模型，同时每类模型按照专业又分为动力系统、探测系统、控制系统、通信系统等不同分系统。需求模型以条目化的形式构建和管理，用于需求管理及追溯验证，包括系统研制要求、作战效能指标体系、发射平台接口、对抗能力、验证指标、实验项目等内容。设计模型基于 SysML 语言构建，用于系统任务定义、需求分析、功能分解、架构设计、功能设计，包含结构、行为、参数等内容。基于 Modelica 语言，利用广义基尔霍夫定律和陈述式构建仿真模型，实现动力、探测、控制、通信等多领域统一建模，同时支持与机电测控详细专业仿真工具的联合仿真，支持统一模型验证需求指标。

4. 统一规范

面向模型驱动的复杂系统设计过程，标准规范对多领域、多层级、多岗位的协同工作具有十分重要的价值，其目标是规范描述多领域、多层级系统的不同模型视图，通过基础语言标准支持跨学科、跨项目和跨组织的沟通，通过通用接口标准支持跨平台工具之间的通信协同，从而支持系统建模或集成应用的准确性以及表达方式的一致性，不同建模标准各自覆盖特定领域，进而支撑不同类型模型的跨领域集成，实现系统模型的集成、分析、规范、设计和验证，是 MBSE 方法在复杂系统研制过程中得以广泛采用的协议基础。

4.3 MBSE 方法的“三阶段六过程”

4.3.1 流程模型

与传统的系统工程方法相同，MBSE 方法同样要约定研制流程，在不同的方法论、应用实践中，往往会形成不同的流程模型，这些流程模型也可以指导 MBSE 方法的应用实践。图 4-5 是 INCOSE 提出的一种系统工程 V 形图模型，以相互交叉的两个 V 形图从两个角度表示系统层级组成和研制流程的迭代过程。其中，横向的研制流程 V 形图描述了从需求到设计再到验证的闭环迭代过程。

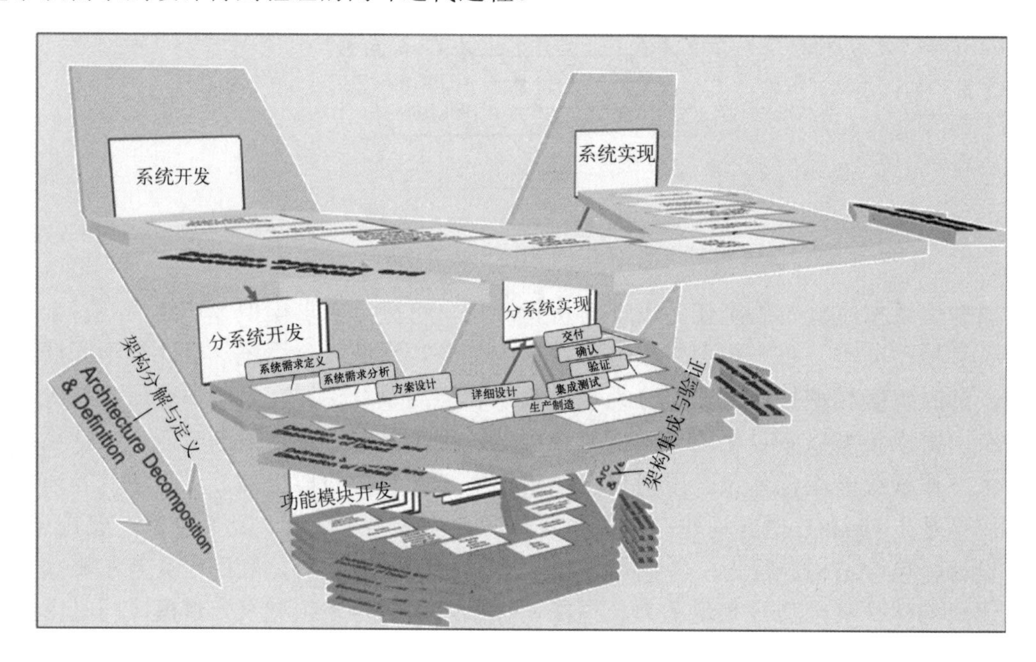

图 4-5 V 形图模型

在 MBSE 应用实践过程中，需要将模型、工具与研制流程相匹配，在系统总体层面，开展系统任务场景分析、系统架构设计、系统功能仿真验证等工作，完成需求分解、需求分配、分系统需求下发、分系统方案集成等工作，通常认为这部分工作是系统工程的主要工作。在分系统或各专业层面，开展结构、电气、流体、控制、通信、软件等各专业的方案设计、详细设计、仿真验证、试验验证等工作，这部分工作被看作专业工程的一部分。

传统上，系统工程和专业工程往往是独立开展的，一方面，系统总体专业和分系统专业分别由不同的研制单位单独开展；另一方面，系统工程和专业工程具有显著的机理差异，技术手段很难融合。伴随数字化技术、工业软件能力的不断提升，系统工程与专业工程的界限正在消弭，已经有大量的工程实践致力于探索系统工程和专业工程的融合应用，这种趋势也符合复杂系统各专业机理集成化设计和控制的技术发展趋势。

参考上述各种复杂系统研制流程划分方式,结合多年来MBSE应用实践的经验积累,国内外各系统研制单位形成了具有各自特色的复杂系统研制流程模型。根据这些模型的相似性,提取其中的共性因素,能够抽象出适合各类不同复杂系统研制需求的通用MBSE方法的流程模型。

复杂系统的研制流程可以分为使命任务定义、需求分析、系统架构定义、可行性论证、运行方案仿真、综合评估6个过程。其中，使命任务定义与需求分析阶段的主要目标是识别系统功能需求；系统架构定义与可行性论证阶段的主要目标是形成系统级的、可行的架构模型；运行方案仿真与综合评估阶段的主要目标是将系统架构模型与分系统（专业）方案设计相结合，开展更详细的设计与仿真验证工作。因此可以进一步将上述6个过程归纳为三个阶段，即“三阶段六过程”，如图4-6所示。

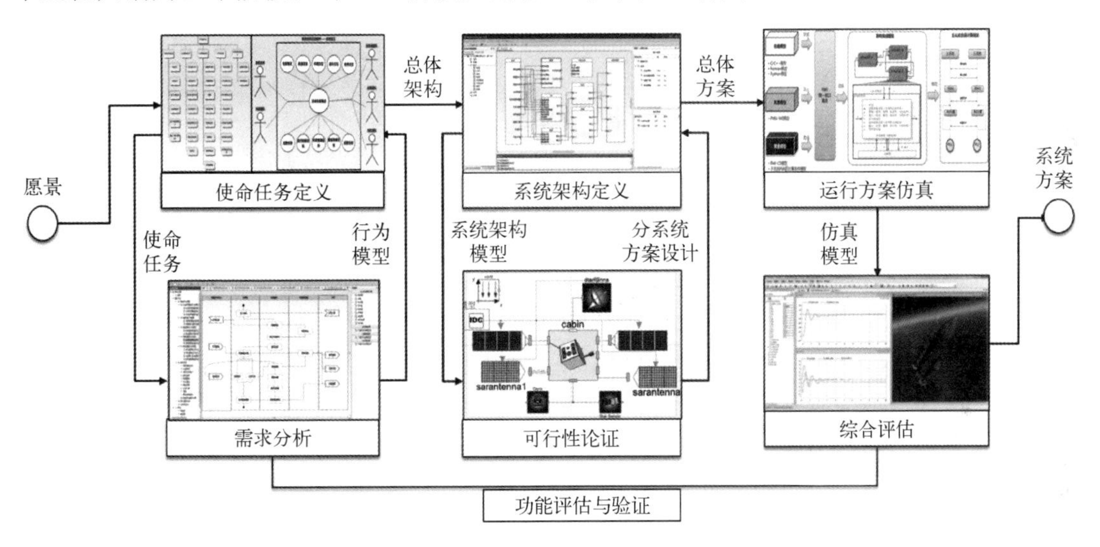

图4-6　MBSE方法的“三阶段六过程”

某复杂系统研制的任务分解示例如图4-7所示。

上述三阶段六过程之间具有明确的传递顺序，每个过程/阶段对模型、文件的颗粒度都有具体要求，在每个过程/阶段起始、终止时刻均建立评审节点，支持过程/阶段内部或者过程/阶段间的反馈迭代。在可行性论证和运行方案仿真的终止节点设置评审门，根据评审结果能够返回使命任务定义、需求分析或系统架构定义。综合评估结束后，根据评审结果，能够返回运行方案仿真或者可行性论证。

上述系统研制流程中，定义了每个过程/阶段的系统设计验证和管理活动，本书后续章节主要集中于技术内容的讲述，技术管理、项目管理等内容不在本书讨论范围之内。

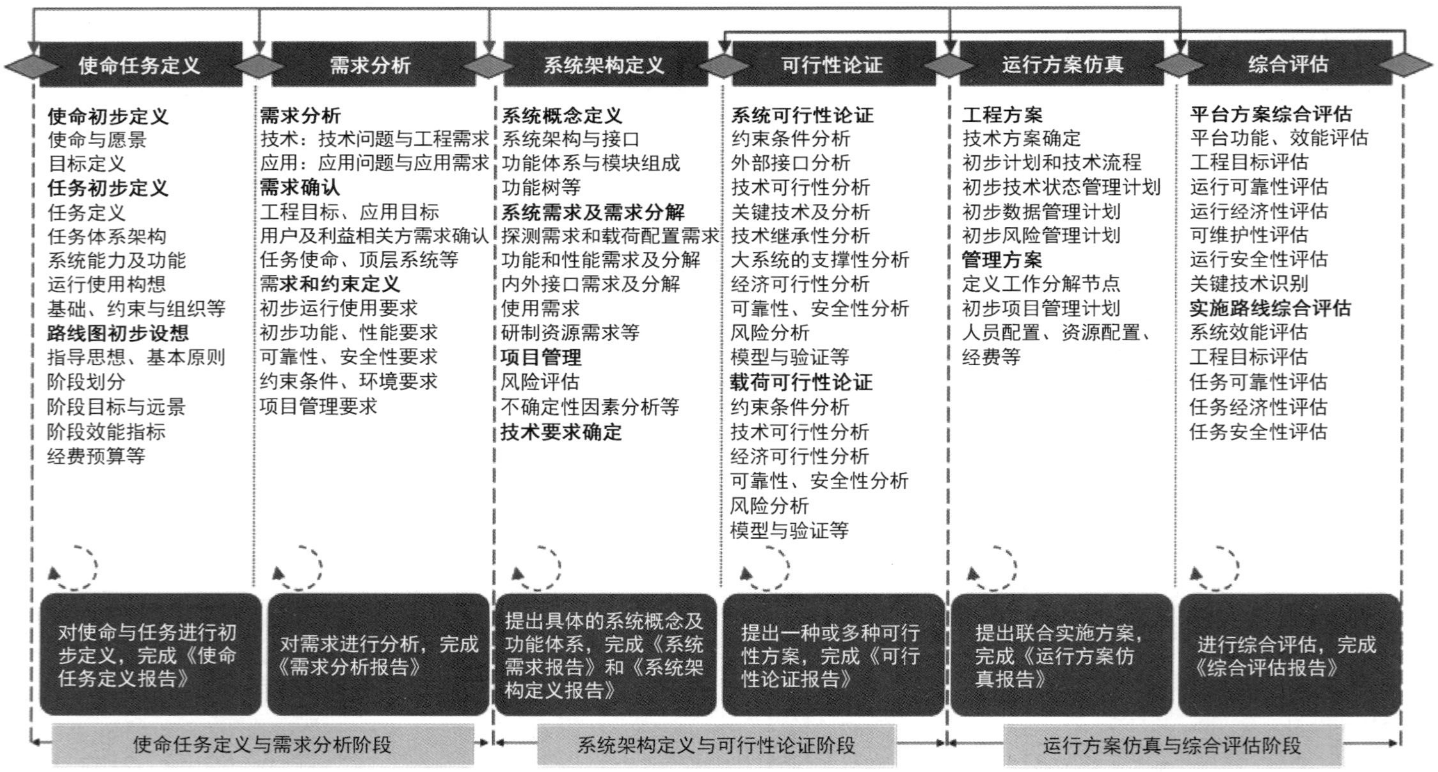

使命任务定义

使命初步定义
使命与愿景
目标定义
任务初步定义
任务定义
任务体系架构
系统能力及功能
运行使用构想
基础、约束与组织等
路线图初步设想
指导思想、基本原则
阶段划分
阶段目标与远景
阶段效能指标
经费预算等

对使命与任务进行初步定义，完成《使命任务定义报告》

需求分析

需求分析
技术：技术问题与工程需求
应用：应用问题与应用需求
需求确认
工程目标、应用目标
用户及利益相关方需求确认
任务使命、顶层系统等
需求和约束定义
初步运行使用要求
初步功能、性能要求
可靠性、安全性要求
约束条件、环境要求
项目管理要求

对需求进行分析，完成《需求分析报告》

使命任务定义与需求分析阶段

系统架构定义

系统概念定义
系统架构与接口
功能体系与模块组成
功能树等
系统需求及需求分解
探测需求和载荷配置需求
功能和性能需求及分解
内外接口需求及分解
使用需求
研制资源需求等
项目管理
风险评估
不确定性因素分析等
技术要求确定

提出具体的系统概念及功能体系，完成《系统需求报告》和《系统架构定义报告》

可行性论证

系统可行性论证
约束条件分析
外部接口分析
技术可行性分析
关键技术及分析
技术继承性分析
大系统的支撑性分析
经济可行性分析
可靠性、安全性分析
风险分析
模型与验证等
载荷可行性论证
约束条件分析
技术可行性分析
经济可行性分析
可靠性、安全性分析
风险分析
模型与验证等

提出一种或多种可行性方案，完成《可行性论证报告》

系统架构定义与可行性论证阶段

运行方案仿真

工程方案
技术方案确定
初步计划和技术流程
初步技术状态管理计划
初步数据管理计划
初步风险管理计划
管理方案
定义工作分解节点
初步项目管理计划
人员配置、资源配置、经费等

提出联合实施方案，完成《运行方案仿真报告》

综合评估

平台方案综合评估
平台功能、效能评估
工程目标评估
运行可靠性评估
运行经济性评估
可维护性评估
运行安全性评估
关键技术识别
实施路线综合评估
系统效能评估
工程目标评估
任务可靠性评估
任务经济性评估
任务安全性评估

进行综合评估，完成《综合评估报告》

运行方案仿真与综合评估阶段

图 4-7　某复杂系统研制的任务分解示例

4.3.2 第一阶段：使命任务定义与需求分析

如图 4-8 所示，在使命任务定义与需求分析阶段，根据系统的建设目标、应用目标、市场目标等，在使命任务、系统需求、系统概念、系统运行资源限制等方面，涉及系统资源、使命任务、系统任务逻辑、系统需求 4 类具体模型。系统资源模型是任务分析与验证工作的通用基础模型，使命任务模型是 MBSE 方法的起始工作，其识别出系统使命任务、场景，进一步细化为系统任务逻辑模型，实现对任务过程的整体描述，提炼出系统功能和能力需求，并形成系统需求模型。系统任务逻辑模型综合描述利益相关方、系统边界、运行场景、系统功能指标等多种内外部要素，基于多视图对使命任务、系统需求、系统概念进行可视化表达与分析，实现使命任务、系统需求、技术指标以及顶层概念的初始设计与交互验证。

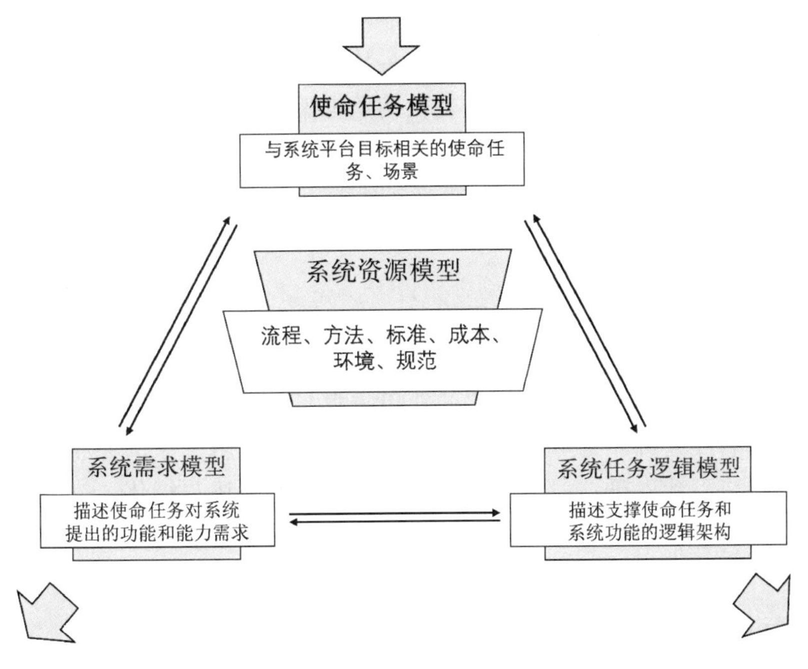

图 4-8　使命任务定义与需求分析

以使命任务为核心目标，识别出系统运行的上下文信息和系统应用需求，以系统运行资源限制为约束，以系统需求模型支持对系统功能需求的识别、获取、归类，通过系统资源模型，描述系统运行中的各种约束条件，通过概念架构对系统进行初步分解，描述任务的执行过程，并根据系统组成关系对系统任务要求、使用需求、功能要求等进行归类、关联、检索，结合约束条件的满足情况，在系统顶层概念层面，完成需求分析工作，以系统需求的方式，定义可行的初始解决方案。

第一阶段需要完成的主要工作如下。

1. 定义使命任务

围绕系统的各种运行目标、市场目标，识别出典型的任务场景，以用例图的形式建立使命任务模型，描述出任务过程曲线、各利益相关方、交互方式、运行模式、外部系统、环境要素等系统上下文信息，定义利益相关方角色和任务场景用例，对任务用例进行分解及分配，梳理形成数字化的任务模型和结构化、可量化的任务要求。在每个任务场景中都需要考虑系统目标、环境特点，例如，不同的空间环境、地理环境、气象环境以及任务目标的动态变化、物理特性等，并且明确相关任务场景中的主要参与者，描述其关联关系。

2. 定义系统概念

根据使命任务模型，基于研制团队的技术认知，初步描述系统的架构形式，例如，明确动力、探测、控制、通信等分系统或功能模块，定义各个分系统与功能模块之间的能源、信息、物流交互接口，为后续系统任务执行能力、状态变化及行为逻辑的细化建模，以及需求分解、分配与验证评估，提供初始框架。系统概念定义是系统使命任务驱动的第一次系统方案定义，既可以通过已有的产品方案进行复用、修改，也可以根据前期技术积累进行创新设计。

3. 识别系统需求

基于使命任务模型中的各类系统用例，识别出各个利益相关方的需求，以类似穷举或头脑风暴的形式，尽可能完整地列举出各个利益相关方的关注点和使用需求。为了能够更加完整地识别出系统使命任务相关的使用需求，进一步结合活动图、序列图，对各个系统用例进行展开分析，将每个用例展开为具有明确逻辑关系的系统行为模型，分解为具体的系统活动。开展黑、白盒等不同颗粒度的模型描述与细化，完成系统功能逻辑的定义与分析，从中提炼出系统功能需求，根据需求建模和条目化描述规范，形成完整的系统需求。

4. 分析资源约束

通过系统资源模型表达已有的技术基础、成本预算、时间周期等项目基础资源或约束条件，描述使命任务、概念架构、系统需求模型之间的能力支持、能力需求、任务实现、任务满足等关系，并通过约束条件定义各技术指标、设计参数的边界条件，可以用公式计算或逻辑仿真的形式进行约束条件检查，确认使命任务定义、系统需求的合理性和可实现性。

5. 分析系统需求

每个任务场景对应的行为模型（逻辑模型）均具有图形化、可仿真的特点，包括状态机图、活动图、序列图描述的行为模型（逻辑模型），定义参数有关的约束表达式。根据系统需求与指标，结合典型任务场景，识别出任务所需的主要功能或能力，结合各专业的设计知识，构建各指标、参数之间的计算关系。自上向下对需求指标逐层分解分配，从系统需求、分系统需求的初步分解，实现功能对需求的覆盖。结合系统需求模型与使命任务模型之间的迭代与追溯关系，将利益相关方需求转化为系统使用需求，完整地描述各类型技术指标要求，开展需求覆盖完整性与追溯性分析。

4.3.3 第二阶段：系统架构定义与可行性论证

在系统架构定义与可行性论证阶段，以系统与各模块需求、技术指标为输入，以系统初始概念设计为目标，将系统概念架构分解为各系统结构设计要求，通过规范的需求、接口、参数、行为、约束建模过程，由各专业团队并行开展系统架构定义工作，定义动力、探测、控制、通信等物理方案与运行逻辑，并集成为系统整体模型，通过需求追溯矩阵、参数图、行为模型仿真等方式，从系统功能、运行成本、技术可行性、可靠性、安全性等维度开展可行性分析与验证，形成系统架构模型设计方案。

第二阶段需要完成的主要工作如下。

1. 扩展系统架构模型

从系统概念架构出发，形成可扩展、可重构、可伸缩的设计与仿真框架。系统架构模型按照系统架构、任务场景、研制阶段可以继续拆分为大量可复用的业务模型，包括移动、探测、运输、作战等任务模型，能源、动力、控制、通信、探测、制导等分系统模型，光照、轨道、地形、温度、载荷等环境模型。基于统一模型框架，构建外部系统、外部环境、架构模型之间的接口映射关系，构建符合系统架构的模型，实现各层级模型的快速替换与复用。基于不同系统或设备选型方式可以生成多组探测任务方案，以支持后续的可行性论证、多方案权衡等工作。

2. 构建接口模型谱系

建设基于统一架构和统一模型的可配置接口体系，构建多类型、多层级、多颗粒度的接口模型谱系，支持系统架构模型的参数化配置。定义各分系统或功能模块之间的信息、能量、物质等几大类接口类型，其中包含类型、单位、长度等信息，以及输入、输出、连接等不同的接口方式，实现基于类型的接口模型声明和复用。与系统设计验证的标准规范相结合，构建标准化、系列化的结构、电气、信息等接口模型谱系，满足系统各层级模型传递、扩展、重构、复用等要求，支持更加全面的系统分析与评估。

3. 构建分系统架构模型

构建多种阶段公用的架构模型，进一步细化各分系统的技术方案，明确其具体的接口关系、参数范围、运行机理，在系统级行为模型的基础上，进行各分系统行为模型细化，扩展成为完整的系统运行白盒模型，描述关键参数、技术指标、输入输出接口、系统行为等各种模型公用的系统要素。在抽象模型基础上，可以增加动力系统、探测系统、控制系统、通信系统等系统或功能模块的外廓、载荷、重心等结构信息，并进行扩展实现多系统、多专业的协同设计与论证。通过统一的数据结构描述任务的需求、功能、架构、接口，实现底层参数的一致性，支持系统架构模型向各功能模块或分系统架构模型的并行扩展。

4. 描述追溯关系

建立完整的系统需求追溯矩阵，描述各层级模型要素之间的关系。一方面，面向需求的逐级分配与追溯关系，根据系统的组成、参数和接口关系，将系统需求、技术指标要求分配到各分系统，支撑各分系统并行开展设计、分析与论证，形成使命任务、系统需求、分系统需求之间的需求追溯矩阵。另一方面，面向系统多层级需求的验证要求，建立系统需求、系统参数、架构设计、约束模型以及后续仿真模型之间的验证关系，在部分任务场景下，还可以在需求追溯矩阵、关系图中直接修改其参数计算关系。

5. 构建可行性论证视图

基于各个分系统之间的能量、信息等接口关系，集成构建多领域统一的系统总体和系统分析模型，结合多领域集成仿真，构建可行性论证视图，描述各分系统之间的相互作用机理以及资源分配与任务协同机制，针对功能、成本、风险、可靠性、安全性等多种量化指标，实现成本、风险、可靠性等评估工作，完成分系统功能效能分析与评价，验证各个分系统的可行性，并将论证结果返回。

4.3.4 第三阶段：运行方案仿真与综合评估

在运行方案仿真与综合评估阶段，首先以系统架构模型设计方案为基础，进一步地开展系统物理原理、运行机理的细化描述，扩展其物理模型，描述其机、电、液、控等多领域物理仿真模型，通过状态机图以及算法模型，描述其系统运行逻辑过程或协同运行过程，形成系统运行方案仿真模型。上述模型可以覆盖功能模块、分系统、系统等多层级的系统对象，自底向上集成，形成可运行、可配置的系统运行方案可视化整体仿真模型。然后根据任务场景中的用例，对系统运行方案仿真模型重新进行配置，修改其边界条件、运行参数，形成面向典型任务场景的系统验证模型，对各类系统需求进行定性、定量的验证分析，将验证结果数据与系统需求参数、技术指标进行关联，开展系统运行方案的综合评估。对多方案并行设计的情况，还可以支持多方案权衡，从中选取最合适的系统运行方案。运行方案仿真与综合评估的并行流程如图 4-9 所示。

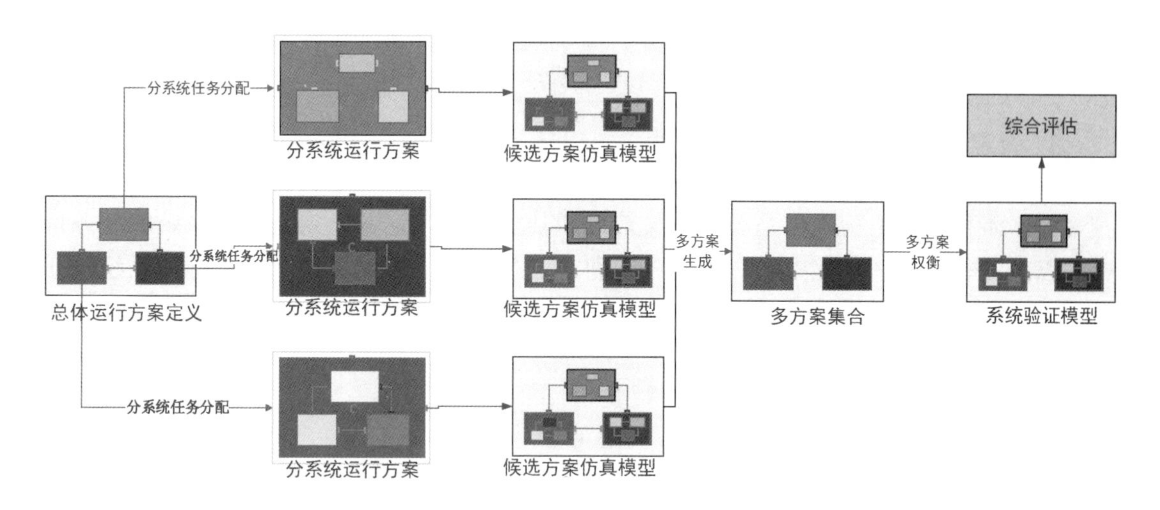

图 4-9　运行方案仿真与综合评估的并行流程

本阶段更强调对系统物理原理的描述，可以结合不同建模语言、工具，建立动力、传动、控制、能源等多种专业的模型，实现对抽象架构模型的填充，从而能够保证系统、分系统架构模型设计方案在原理层面是可行的。本书后面章节将会介绍一种实现方式，利用 Modelica 语言，在前期其他型号或基础条件建设项目中积累专业物理仿真模型库，并进行统一管理。在具体系统设计过程中，快速调用模型库中的各专业通用模型，根据具体的分系统运行方案仿真模型，对其进行修改、优化，然后根据接口关系集成为系统运行方案整体仿真模型，从而保证团队在技术路线、技术能力方面的持续性，同时还能够提高系统设计过程的质量与效率。上述过程还能够通过并行的形式实现，根据系统的架构组成关系，进行分系统专项设计验证，实现并行协同。

第三阶段需要完成的主要工作如下。

1. 构建运行方案仿真模型

面向系统技术、市场、应用目标，基于系统架构模型设计方案，扩展各分系统或功能模块模型，建立系统建设的多阶段运行过程模型，动力、传动、控制、能源等分系统分别开展专项设计验证工作，各分系统与功能模块团队并行开展运行方案仿真，并由工程总体岗位进行模型集成，支持方案的可行性论证与评估。

2. 开展多方案分析与权衡

根据工程总体使命任务、需求定义以及各分系统功能要求，构建全任务场景的测试案例与评估方法，描述启动、运行、控制、维护、回收等过程的目标、环境、过程、指令、参数以及对应的系统响应情况，定义系统功能、效能的评估标准与方法。基于系统总体的功能逻辑模型、多领域仿真模型，通过仿真结果与技术指标的相互验证，开展多方案评估与权衡。

3. 确定分系统的评估标准与方法

以总体和系统架构确定系统上下文信息和功能要求为输入，定义各分系统的任务目标，以及运行参数、环境参数、专业接口协议、带宽等，描述系统需求指标与系统验证结果之间的关系、基于分系统的多领域模型、专业详细模型进行虚拟仿真验证，开展各分系统或功能模块的方案验证与评估。

4. 技术指标综合评估

运行功能逻辑、物理方程、计算公式等多种形式的系统模型，结合系统架构模型、系统运行方案模型、任务场景以及需求模型，通过各种结果评价方法、指标评估算法来计算系统技术指标的实现情况或运行效能，完成系统技术指标的综合评估。

4.4 多领域统一模型体系

按照 MBSE 流程要求，系统设计、验证、评估等需要以多领域统一模型为基础，各层级、各团队之间的模型传递、共享也应以模块化模型为载体，需要覆盖流程、层级、专业三个维度。流程维度主要是指系统论证的阶段，根据 MBSE 流程实现模型流转、传递与迭代；层级维度是指系统组成结构的层级，将任务、系统、分系统、组件（功能模块）等的需求与指标逐级分解，将设计与仿真模型自底向上集成，具有复杂系统的涌现特性，满足设计过程的可追溯性、完整性和正确性；专业维度则指任务运行过程中多专业领域的物理机制或运行逻辑，用于支持系统整体的协同验证。

上述流程、层级、专业三个维度是同一个模型在不同侧面的归类方式，而不是割裂开的独立内容，面向复杂系统研制流程、组成架构与技术特点，可以参照霍尔三维结构，定义覆盖环境、指标、架构、接口、功能、机理相融合的统一数据结构，按照图 4-4 所示的对应于“三阶段六过程”的三维模型体系框架，为系统多阶段、多任务、多层级协同的 MBSE 流程提供完整的数字化模型支持，保证跨专业、跨团队协同论证过程的模型一致性和可互操作性。

在 MBSE 流程的具体执行过程中，可以沿上述三个维度中的某一个对模型体系进行展开，根据该维度上的业务节点分别创建模型包，将另外两个维度的模型需求进行归纳整理，形成多维度的模型库。结合 MBSE 工具体系实现对多维度模型库的统一存储、管理、共享、应用，以此作为使命任务定义与需求分析、系统架构定义与可行性论证、运行方案仿真与综合评估三个阶段的统一模型架构，覆盖任务、系统、分系统和组件等多个模型层级，在动力、探测、控制、通信等专业模型的基础上兼顾环境类模型，支持不同阶段、不同层级的设计与分析工作。如图 4-10 所示是对应于“三阶段六过程”的一种可行的模型库内容清单。

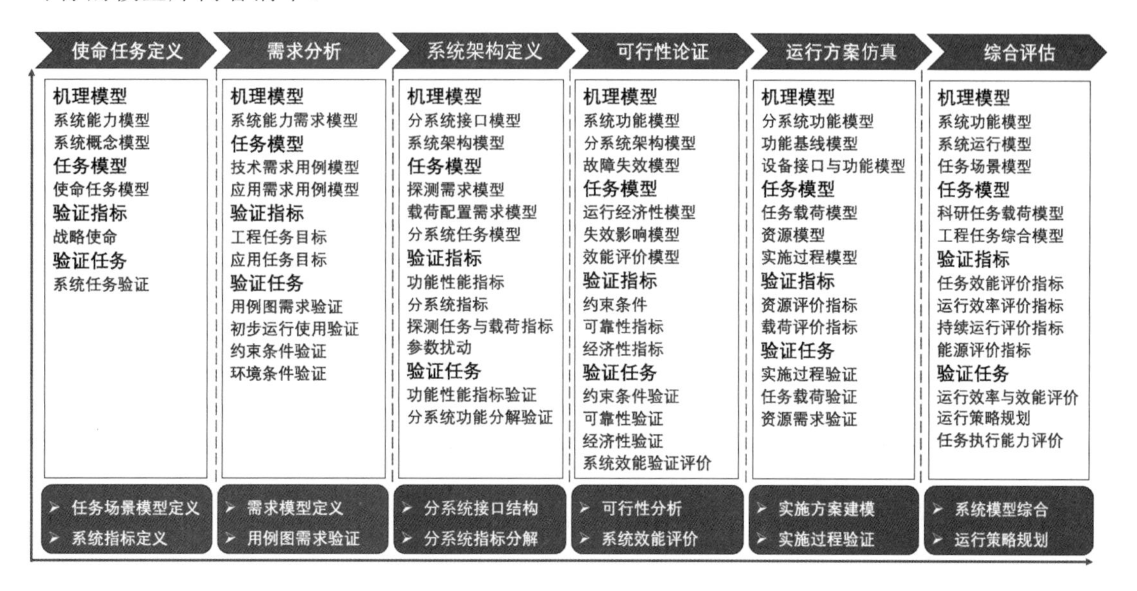

图 4-10 对应于“三阶段六过程”的一种可行的模型库内容清单

在任务级，建立发射、飞行、探测、通信、运行、维护等任务模型，定义任务执行参数与剖面，有针对性地开展分析与验证。建立日照、轨道、导航、温度、地形等环境参数模型，用于描述任务执行过程中空间位置、环境变化导致的模型参数变化。

在系统级，建立火箭、卫星、车辆、飞机等系统模型，描述系统的动力、探测、控制、通信等功能以及系统的结构组成和接口，支持系统设计与验证。

在分系统级建立动力、探测、控制、通信等分系统模型，支持各专业领域设计知识的复用。

在组件级，建立多领域接口模型、逻辑运算与数学模型、控制与电气模型等通用的基础组件模型，为各层级建模提供更丰富的补充。

多领域模型体系满足建模标准规范的要求，通过可复用的接口组件进行连接，与全局统一的模型架构相匹配，支持多任务并行的模型传递、集成、扩展与持续验证要求。

基于上述模型架构，在使命任务定义与需求分析、系统架构定义与可行性论证、运行方案仿真与综合评估三个阶段，既可以对系统模型进行统一管理，又可以根据各任务场景所需要的具体层级、专业调用之前已经有的模型，实现快速复用，形成不同场景的任务模型。各个流程中创建的目标、环境、接口、外部系统、物理原理、功能逻辑等模型，覆盖动力、探测、控制、通信等多个专业领域，建设包括结构、参数、行为、接口在内的完整的系统设计与仿真模型。

系统各层级的模型库，具有高度的模块化特点，可以通过理论分析、同类模型对比、试验数据对比验证、相近系统实测数据标定等形式开展模型验证，提高仿真结果的可靠性。将设计阶段形成的各类模型转化为与系统制造、运行阶段相匹配的实时仿真模型、数字孪生模型，支撑基于模型的数字化试验与鉴定。

4.5 设计与仿真一体化的 MBSE 工具平台

复杂系统论证过程需要描述环境、动力、探测、控制、通信等复杂任务场景，以及多层次、多领域系统机理，同时，面对多团队的协同，需要建设网络化并行协同管理工具，实现不同角色、不同工具之间的模型数据共享，能够更好地满足数据快速更新、共享、集成应用的需要，从而支持不同技术团队开展并行论证工作，要求建设如图 4-11 所示的满足任务整体复杂性要求的完整工具体系，形成设计与仿真一体化的 MBSE 工具平台。

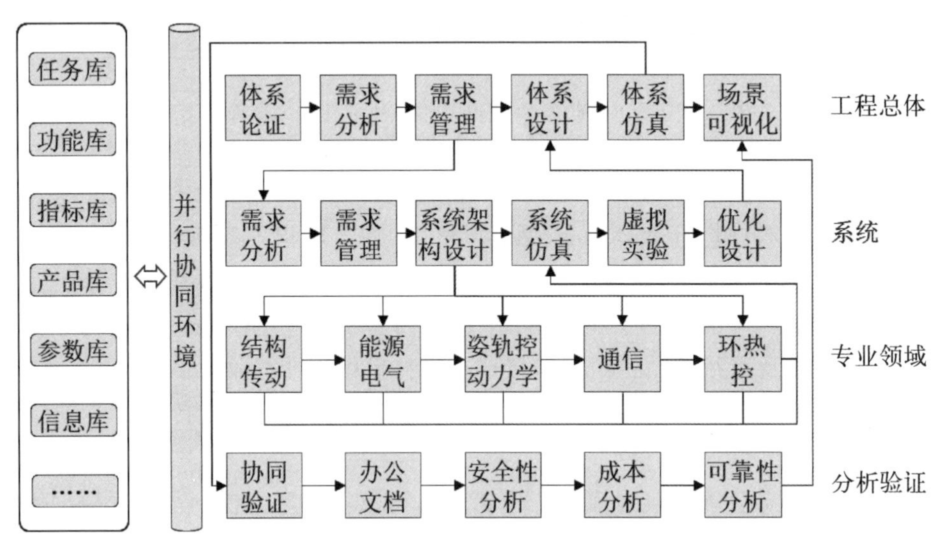

图 4-11 MBSE 工具平台

构建通用平台促进科研创新、任务开展、知识积累，通过标准性保证组织间高效、高质量的协作，通过开放性保证可扩展，通过自主性保证技术安全。建设设计、仿真、验证、协同、管理相集成的复杂系统研制工具体系，满足复杂系统的协同论证与技术管理需求。

在工程总体层面（任务级），开展多种任务场景的建模描述与评估，实现技术指标定义、系统需求分解与分配、实施路线的定义与优化等。

在系统层面（系统级），部署需求分析、需求管理、系统架构设计、系统仿真等软件，开展动力、探测、控制、通信等系统的设计论证工作。

在专业领域层面（分系统级），开展各分系统的能源、控制、运输等专项任务设计与分系统设计，构建专业详细设计和仿真模型，开展成本、风险和可靠性等指标的验证与评估，建设专业设计与仿真软件和各类系统分析软件，支持各专业层级的任务分析与系统评估。

建设多专业、多层级的并行协同环境，建立面向多层级、多学科工具的 API 接口体系，基于通用数据和模型接口，支持跨系统、跨平台的协同论证，实现模型数据传递、共享、应用、验证，并保证模型的一致性和规范性。

4.6 MBSE 协同设计论证标准规范体系

基于模型的复杂系统设计过程中，标准规范体系对多领域、多层级、多岗位的协同工作具有十分重要的价值，其目标是规范化描述多领域、多层级系统的不同模型视图，通过基础语言标准支持跨学科、跨项目和跨组织沟通，通过通用接口标准支持跨平台工具之间的通信与协同，从而支持系统建模或集成应用的准确性与表达方式的一致性。不同建模标准各自覆盖特定领域，进而支撑不同类型模型的跨领域集成，实现系统模型的集成、分析、规范、设计和验证，是 MBSE 方法在复杂系统研制过程中得以广泛采用的协议基础。

1. 标准规范体系

按照标准体系定位，在基础标准规范、系统建模规范、模型验证规范、模型应用规范 4 个层次建立 MBSE 标准规范体系。

基础标准规范包含系统架构建模语言、物理建模语言、数据建模语言等基础语言规范，从语法、语义、方法、数据格式等角度定义建模仿真能力，系统研发工具、模型体系遵循国际通用基础语言规范开发，从而可以保证设计、验证工具与模型的先进性和协同性。

系统建模规范是建模准确性与可读性的保障，通过对模型架构、开发、定义以及测试验证等进行全方位的规范定义，保证模型表达的正确性、模型结果的可信性、模型复用的规范性。

模型验证规范定义模型的验证与确认方式，包括测试大纲、测试流程、验证流程、验证数据来源以及验证结果评价方式等，是模型尤其是可运行模型可靠性、可信性的保障。

模型应用规范则从总体流程、任务分析、工具选择、角色分工、过程控制、结果形式等角度定义应用方法与准则，保证仿真过程可控、结果可信和数据可追溯。

2. 规范文档

MBSE 方法的“三阶段六过程”涉及的规范文档见表 4-2。

表 4-2　MBSE 方法的“三阶段六过程”涉及的规范文档

规范文档名称	使命任务定义与需求分析	系统架构定义与可行性论证	运行方案仿真与综合评估
使命任务建模规范	√	—	—
需求建模规范	√	—	—
需求描述规范	√	—	—
功能描述规范	√	√	√
架构定义规范	√	√	√
逻辑建模规范	√	√	√
系统验证规范	—	√	√
建模语言规范	√	√	√
模型接口规范	√	√	—
软件接口规范	√	√	—
文件规范	√	√	√
可靠性分析规范	—	TBD	—
安全性分析规范	—	TBD	—
保障性分析规范	—	TBD	—
维护性分析规范	—	TBD	—
测试性分析规范	—	TBD	—
模型传递规范	√	√	√
流程活动规范	√	√	√
验证计划规范	—	TBD	√
技术状态管理规范	√	√	√
数据管理规范	√	√	√

注：“√”表示需要应用对应的规范文档，“—”表示不需要，“TBD”表示视情况决定是否需要。

本章小结

本章首先介绍了设计与仿真一体化的 MBSE 技术体系，以及新一代 MBSE 方法的技术特点，然后给出了 MBSE 方法的“三阶段六过程”，即使命任务定义与需求分析阶段、系统架构定义与可行性论证阶段、运行方案仿真与综合评估阶段。

本章还介绍了多领域统一模型体系、设计与仿真一体化的 MBSE 工具平台，给出了 MBSE 协同设计论证标准规范体系。

第5章

使命任务定义与需求分析

5.1 概述

复杂装备研制的核心目标是支撑其使命任务。例如，卫星系统的设计目标是空间通信或者空间探测，火箭与发射场系统的设计目标是将卫星等探测器发射至预设轨道，测控系统的设计目标是对火箭和卫星系统进行遥测遥控。使命任务和系统需求是所有复杂装备研制的核心，由此确定一个潜在新系统中各利益相关方（用户、供应商、开发商等）的需求，以及系统必须做些什么才能满足任务需求。在复杂装备研制的初始阶段，如果不能清晰地定义任务和需求，在项目推进的过程中可能会受到不可控因素的影响，也可能会受到过程中其他可变目标的影响。各利益相关方的需求可能多种多样、时常变化，甚至会互相矛盾。传统上，使用自然语言表述任务需求，以文档的形式在不同研制团队、不同研制阶段之间传递需求信息。伴随着研制进程的持续推进，文档体系越来越大，版本迭代越来越多，各类文档之间的引用关系越来越繁杂，通过校对、审核等手段已经难以保证文档之间的一致性和数据正确性。另外，缺乏相对稳定、明确的系统需求定义，将会导致不同部门之间产生理解歧义以及不同研制活动之间产生技术冲突，从而引发很多非必要的返工，严重者甚至将导致研制任务的失败。因此，有必要形成基于统一语言和统一模型体系的需求分析与管理能力，基于统一语言架构开展使命任务定义、利益相关方需求识别、系统概念定义、资源约束分析、系统需求分析，论证使命任务过程与能力、任务总体架构及相互之间的连接关系、任务所需资源的约束条件，对系统产品的需求进行逐层细化分析，保证使命任务定义的正确性、利益相关方及其需求识别的完整性、需求传递的一致性、系统功能需求定义的合理性与可行性，实现系统正向设计的一体化能力提升。

使命任务定义与需求分析的主要活动如图 5-1 所示。

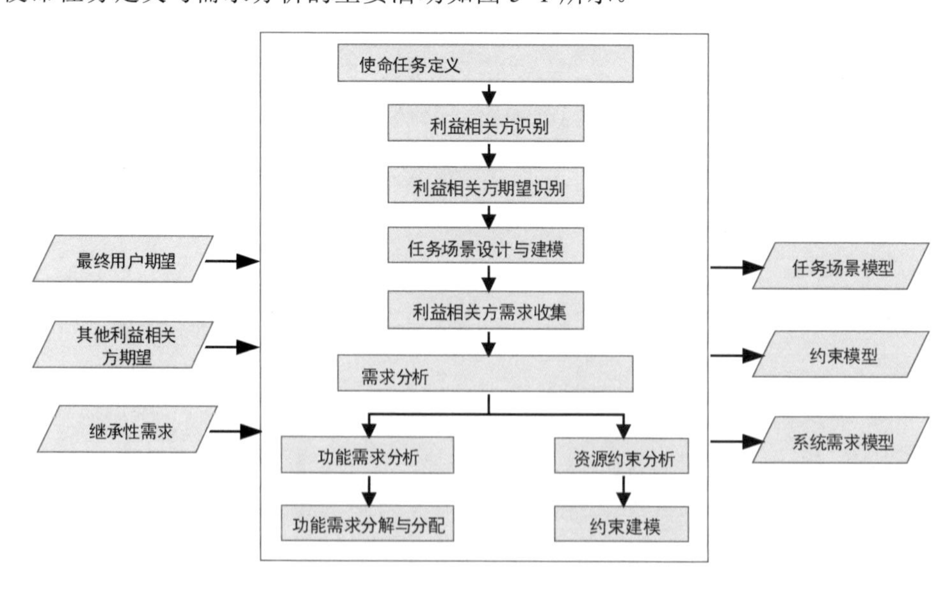

图 5-1 使命任务定义与需求分析的主要活动

5.2 使命任务定义

5.2.1 使命任务定义的输入和主要活动

复杂装备最终都将服务于具体的应用场景，实现探测、通信、控制、作战、维护等具体的预设职能，满足与外部系统、人员之间的接口交互关系，可以在不同温度、高度、气象、电磁、光学、轨道等预期或者非预期的环境下完成既定任务，因此，完成使命任务是复杂装备研制的最根本出发点，是评价研制效果与效能的最终目标，也是系统工程、MBSE 技术体系第一个过程/阶段的目标。任务分析过程以科研团队、作战指挥控制团队、运营商等最终用户甚至更高层次管理机构的战略任务为核心输入，识别出全生命周期各阶段的任务场景、边界以及利益相关方，开展各层级典型任务场景的设计与数字化建模，定义系统与外部系统、环境、用户之间的交互响应关系，从而完成对使命任务的描述、分析和细化，并支撑提炼出利益相关方的应用需求，作为系统设计工作的初始输入。使命任务定义的主要活动如图 5-2 所示。

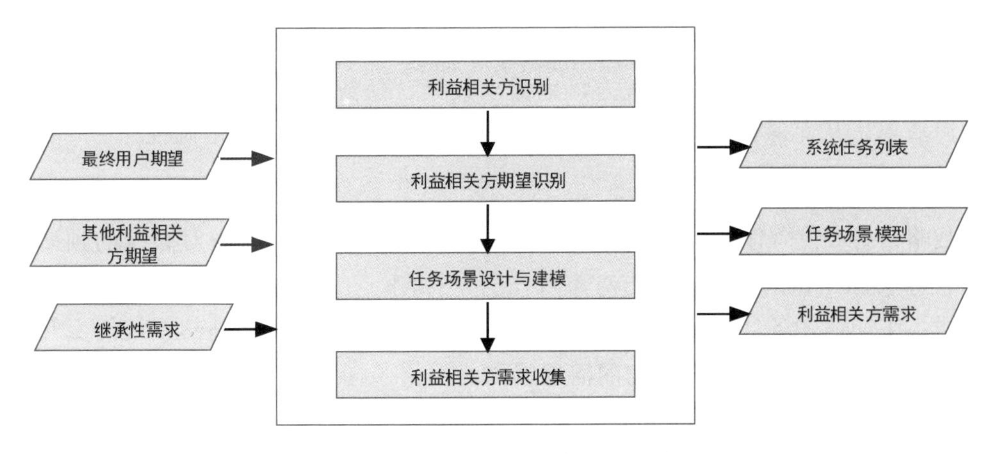

图 5-2　使命任务定义的主要活动

1. 使命任务定义的输入

使命任务定义需要的典型输入包括如下内容。

（1）最终用户期望

最终用户期望是最终用户所预设的系统核心任务，包括来自最终任务场景的需求、目的、目标、期盼、能力要求和其他约束条件等，既可以表现为简短的使命任务策划，也可以表现为较为复杂的任务书。对复杂装备总体系统（装备整体的最终完整形态），最终用户期望是指作战目标、工程目标、科学目标等装备战略目标，以及由之分解而来的系统能力以及外部接口关系；对分系统及以下层级的产品，最终用户期望是指在向上一层级交付此目标产品时，接收者对此产品的期望，也就是上一级系统对其的功能预期。

（2）其他利益相关方期望

其他利益相关方期望是指除直接用户之外的利益相关方期望，包括制造团队、试验团队、可靠性团队、维护团队、运营团队、后勤团队，考虑其他利益相关方期望的意义在于考虑核心任务以外其他场景的装备需求，例如，如何低成本、高效率地开展系统维护工作，从而在全生命周期多装备协同工作场景下实现更优秀的系统效能。测试性、可靠性、维护性、保障性即为此类利益相关方期望的明确表达。

（3）继承性需求

继承性需求是系统需要满足更高级用户或者更高级系统的整体性要求，此类需求有天然的继承性要求，能够帮助建立本层级的用户期望。

2. 使命任务定义的主要活动

使命任务定义的主要活动包括利益相关方识别、利益相关方期望识别、任务场景设计与建模、利益相关方需求收集。

（1）利益相关方识别

确定与系统相关的各利益相关方，为需求收集、任务场景设计与建模等工作提供完整的角色清单，从而保证任务分析、系统需求分析过程的完整性和准确性。

（2）利益相关方期望识别

以战略目标、使命任务、需求输入等不同方式识别出利益相关方对系统的预期要求：在战略目标层面，识别利益相关方对系统在科学探测、工程实施或者作战保障等方面的战略诉求；在使命任务层面，识别系统核心任务、外部接口以及与外部系统的交互关系；在需求层面，识别用户对系统能力的需求输入。

（3）任务场景设计与建模

描述最终用户所要求的任务场景，并根据其他利益相关方的诉求，尽可能完整地开展任务场景描述，界定相关内外部系统的物理与逻辑结构，识别和确定各类任务场景中系统与外部环境、外部系统之间的交互关系，明确定义系统的输入和输出，防止遗漏关键元素，包括硬件、软件、人员等各种组成部分。

（4）利益相关方需求收集

根据任务场景中所描述的系统接口、能力要求、操作过程等来收集利益相关方需求，包括战略目标、使命任务以及核心应用场景的定义，这些需求可能涉及系统的功能、性能、可靠性等方面。

5.2.2 利益相关方识别与利益相关方期望识别

1. 利益相关方识别

（1）利益相关方

利益相关方是指其权益会被系统能力或研制应用过程影响的群体或个人。系统用户一般是最重要的利益相关方，除此之外，还包括操作团队、维护团队、运营团队或者采购负责人等系统全生命周期各项重要活动的参与人。在更广泛的定义下，利益相关方还包括系统的合作研制团队与供应商。针对系统的不同层级、不同专业，可能需要面向不同的利益相关方。

实际工作中，也需要根据不同的业务流程开展工作。例如，在飞机系统设计过程中，其利益相关方可能包括航空公司、机场、适航机关、维修团队以及飞控、航电等专业供应商团队。系统工程师需要根据研制任务、利益相关方范围，通过数字化建模手段实现对用户期望、用户需求的获取与分析。

（2）利益相关方类型

以下利益相关方类型可作为判断利益相关方是否完整的依据，在进行利益相关方识别时提供一定的指导。

管理人员：负责目标系统开发或运营的人员，他们需要评估系统是否符合单位目标或理念。

投资者：对目标系统出资或者受邀请出资人员，或者负责系统开发或运营的团队。

用户：用户是一个非常重要的利益相关方群体，他们对目标系统提供的功能有直接兴趣。但是有些用户可能并不直接与系统交互。

维护人员：他们的主要责任是维持系统在交付后的正常运行，他们还必须在系统发生故障时及时解决问题，确保系统正常工作。

培训人员：与维护人员一样，培训人员的兴趣在于使系统方便使用，从而只需对用户进行简单的使用培训即可。培训人员可能还会要求系统在违规操作的情况下也能工作，而不会干扰系统的安全运行。

可用性和效能专家：指导如何优化系统，提高系统的使用效率的专家。他们需要考虑人体工程学、易学性等要素，在相关的情况下还包括能够在压力条件下可靠地使用。

政府：规则、法规以及法律会决定和影响系统可以具备或不能具备的功能。

标准机构：现有和将来的标准可能会影响系统的目标。这些标准可能是国际标准，也可能是国家标准或公司内部标准。

监管部门：这些部门可能要求在认证或授权过程中收集某些证据。

2. 利益相关方期望识别

（1）用例图

在系统设计模型中，主要通过用例图、需求图描述核心使命任务或者系统战略目标，用例图具有结构化、参数化的特点，能够清晰地表达任务、子任务以及更细层级之间的描述关系，描述系统与外部系统之间的交互关系。需求图具有层级化、参数化的特点，还能够与条目化需求表实现一一对应，二者相互结合能够实现对利益相关方期望的完整描述。

如果复杂装备研制的核心输入是简明的战略目标，可以通过用例图进行描述。用例图主要包含用例和参与者两个元素。用例描述了系统与外部参与者之间的交互以及系统要完成的任务，用例提供了对系统使命任务的清晰描述，使所有利益相关方都能够理解系统应如何工作，并阐述每项任务所需面对的外部环境。用例记录了系统在不同情况下的行为和交互，揭示了系统的操作和输入/输出，可以帮助识别系统的关键任务场景和使用情况，是收集利益相关方期望、使命任务、系统需求的关键工具。

参与者是指与系统进行交互的外部实体或人员，参与者可能是终端用户、外部系统、设备或其他系统组件。我们需要识别出用例中的参与者，并确定系统如何与它们进行交互以及如何响应它们的请求。参与者的建模范围与利益相关方之间有一定的重叠，一般来讲，系统使命任务模型中所涉及的各种用例图中一定要包含全部关键利益相关方，除此之外还可以包括其他利益相关方，如外部系统、外部环境等。

（2）利益相关方期望识别

用例图作为运行使用构想的结构化表达，是获取并描述利益相关方期望的重要手段，用于确定系统需求和运行边界，是系统中与用户相关联的需求开发和结构开发的出发点，是此后各类系统设计模型、仿真模型、描述文档的开发基础。系统设计模型包括功能设计模型、架构设计模型。仿真模型包括功能逻辑模型、物理仿真模型。描述文档包括运行使用计划、部署计划、运行使用以及测试维护手册等，为系统的长期运行、使用、计划、开发活动提供基础，这些活动也包括确定运行使用设施、人员安排和网络化进度安排。

（3）利益相关方期望识别示例

如图 5-3 所示为某深空探测工程系统用例图，通过该用例图能够识别利益相关方，该用例包括三个参与者及四个用例。三个参与者分别为地面指挥系统、目标星体（火星）及太空。四个用例分别代表探测工程所需执行的场景，即发射与部署、轨道控制与导航、仪器操作与控制、数据采集与传输。

通过对图 5-3 所示用例进行分析可以发现，地面指挥系统、目标星体及太空为外部系统，系统通过遥测通信、控制指令发送/接收、数据采集、推进、散热、光电转换等与外部系统进行交互，系统与外部系统的接口主要包括通信接口、传感器接口、机械接口、热接口、光接口等。

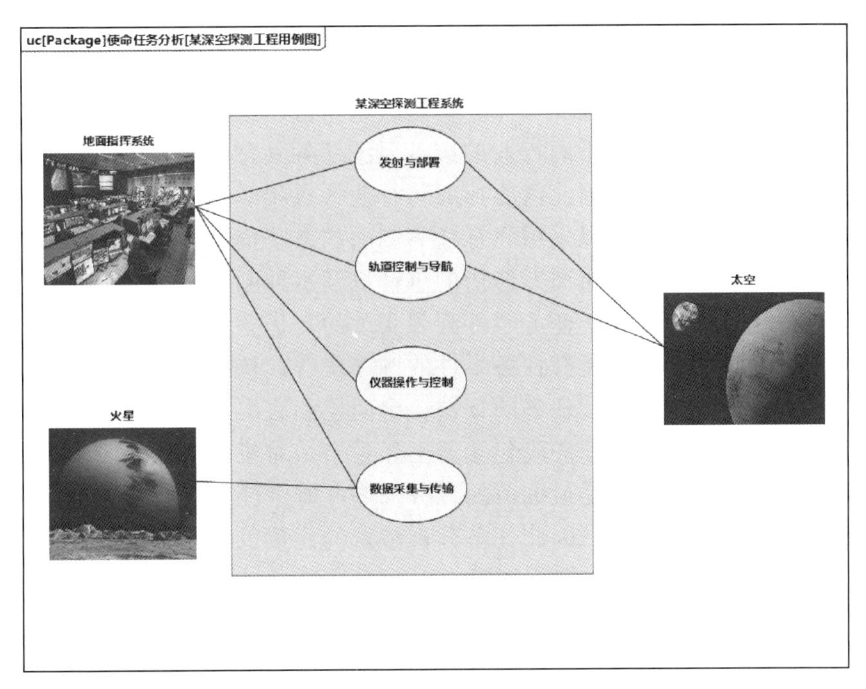

图 5-3　某深空探测工程系统用例图

5.2.3　任务场景设计与建模

1. 概述

任务场景模型是对利益相关方期望的具体化表示，是对运行构想的展开描述，是系统需求中的重要根据，其建模元素可以包括用例图、活动图等行为模型，通过完善的描述并考察任务场景，经常能揭示出可能会被忽视的需求和设计要求。以某月球探测器的设计过程为例，如果存在一项系统需求"在月球背面轨道的某个特殊弧段允许进行通信"，可能需要在月球背面轨道或者太空中增加一个或多个中继通信卫星，并需要对探测器通信天线进行针对性的升级，这对系统架构来说是一项影响较大的功能需求，如果在设计初期未对其进行充分考虑，仅按照通常地球轨道探测器的需求开展功能设计，在研制后期才发现这一问题，将对系统研制造成难以估量的损失。

2. 任务分解

任务场景建模应考虑运行使用的所有环节，包括在集成、试验、部署直到废弃/处置过程中的全部计划和非计划运行使用。为了开发可用的、完备的任务场景模型，需要从战略目标、使命任务出发，以类似穷举的方式，对其中包含的子任务或者具体的工作场景进行完整分析，同时还当考虑典型的故障、退化等故障模式下的运行使用场景，从而能够正确指导系统设计与验证。任务场景模型中包含的典型信息有：系统生命周期各个阶段的典型场景、运行使用时间基线、运行使用场景、故障管理策略、人机接口、维修保障需求、系统端到端通信过程、运行使用设施、任务逻辑过程与关键事件等。

3. 任务场景设计

任务场景设计的具体工作过程与任务特点联系紧密，卫星探测、火箭发射、军机作战、民航运输以及交通调度等不同行业的装备系统任务具有明显差异，其任务的分解关系、运行逻辑均有显著差异，因此需要形成与行业特点相匹配的具体执行路线。以某飞行器的任务分析过程为例，可以采用飞行任务剖面的方法描述飞行器的任务及环境，该剖面说明了飞行器系统在全生命周期经历的事件以及事件顺序、持续时间、环境及系统工作方式。飞行任务执行是基于任务事件列表实现的。任务事件列表是指包含完成标称任务以及突发性场景所必需的所有任务事件的顺序集合，包括任务段、任务节以及分系统活动三个层次，分别对应飞行任务的顶层、中间层和底层描述。其中，任务段描述飞行任务的主要任务阶段；每个任务段包含若干任务节，对应于该任务段中需要完成的主要事件；分系统活动是底层也是最细节的任务描述，每个任务段与任务节都是通过顺序执行分系统活动序列来实现的。因此任务分析涉及的元素包括任务、子任务、任务段、任务事件、子事件、活动、状态等，如图 5-4 所示。

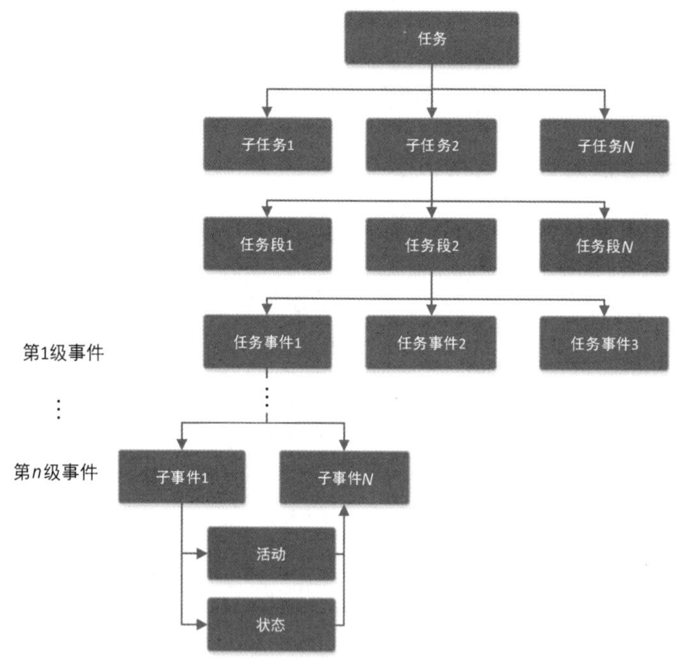

图 5-4　任务分析涉及的元素

4. 任务场景建模

任务场景建模从战略级目标出发，首先按照图 5-4 所示的层级和分解关系，对系统使命任务进行初步分解，例如，可以按照任务类型、工作模式、系统构型、运行状态、生命周期阶段等不同的分类关系对系统使命任务进行分类、分解。某系统使命任务分解模型示意图如图 5-5 所示。

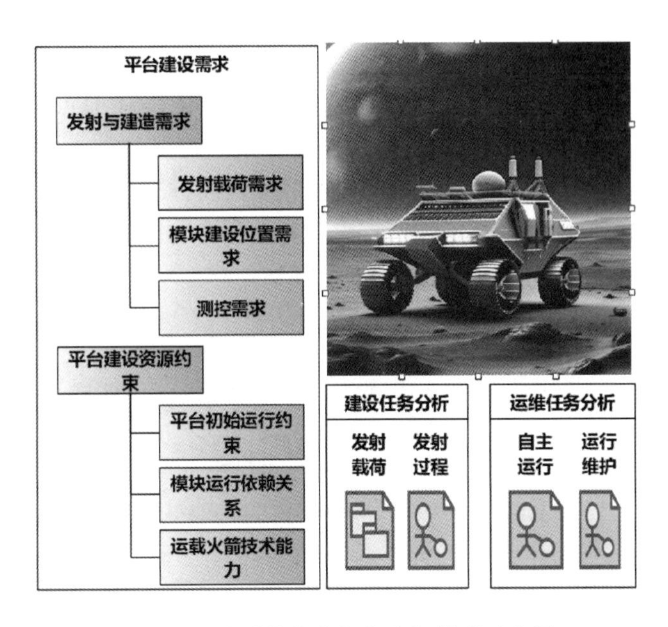

图 5-5　某系统使命任务分解模型示意图

任务场景模型既可以从零开始全新创建，也可以从外部任务模型或需求文件导入，实现系统需求和任务场景的初始化建模，设置任务参数与核心技术指标，通过用例图识别任务利益相关方、外部环境对象、系统边界等任务场景通用元素，并建立其形式化定义，明确各个场景的核心活动、内外部系统以及用户与系统之间的交互活动。飞行任务用例图示意图如图 5-6 所示。

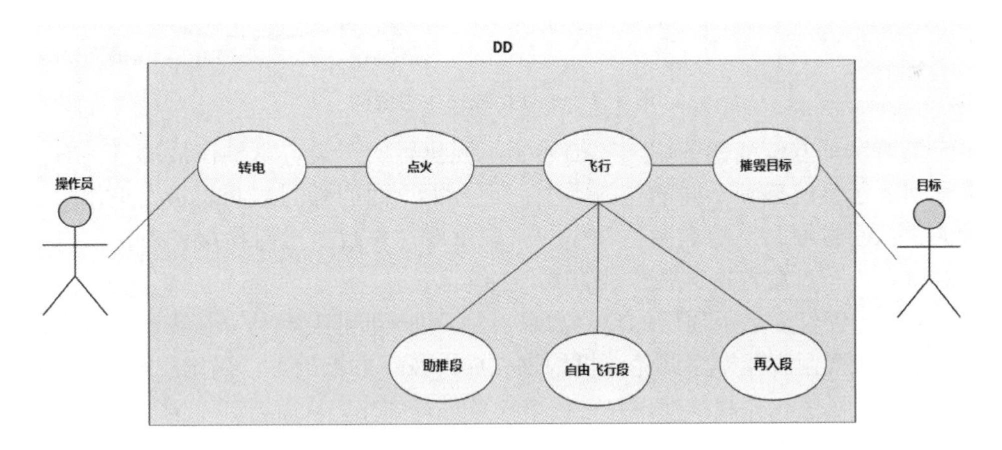

图 5-6　飞行任务用例图示意图

5. 任务场景设计与建模示例

下面举例说明任务场景设计与建模活动。例如，军方从战役和战略层面，希望某型号军舰能同时具备以下几种功能：①在指定海域对抗外军驱逐舰；②进行对海或对空打击；③执行反恐作战。

上面采用文字的方式来描述军方的功能需求，稍做整理归纳，不难知道军方三条功能需求的共同点是使用军舰进行作战，不同点在于军舰的作战地点和作战方式。作战地点包括目标海域、目标陆域，作战方式包括对空作战、对海作战、对空防御、对海防御、对地打击、对海打击等。在MBSE方法中，采用模型的方式来描述功能需求，因为用例图能较好地表示系统边界、使用者以及使用者使用系统进行的顶层活动，所以，对军方的功能需求，采用如图5-7所示的用例图进行描述。

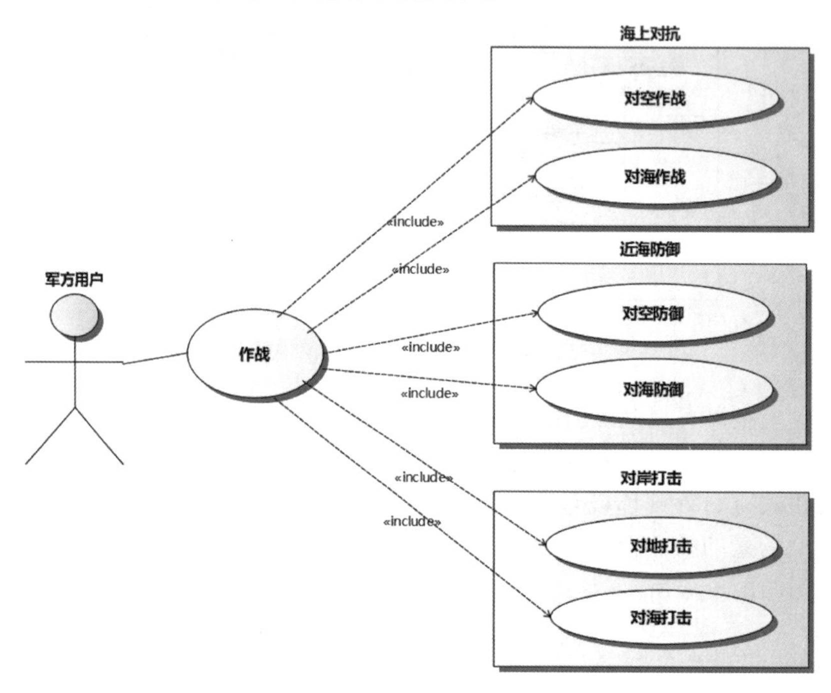

图5-7　军方作战任务用例图

图5-7所示军方作战任务用例图描述了军舰执行的三类、六种作战场景，右侧的三个方框分别表示系统三种不同的作战类型；小方框里面的椭圆框则表示这类作战类型下的作战方式；小方框左侧的椭圆框（作战）表示对空作战、对海作战、对空防御、对海防御、对地打击、对海打击这些作战方式的抽象。

上述用例图仅仅表示了顶层的功能需求，为了进一步细化需求，还需要进行专门的作战推演。这一步骤由舰船专家或论证机构来完成：在军方指示下，确定舰船的使命任务，随后使用专业工具进行作战推演，并对每个任务进行细化，从而得到不同作战类型下不同作战方式的指标。需要注意的是，这一步是采用指标来描述需求的。从面向对象角度来看，三种作战类型是父类，对空作战、对海作战、对空防御、对海防御、对地打击、对海打击等是子类，对空作战指标、对海作战指标、对空防御指标、对海防御指标、对地打击指标、对海打击指标等是子类的属性。以对空作战为例，作战指标包括侦察距离、拦截距离、拦截高度、对空作战武器通道数、反应时间、舰空导弹载弹量、单发命中率等。

在某些场合，任务分析过程还可以进一步细化，将用例图展开细化为活动图，从而将其转化为系统功能需求列表。

5.2.4 利益相关方需求收集

在任务场景设计与建模完成后，可以针对每个具体的任务场景用例进行需求识别，结合已有的业务知识、需求条目，识别利益相关方需求。

1. 利益相关方需求来源

（1）与利益相关方交谈

承担这项任务的人员需要善于沟通，能够从与利益相关方的交谈中挖掘出真正的需求。提取利益相关方需求是一项与人有关的问题而不是技术问题，因此需要提前了解利益相关方的领域。

（2）从非正式文件中提取需求

信函、研究、行动清单和其他描述性材料等非正式文件可能包含隐含需求。这类需求也应明确提出。但是在提取过程中要注意记录需求来源。此外，以这种方式提取的需求必须由一名利益相关方“证实”。

（3）从场景中识别能力需求

开发出任务场景模型之后，可以直接从场景中识别能力需求。

（4）需求研讨会

这是快速获取和捕获需求的有效方式。重要的是，从一开始就把利益相关方集中在一种有益环境中，并让他们意识到捕获需求并不难也不需要花费很长时间。研讨会应具有一定的形式，而且也应该迭代。

（5）从经验中借鉴

还可以从经验中借鉴，提取需求。例如，实际用户报告的问题可能非常重要，但是这类信息经常会被丢弃。人们对这类信息一般持消极态度，因为它是与问题有关的信息，但是它可能具有真正的价值。很明显，越早发现问题，变更成本就越低。

根据利益相关方需求来源可获得利益相关方需求列表。

2. 利益相关方需求收集方法

（1）将利益相关方需求与任务场景相关联

利益相关方需求与任务场景之间具有很强的关联性，需要在模型层面加以表达。通过图形化视图与条目化视图的关联映射，将需求条目与用例节点相关联，开展需求分解、属性定义，并支持阶段任务节点、系统需求节点与用例节点的关联映射，支持这三种建模元素之间的追溯性、覆盖性分析与初步量化计算。

将需求与用例关联，同时根据用例指标为需求创建指标，一一对应，形成需求条目。例如，续航力这一需求是与持续续航运行这一用例是关联的，因此续航用例的指标应当迁移到续航力需求的指标中，如图 5-8 所示。

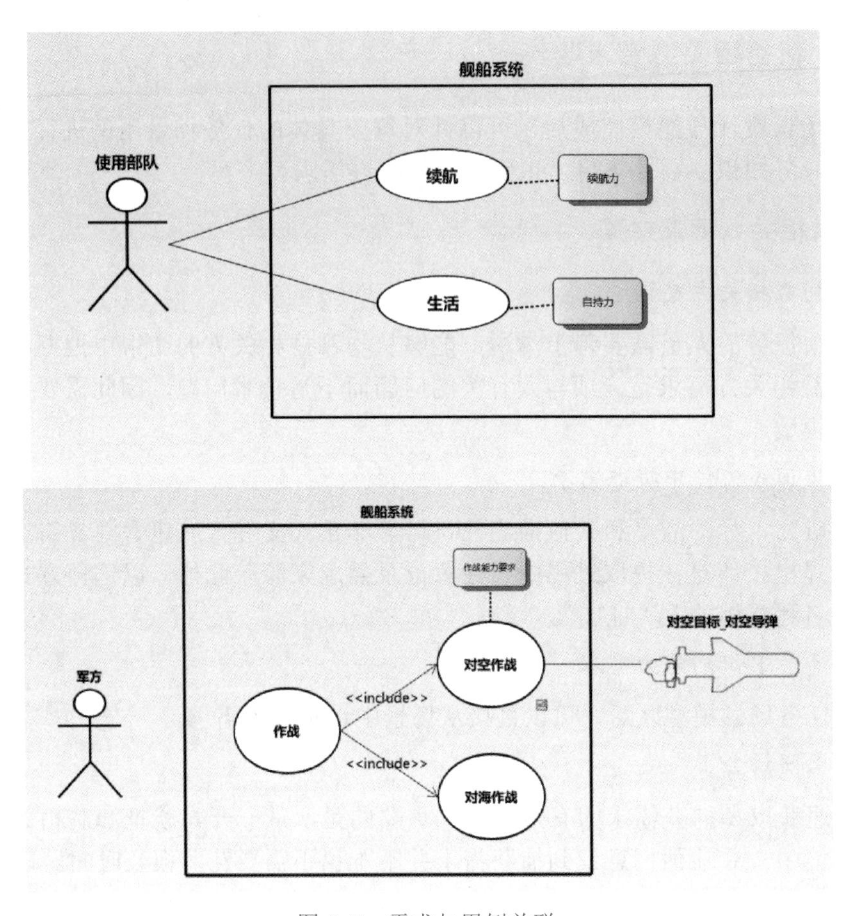

图 5-8　需求与用例关联

（2）任务需求分解

任务需求可以整理为层级化的形式，既可以采用需求图、需求汇总表的形式进行建模，也能采用树状图进行组织，直观地表现出任务需求的分解与继承关系，每个需求节点还可以进行参数化定义，并给出具体解释，如图 5-9 所示。

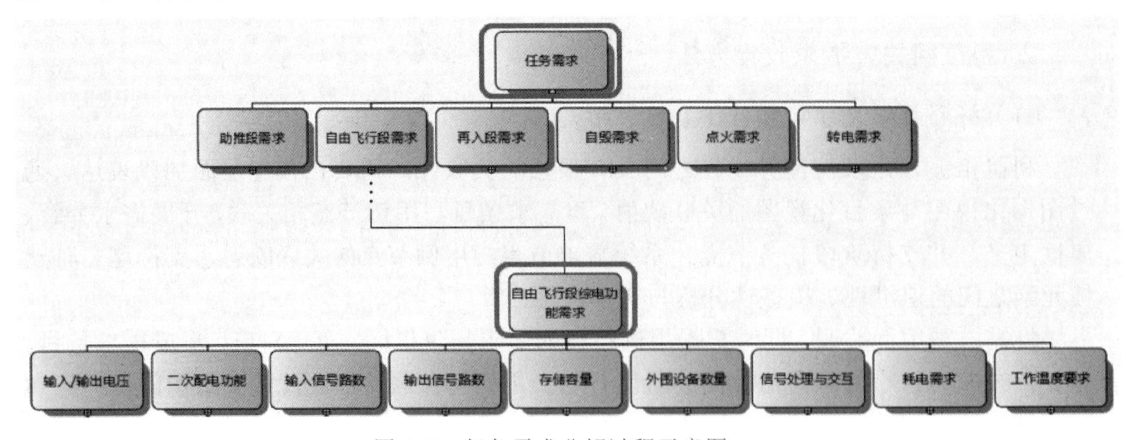

图 5-9　任务需求分解过程示意图

（3）利益相关方需求完善

在上述基础上，还需要根据装备特征、经验、设计规范等对需求及其指标进行完善，包括系统性能方面以及非功能特性方面的需求，如图 5-10 所示。

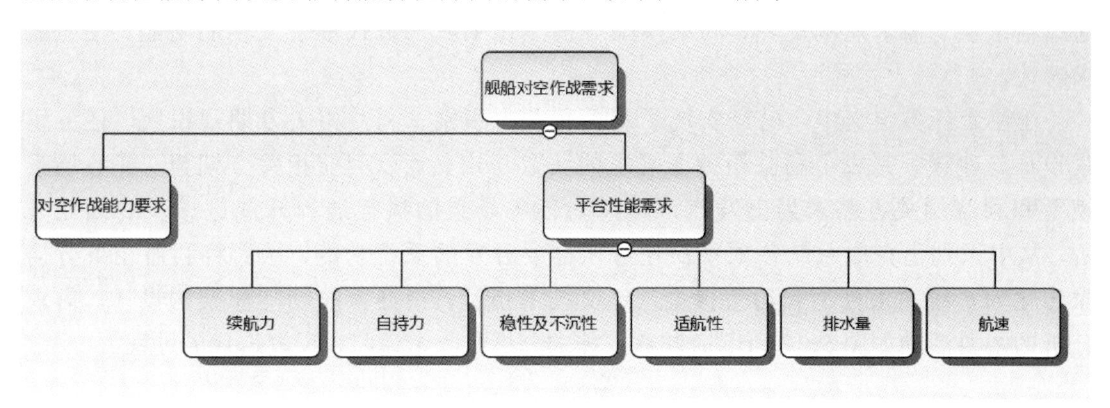

图 5-10 需求完善

形成需求结构树，并补充每个需求条目对应的值、单位、引用变量、描述、备注等信息，从而形成每条需求的完整描述。全部需求可以根据其层次化关系进行编号，具有相同的模型结构，能够以列表或者矩阵的形式进行统一展示，形成最终的条目化需求汇总表，如图 5-11 所示。

名称	值	单位	引用变量	描述	备注
需求					
舰船对空作战需求					
对空作战能力要求					
拦截距离	220	km		拦截空中目标	应满足对空防御战术要求
侦察距离	350	km		雷达	
侦察告警反应时间	0.9	s		雷达	不大于1s
有源干扰的最小干扰...	2	km			不小于1.5km
拦截高度	200	m		拦截空中目标	应满足对空防御战术要求
对空作战武器通道数	1				应满足战术要求
反应时间	1	s		拦截空中目标	应满足对空作战需求
舰空导弹载弹量	30	枚			不应小于一个弹药基数标准
单发命中概率	0.8				舰空导弹的单发命中概率一般应不小于0.75
平均无故障时间	20000	小时			
无源干扰的最小干扰...	3	km			

图 5-11 需求汇总表

5.3 需求分析

需求分析就是把利益相关方的期望转换成对系统需求的定义，然后转换成经过初步评估的系统功能需求完备集。传统上，装备系统研制基于文档，系统需求的表述强调其文字格式，例如，要求以“需要能……”的形式陈述，同时要求需求文档具有结构化、条目化的表达形式，这种陈述方式可用于产品分解结构模型开发和相关配套产品的设计方案开发。需求文档、需求表格（或者与之相类似的研制任务书、需求规格说明书）在传统上是系统工程初期阶段的重要产品，然而与传统系统工程其他流程类似，也存在很多缺点，不能适应未来的技术发展趋势。在 MBSE 技术体系下，可以通过需求表、需求追溯矩阵、约束模型等模型化手段来替代基于文档的功能、性能需求表述。

在使命任务定义中，已经实现了利益相关方识别、利益相关方期望识别、任务场景设计与建模，完成了利益相关方需求的获取与定义。以利益相关方期望、任务场景模型和利益相关方需求为出发点，可以对任务场景的执行过程开展进一步的细化分析，从中识别出完成系统各项使命任务所需要开发的系统功能，从而将利益相关方需求转化为系统需求模型和约束模型，定义技术指标，指导系统功能和架构设计。需求分析的主要活动如图 5-12 所示。注意，需求分析是一个递归和反复迭代的过程。

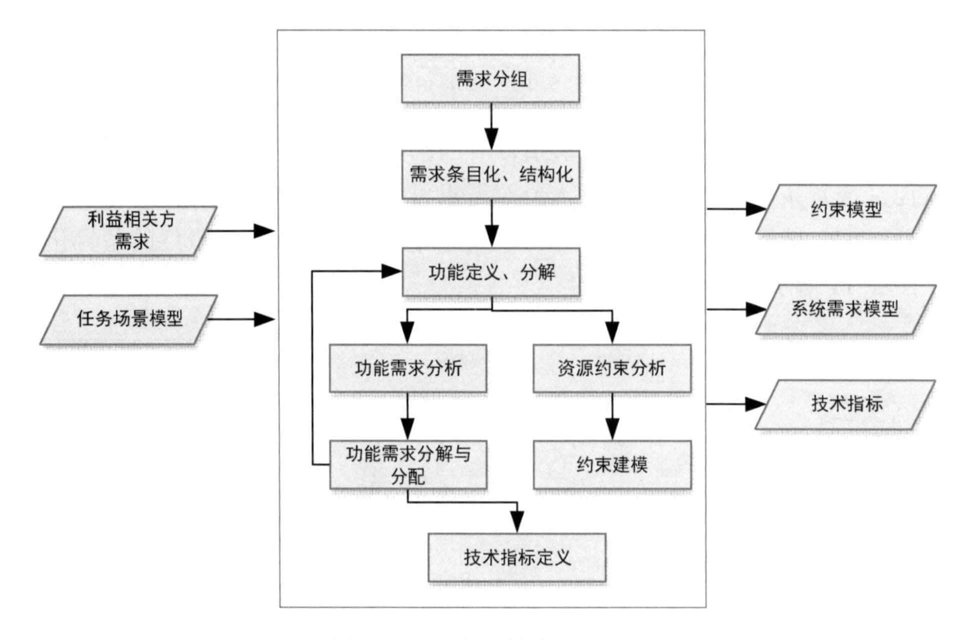

图 5-12　需求分析的主要活动

5.3.1　功能需求分析

利益相关方需求以利益相关方团队为主要关注点，主要描述的是系统在全生命周期内的应用、维护、保障特性，是从外部视点对装备系统特性的表达。利益相关方需求的完整性、符合性是系统在全生命周期服务能力的保障。然而，在系统设计过程中，利益相关方需求并不能很好地指导系统研发过程，因为利益相关方需求并未对系统功能进行全面描述，没有提炼出不同应用场景、利益相关方需求所需的系统功能，也难以表征系统功能的模块或者分组关系，因此需要在利益相关方需求的基础上，进一步将其展开为不同任务场景下的功能逻辑，并识别出功能需求列表，支持系统功能和架构设计。

功能需求分析之前，需要通过对任务场景进行细化，将任务场景分解为任务执行过程中的系统活动，识别出任务场景对系统的功能需求。首先，在继承任务场景模型的基础上，根据利益相关方需求进行初步的需求分组。然后，对需求进行条目化、结构化处理，将功能分解为相对独立的子功能；对功能流进行分析，确定功能、子功能之间的关系，通过活动图进行不同功能、子功能流分析，表达多个功能、子功能在完成具体任务时的执行过程与执行逻辑；对功能接口进行分析，确定功能的接口类型及功能间交互的数据；对需求/功能进行链接，保证设计的功能满足装备系统需求或技术指标，为需求的覆盖性、追溯性分析提供依据。

分析满足利益相关方需求所需要具备的功能，进行功能定义和分解，通过功能库和指标库对功能输入输出参数和行为指标进行定义，通过搭建活动图细化用例图，并将冗余功能合并，最后确定功能指标并进行配置，进行功能覆盖性需求分析，完成功能需求分析过程，得到功能模型和功能需求。

首先，可以对任务场景总体用例或顶层的利益相关方需求进行细化，根据需要，将某个任务场景用例或者某条利益相关方需求进行展开分析，识别、分解任务场景中的任务目标，将其分解为不同工作阶段的多个目标，然后根据专业知识、研发经验以及物理原理，将任务执行过程完整地描述为包含多个活动的持续工作流程。根据可能存在的系统状态、任务目标、工作环境变化，定义任务执行过程的不同分支、判断关系、控制逻辑，从而形成具有多个分支的系统总体工作流程。

以水下无人航行器（UUV）的建模过程为例，UUV 初始航行活动图包括初始航行参数确定，由电路信息系统进行功能承载，声自导系统和动力系统的开启也由电路信息系统承载，声自导系统工作由探测系统承载，动力系统工作由动力系统承载，其中，声自导系统工作和动力系统工作都能够继续细化。

在上述活动图基础上，对系统的工作过程进行分解，根据任务逻辑的分支状态，对系统的状态变化进行定义，以状态机图的形式，对其进行建模，从而能够更加科学地进行分解和设计。

继续以上述 UUV 的建模过程为例，对 UUV 总体攻击过程进行分析，将 UUV 攻击过程分为搜索目标状态、追踪目标状态、攻击目标状态和完成任务状态，如图 5-13 所示。

在系统总体功能分析基础上，还可以围绕下一级任务场景或者系统活动进一步逐条开展每项子任务的功能分析，然后将每项子任务的工作过程表现为顺序执行的活动图，也可以进一步完善和丰富系统状态机图模型，从而实现系统功能分析、功能需求定义和功能逻辑定义的逐步迭代完善。

上述攻击过程可以进一步分解为平台发射、目标博弈对抗和声对抗、初始航行、搜索目标、捕获目标、稳定追踪目标、命中目标及毁伤目标等，每个子任务还可以表达为多个系统功能之间的配合关系，以白盒活动图的形式对其进行建模描述。其中，稳定追踪目标活动图如图 5-14 所示。

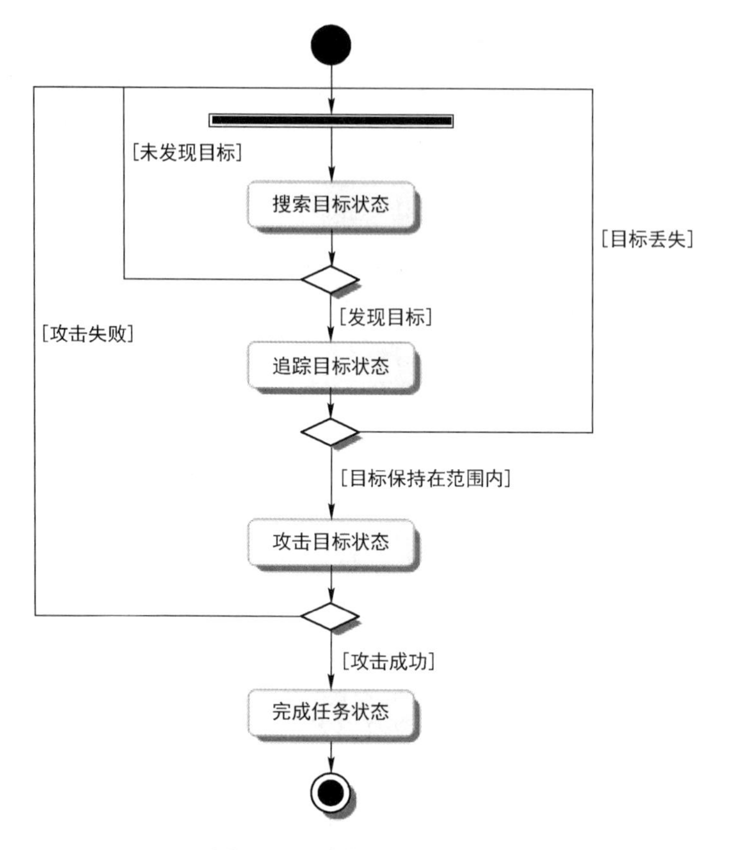

图 5-13　总体攻击过程分析

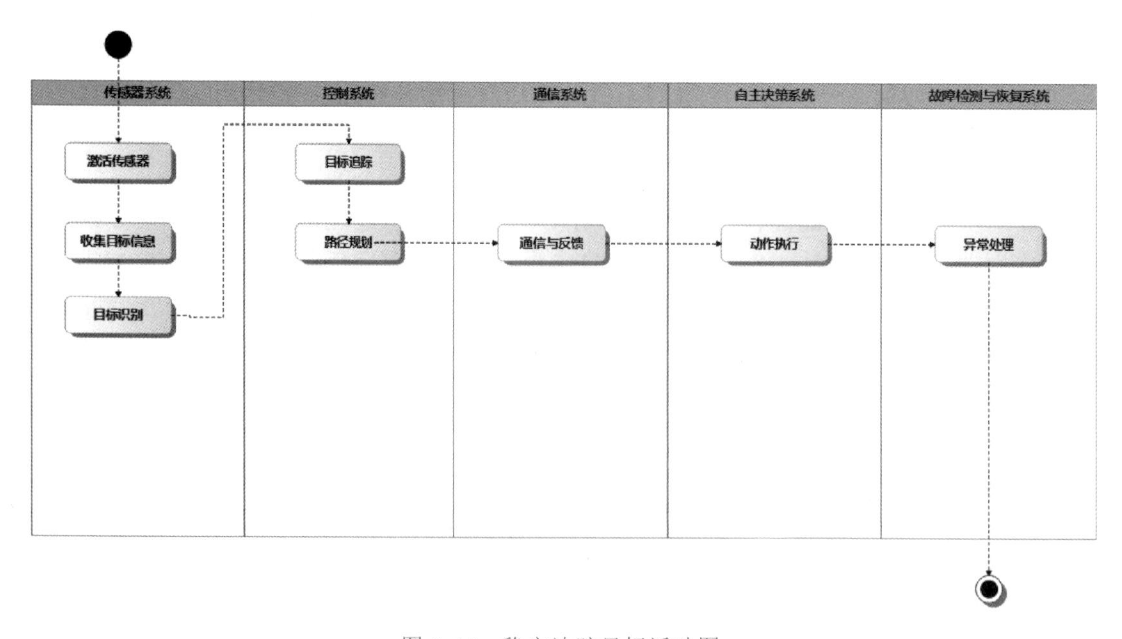

图 5-14　稳定追踪目标活动图

稳定追踪目标活动图还可以进一步分解，包括与相邻 UUV 通信、解算目标航行信息、给出导引策略和沿追踪弹道航行等，其中，与相邻 UUV 通信由通信系统承载，其他过程由导航控制系统承载，而沿追踪弹道航行还可以继续细化，由导航控制系统的组部件承载。

通过上述功能分析过程，对任务场景逐一进行分析，提炼出系统的大量功能需求，全部系统功能需求可以汇总成为功能需求总图，然后可以根据功能的相似性或者模块化特点进行组合，形成功能需求的层级化分类关系，形成需求图模型，如图 5-15 所示。

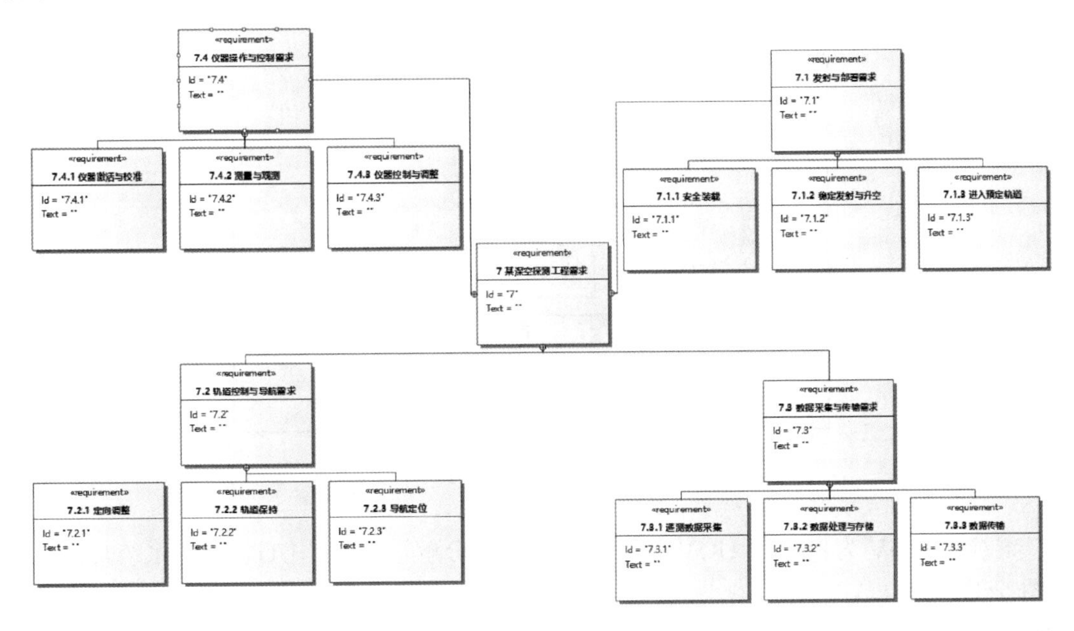

图 5-15　需求图模型示例

功能需求条目是系统设计的直接目标，每条功能需求条目均对应着系统设计、系统验证的指导性条目，在此基础上，集成利益相关方需求中所识别出来的可靠性、经济性等非功能或者通用质量特性需求，为系统设计提供直接输入和验证准则。

在功能需求之外，为了更加准确、高效地开展系统验证评估，一般还会定义系统性能指标，用于在关键评审环节对系统方案进行验证评估。性能指标定义为当系统在预设的环境中部署和运行使用时应当展现出的性能特征。性能指标可以从效能指标中推出，但是从供应商的角度看，它更侧重于技术方面。通常，需要多个定量的和可度量的性能指标来满足同样是定量的效能指标。当涉及系统验证和验收时，性能指标将会反映那些被认为有利于达成效能指标的系统特征。

5.3.2　功能需求分解与分配

在系统设计初期，往往还要考虑不同分系统对系统功能的支持作用，需要根据系统的初始概念架构对其进行分解与分配，描述不同分系统在任务执行过程中的功能定位，并表达各个分系统在执行任务过程中的先后工作顺序以及逻辑接口关系。功能需求分解与分配涉及的主要活动如图 5-16 所示。

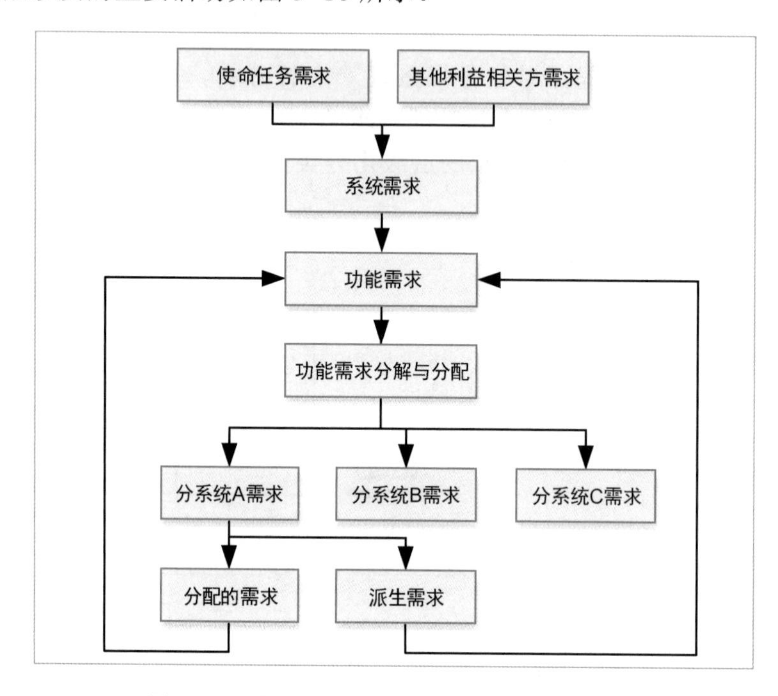

图 5-16　功能需求分解与分配涉及的主要活动

继续以 UUV 为例，对 UUV 分系统进行功能分解，例如，UUV 探测系统功能分解如图 5-17 所示。

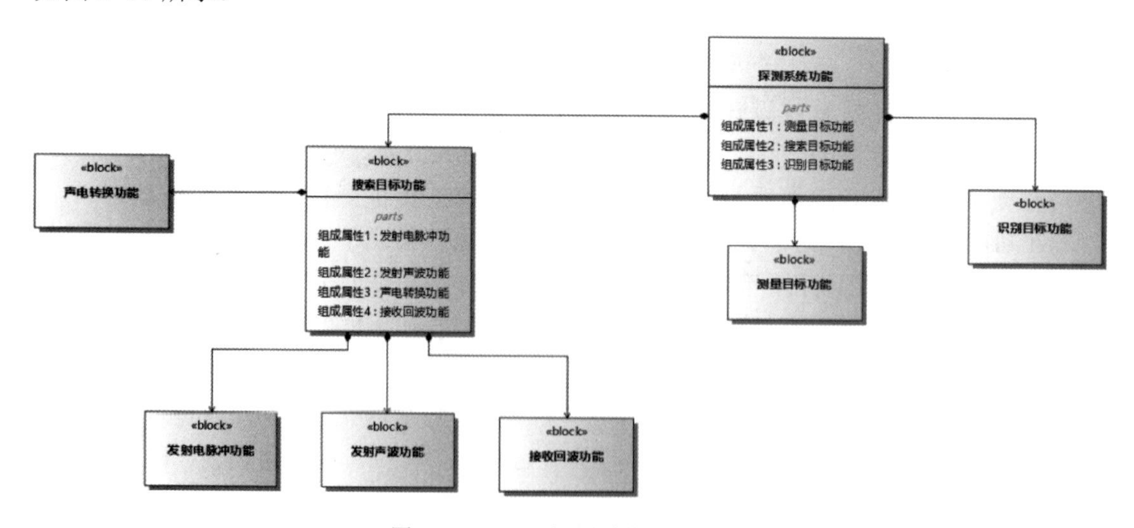

图 5-17　UUV 探测系统功能分解

UUV 探测系统需要具备搜索目标功能、测量目标功能和识别目标功能，其中，搜索目标功能需要具备发射电脉冲功能、发射声波功能、接收回波功能和声电转换功能。

5.3.3 资源约束分析

1. 约束表达式

基于使命任务定义和需求分析的结果，对系统所依赖的资源进行约束分析。通过数学关系来定义资源约束表达式，约束表达式中的变量称为约束参数。约束参数从它们绑定的值属性那里获得值，也就是被约束的值属性。在任意特定的时刻，这些值要么满足约束表达式，要么不满足；系统或者正常操作，或者不正常的操作。约束表达式是一个布尔表达式，并且能够出现在各种类型的 SysML 视图中。在交互情境的日常实践中可以使用三种约束：时间约束、期间约束和状态常量。

（1）时间约束

时间约束会指定单个事件发生所需要的时间间隔。这个时间间隔可能是单独的时间值，也可能是持有时间值的属性。交互在系统操作过程中执行时，只有某个事件发生在时间约束指定的时间间隔内，才认为该事件能有效地执行。

（2）期间约束

期间约束会指定两个事件发生所需的时间间隔。同样，这里的时间间隔可能是单独的时间值，也可能是持有时间值的属性。

当交互在系统操作中执行时，只有一对事件发生相隔的时间恰好落在期间约束所指定的时间间隔内，才有效。

（3）状态常量

状态常量是一个条件，可以在特定的事件发生之前（紧挨着的）指定给特定的生命线。在交互的有效执行中，某个条件在某个事件发生的时间点上必须为真。

约束条件是一类不会增加系统任何能力的需求，相反，它控制着一项或多项能力的实现方式。

2. 利益相关方约束和系统需求约束

利益相关方约束是指利益相关方希望得到的结果。系统需求约束是指影响产品品质的“专业”或工程约束，所有利益相关方约束都必须在系统需求约束中阐明。利益相关方约束有时必须重新阐述，有时可以不加变更地直接传递下去。

例如，针对 UUV 系统的设计要求进行建模描述，调用总体属性参数和需求，通过对其命中概率、发现概率、末段命中概率和稳定追踪概率进行约束，并在模块定义图下构建参数图，就完成了系统总体约束分析，通过给定相关总体及其组成属性参数值，从而自动计算相关指标是否满足需求，在一开始就进行基本的设计指标分析，参数图示例如图 5-18 所示。

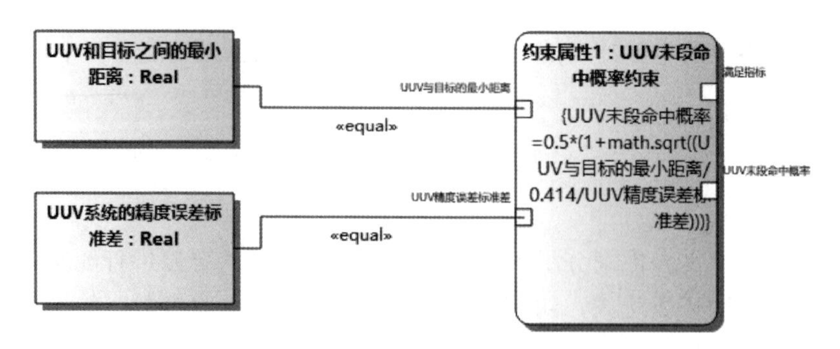

图 5-18　参数图示例

本 章 小 结

本章介绍使命任务定义与需求分析的相关理论方法、操作过程。首先，使命任务定义以需要完成的任务为出发点，结合 MBSE 方法运用模型分析任务场景、过程、所需资源，以及完成任务的系统主题与外部环境的关系。其中，利益相关方需求识别从与系统有关的对象中定义利益相关方，从不同对象的角度分别识别不同需求。然后，在利益相关方需求识别的基础上，对需求逐层分解、细化定义，完成系统需求分析。为加深读者对各部分内容的理解，本章还给出了相应的示例。

第 6 章
系统架构定义与可行性论证

6.1 概述

本章将进一步探讨系统架构设计、分系统方案设计和可行性论证等关键主题，以帮助读者全面理解和应用 MBSE 方法。

系统架构定义与可行性论证阶段主要负责系统设计工作，包括系统具体的功能设计、组成结构、接口形式、参数定义以及分系统的基本选型、功能定义与技术指标等内容，从而能够明确系统各任务场景的具体实现过程，以及系统整体的实现方式。系统架构定义包括系统架构设计和分系统方案设计两部分内容，分别针对系统、分系统层面开展方案设计。可行性论证则对系统架构定义进行初步的评估，确认其是否能够完整覆盖系统需求。

在传统系统工程或者 MBSE 概念里，分系统设计与系统设计可以采用相同的流程与手段，因为二者只是在系统层级、系统工程师视角方面有区别。然而在实际装备系统研制过程中，尤其在设计系统方案时，分系统初步设计具有其独特需求，例如，其可复用性强、继承性强，需要尽可能多地沿袭同类产品设计经验，实现对分系统指标、方案、可行性的初期快速评估。因此本章对分系统方案设计进行了专门描述，提出了一种以模块仿真模型为支撑的选型和参数设计技术路线。系统架构定义与可行性论证的主要活动如图 6-1 所示。

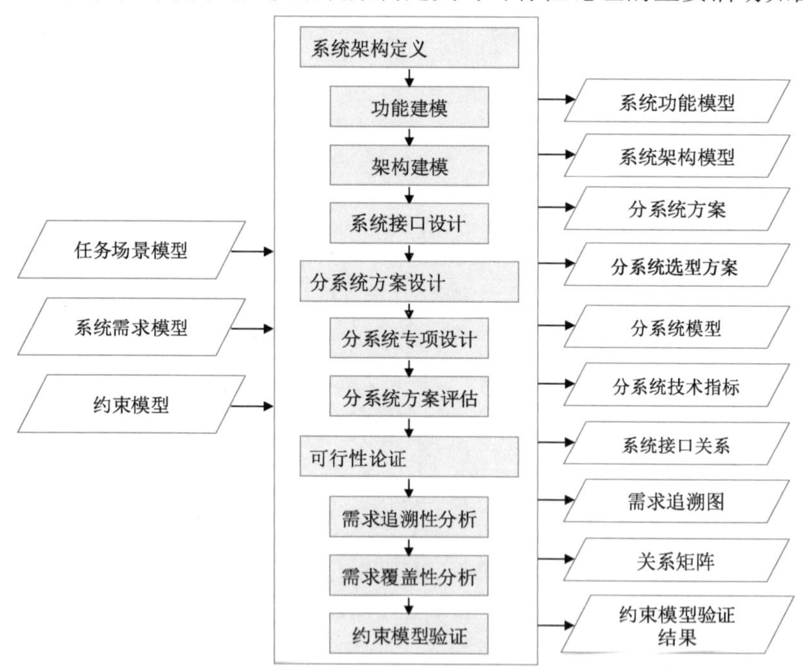

图 6-1　系统架构定义与可行性论证的主要活动

6.2 系统架构定义

系统架构是系统工程的基石，是对系统整体结构和行为的抽象表示。它不仅包括物理元素的组织方式，还涵盖了这些元素之间的关系和系统所需的功能，为系统的全局视图提供了框架，使得各利益相关方能够共同理解系统的基本组成和运作原理。如图 6-2 所示为系统架构定义的主要活动，其承接使命任务定义与需求分析阶段产生的各类模型，开展系统功能、运行逻辑、功能接口关系的细化建模，定义系统架构组成、接口关系以及功能和设计参数，进一步扩展完成分系统组成定义，建立各分系统功能交互响应的白盒功能分析模型，形成分系统功能模型、系统架构模型和分系统方案。

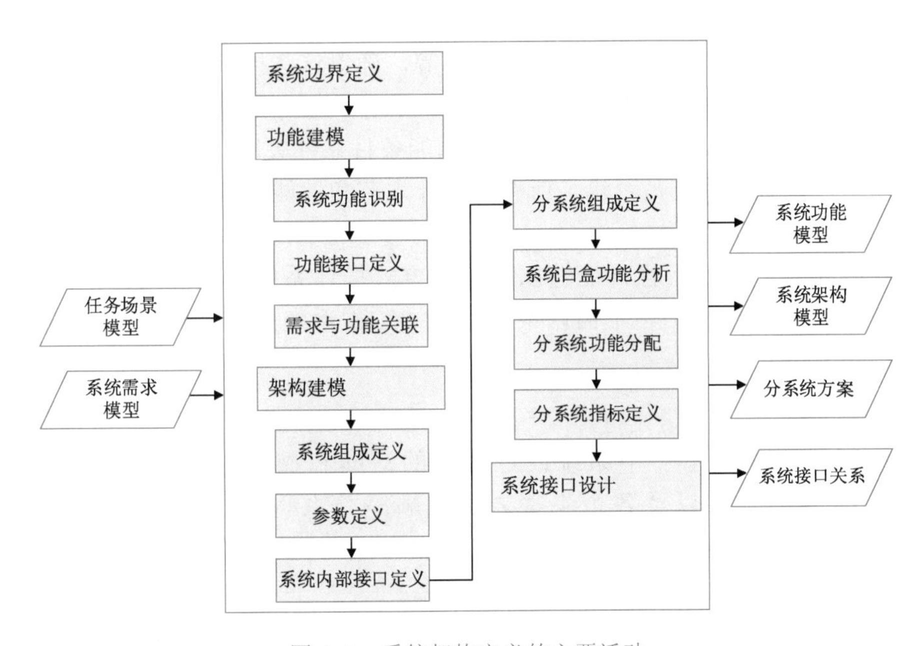

图 6-2　系统架构定义的主要活动

系统架构定义首先需要进行系统边界定义，然后进行功能建模和架构建模，还需要进行系统接口设计。在系统边界定义部分，设定系统的外部特性，包括所需要达成的系统目标、所需适应的外部环境以及所需实现的任务场景，也可以对系统组成进行初始定义，是对系统概念的第一次定义。在功能建模部分，对系统的设计方案进行扩展，能够清晰描述任务场景的完整执行过程，完成对系统功能的详细设计，同时还能够完成对系统架构组成、接口关系的初步定义以及各分系统职能分解。在架构建模部分，根据系统需求、系统功能设计方案开展系统架构的详细设计，实现对系统组成关系、接口形式、分系统参数、分系统功能、分系统指标的完整定义。在系统接口设计部分要确保不同组件、分系统或系统之间有效通信和协作。

6.2.1　功能建模

功能建模是系统工程中的一项关键任务，它有助于捕捉系统应该做什么以满足需求的核心方面。功能建模包括系统功能识别、功能接口定义和需求与功能关联。

① 系统功能识别。基于之前定义的任务场景和需求模型，通过各类行为图建立任务场景的具体执行过程，根据系统组成的初步定义，将其表达为多个分系统功能交互响应的白盒模型，从而识别系统需要执行的功能。这些功能可以通过与利益相关方的讨论和需求分析得到。

然后，通过白盒模型可以将高级功能分解为更小、更具体的子功能，从而更好地理解系统的层次结构和功能间的关系。

② 功能接口定义。根据白盒模型行为图中各分系统功能之间的交互关系，定义不同功能之间的接口，包括输入、输出和相互作用等，确保这些接口在整个系统中保持一致性。注意，功能接口是抽象接口，在实际系统中并不存在。

③ 需求与功能关联。将系统需求条目与功能条目显性关联，确保每个功能都可以追踪到系统需求，以验证系统是否满足所有的设计规范和性能标准，并进一步确认系统需求是否全部被覆盖及可追溯。

通过功能建模，系统工程师能够以清晰的方式描述系统的核心功能，为系统概念架构的进一步开发提供基础。下面以某深空探测工程系统为例，对功能建模部分进行说明。

（1）系统功能识别

活动图可以用来表示一个系统或过程中的活动和操作。活动图通常用于说明一个用例中包含的步骤以及各个步骤之间的顺序关系。通过活动图，可以更好地理解用例所描述的业务流程。如图 6-3 所示为发射与部署活动图，其包括以下活动：

① 运输装载、总体计划任务；

② 发射准备；

③ 稳定发射升空、地面测控；

④ 进入预定轨道。

状态机图可以用来表示一个对象的状态以及在这些状态之间的转换。通过状态机图，可以更好地理解用例中所描述的系统或对象的状态变化规律。以轨道控制与导航状态机图为例，其包括以下状态：

① 箭器分离状态；

② 在轨运行状态；

③ 着陆准备状态；

④ 降落状态；

⑤ 已着陆状态。

序列图可以用来表示一个系统或对象中的不同对象之间的交互。序列图通常用于说明一个用例中包含的步骤以及各个步骤涉及对象之间的相互作用及数据交互。通过序列图，可以更好地理解用例中所描述的业务流程中各个对象之间的交互关系。

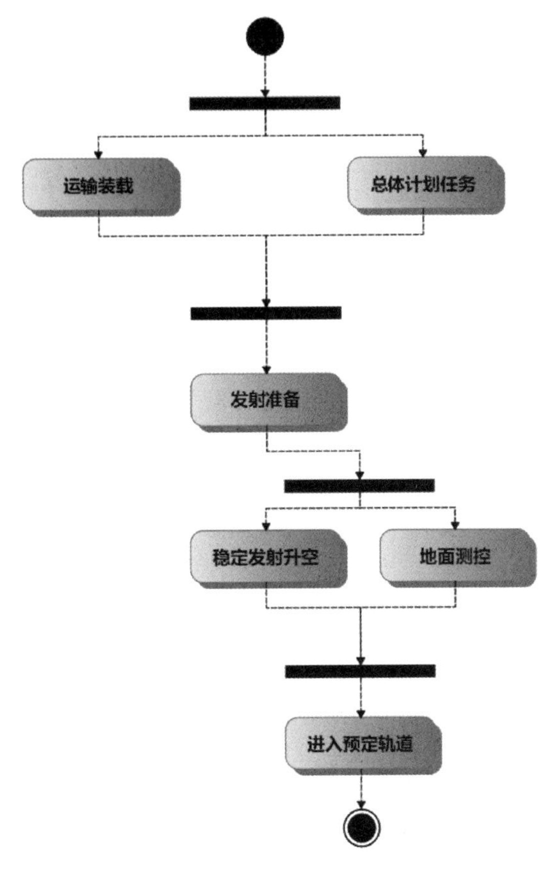

图 6-3　发射与部署活动图

上述三类行为图均可以描述系统功能，下面以数据采集与传输为例进行说明，如图 6-4 所示。

生命线：测控与回收系统、探测器系统、火星。

数据交互过程：测控与回收系统发出采集数据指令给探测器系统，探测器系统收到采集数据指令，开始采集火星相关数据，经过数据存储与处理后，将采集的数据传输给测控与回收系统。

如前所述，对用例功能进行细化，识别出更加具体的系统功能，从而进行具体功能定义，完成功能定义后，借助活动图、状态机图、序列图等进行更加细致的功能描述，建立合适的功能流程图，从而帮助工程人员更好地理解业务流程需求。

（2）功能接口定义

识别功能接口是指通过分析系统中不同功能模块之间的联系和作用来确定各模块之间的接口，这个过程需要深入理解系统的业务逻辑和技术实现，并对功能进行全面的分析和评估，对系统的设计和管理具有关键作用。以发射与部署活动图为例，通过分析不同活动之间的数据、信号、能量传递过程，例如，发射准备完毕与稳定发射升空之间需要有点火指令的传递，从而识别出在发射与部署过程中的各种功能逻辑接口，如图 6-5 所示。

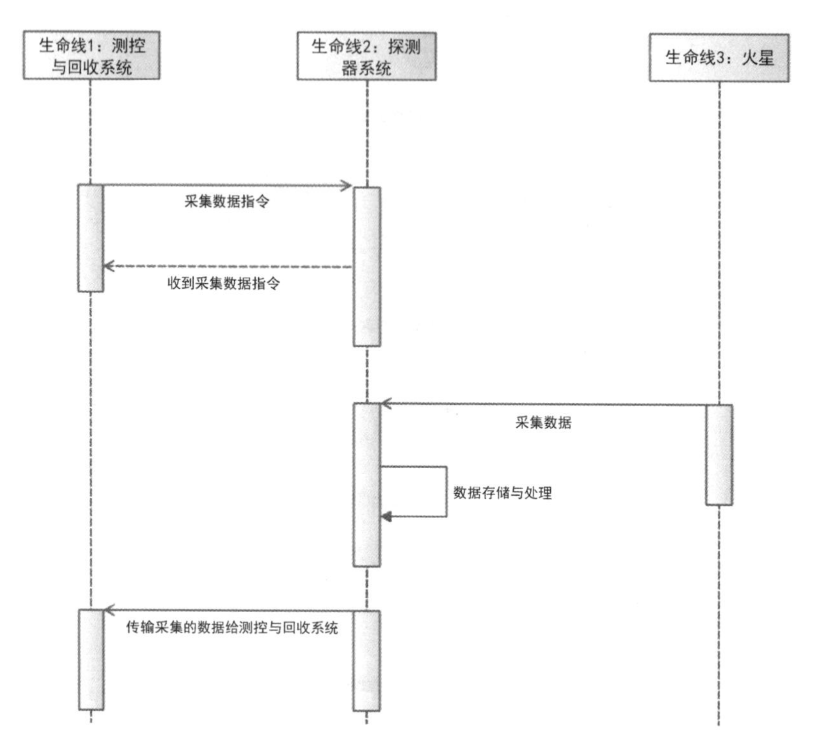

图 6-4 数据采集与传输序列图

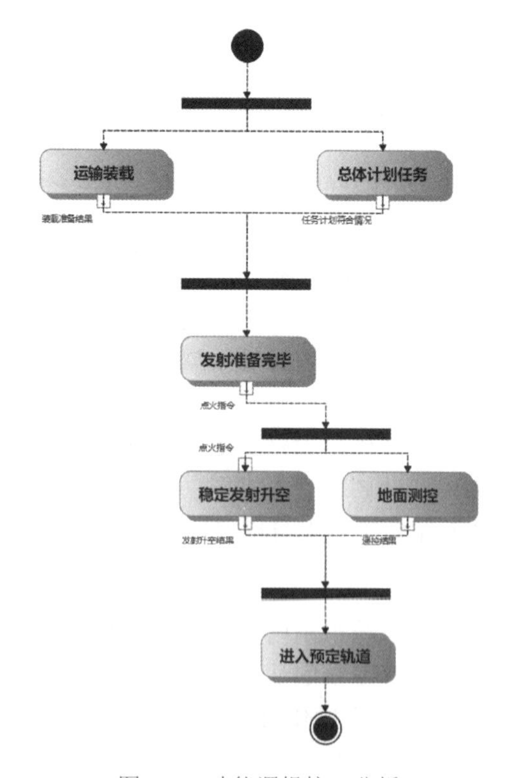

图 6-5 功能逻辑接口分析

通过准确识别功能接口，我们能够更好地把握系统中各组件之间的联系和作用，为后续的系统设计和开发提供参考依据。例如，通过识别不同功能的逻辑接口，从而明确不同功能之间的输入、输出和相互作用，实现功能接口定义，如图 6-6 所示。

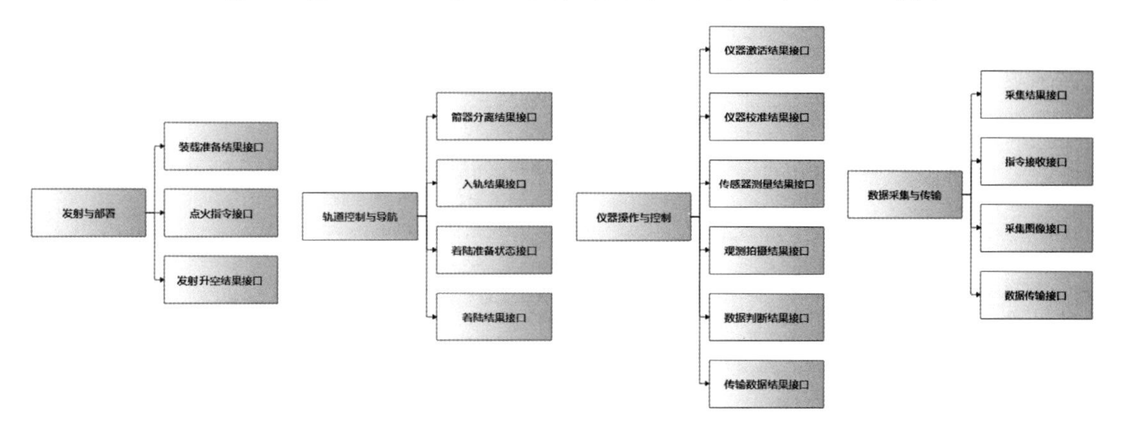

图 6-6　功能接口定义

（3）需求与功能关联

通过需求与功能关联可以追踪功能到需求，如图 6-7 所示。功能分解完成之后，将功能与需求进行关联，体现功能对需求的满足关系。需求与功能关联能够帮助开发团队更好地理解需求，并将其准确地转化为对应的功能，当需求发生变更时，需求与功能关联可以帮助开发团队追踪变更对功能的影响，及时做出相应的调整和决策。

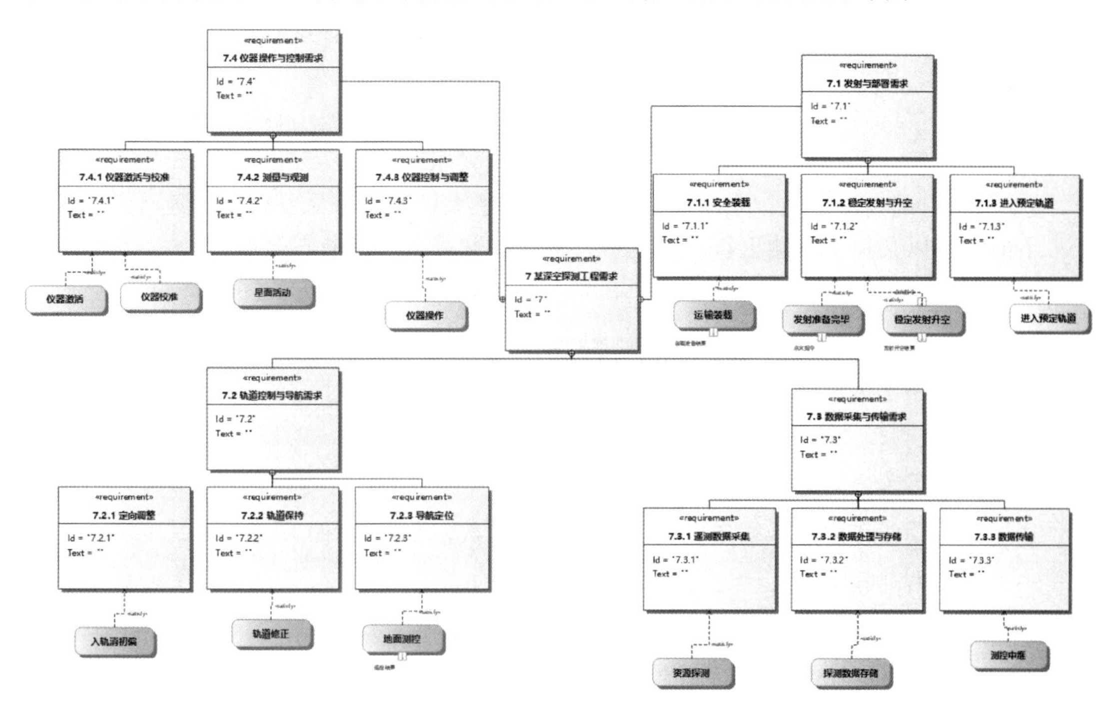

图 6-7　需求与功能关联

需求与功能关联为需求追溯提供了基础。通过建立关联关系，开发团队可以追踪每个需求对应的功能实现，同时也能够反向追溯每个功能所涉及的需求。通过查看如图 6-8 所示的需求追溯矩阵，可以清楚地了解每个需求是否已经与相应的功能对应起来，以及是否已经分解或实现。需求追溯矩阵为需求变更管理提供了基础。

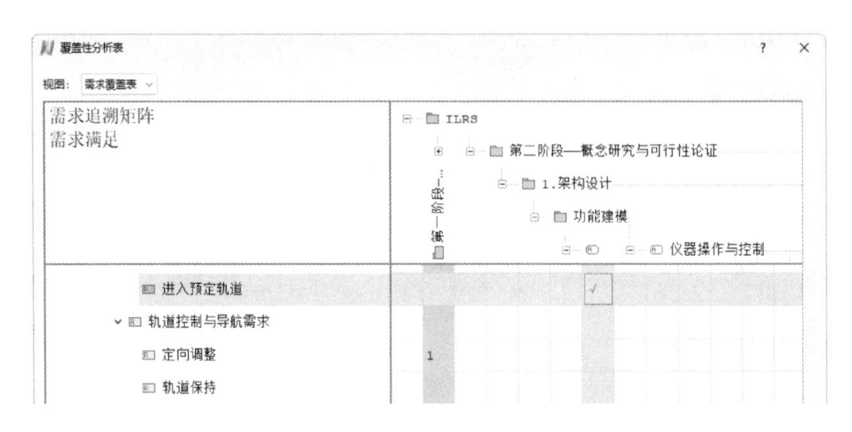

图 6-8　需求追溯矩阵

6.2.2　架构建模

架构建模涉及系统内部组件之间的关系与连接，包括物理和逻辑方面。架构建模涉及系统组成定义、参数定义、系统内部接口定义等。

① 系统组成定义。系统组成定义需要确定构成系统的各个分系统，可能包括硬件、软件、传感器、执行器等。

② 参数定义。参数定义需要明确定义分系统或系统的参数，包括典型特征、基本参数、性能指标等，并确保这些参数符合系统的设计要求。

③ 系统内部接口定义。系统内部接口定义描述系统内部分系统之间的连接关系。

下面继续以某深空探测工程系统为例，对架构建模部分进行简要描述。

（1）系统组成定义

基于黑盒用例分析发射与部署、轨道控制与导航、仪器操作与控制、数据采集与输出等功能实现所需的实际物理系统，识别其系统组成，包括发射场系统、运载火箭系统、探测器系统、测控与回收系统及地面应用系统五大分系统，如图 6-9 所示。

（2）参数定义

通过分析功能和需求，初步定义各分系统的参数，如图 6-10 所示。

（3）系统内部接口定义

通过分析不同组件之间的交互关系，初步定义各分系统之间的连接关系如图 6-11 所示。

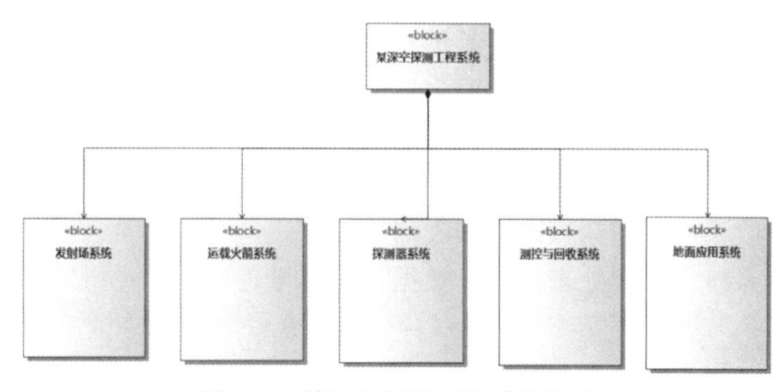

图 6-9　某深空探测工程系统组成

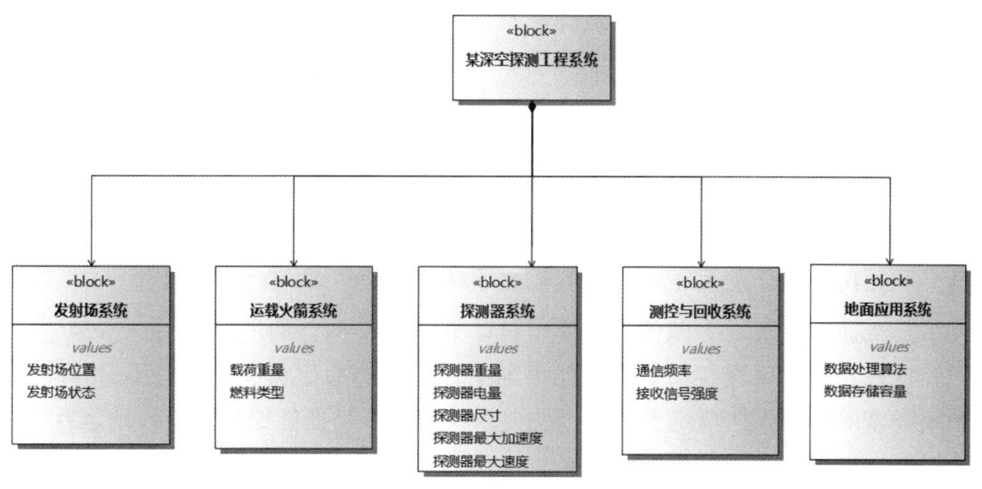

图 6-10　各分系统的参数定义

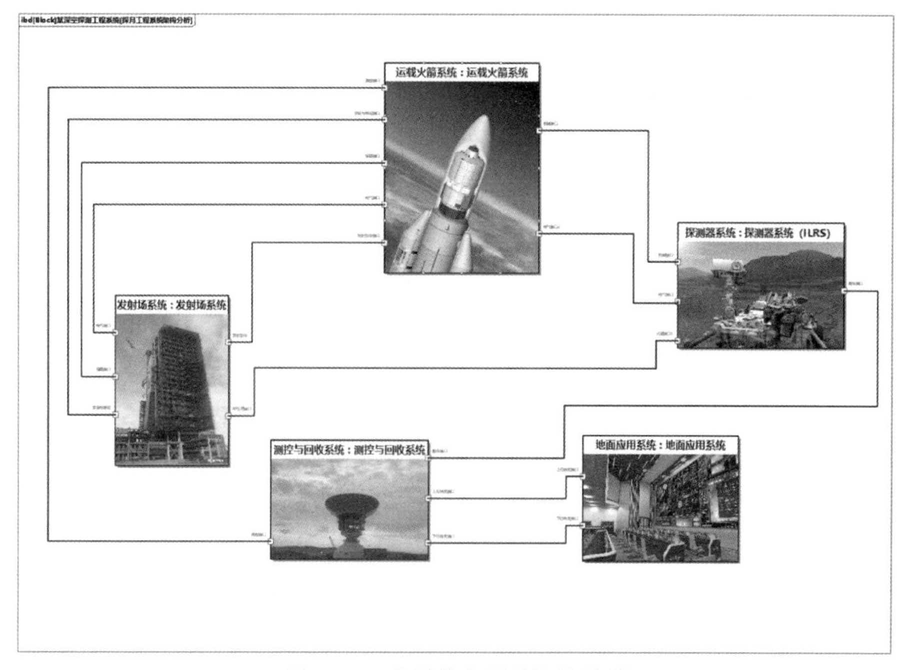

图 6-11　分系统之间的连接关系

① 发射场系统：发射场位置、发射场状态。

② 运载火箭系统：载荷重量、燃料类型。

③ 探测器系统：探测器重量、探测器电量、探测器尺寸、探测器最大加速度、探测器最大速度。

④ 测控与回收系统：通信频率、接收信号强度。

⑤ 地面应用系统：数据处理算法、数据存储容量。

6.2.3 系统接口设计

在系统工程中，系统接口设计是确保不同组件、分系统或系统之间有效通信和协作的关键环节。良好设计的系统接口能够提高系统的可维护性、可扩展性以及整体的集成水平。本节将深入讨论系统接口设计的重要性、关键因素，并介绍一些实用的设计方法。

系统接口设计在 MBSE 方法中扮演着至关重要的角色，其重要性体现在多个方面，将会直接影响系统工程的成功实施和系统性能的有效提升。

（1）系统接口设计是系统工程的桥梁，连接着系统内外部的各个组件

一个系统通常包含众多硬件和软件组件，而这些组件之间的协调与合作需要通过接口完成。良好设计的系统接口可以确保不同组件之间的通信顺畅，数据传递准确无误，这为系统整体的协同工作奠定了基础，使得系统的各项功能能够协调一致地运行。

（2）系统接口设计直接关系到系统的模块化和可维护性

通过清晰定义的接口，可以将系统分解为各个独立的模块（分系统或组件），每个模块都能够独立设计、测试和维护。这不仅降低了系统开发的复杂度，也提高了系统的可维护性。同时，模块化设计使得系统更容易进行扩展和升级，能够适应未来需求的变化。

（3）系统接口设计有助于实现跨团队协作

在系统工程中，由于涉及多领域的专业知识，不同团队可能负责系统的不同组件，系统接口设计为实现跨团队协作提供了关键的桥梁。明确定义的接口规范使得不同团队能够在相对独立的条件下工作，减少了信息交流的复杂性，提高了团队的协作效率。这对大型、跨领域的系统工程尤为重要，确保各个分系统能够协同工作，达成整体性能的要求。

（4）系统接口设计在系统工程的不同阶段都发挥着关键的作用

在设计阶段，清晰的接口设计有助于系统建模和验证，利用 MBSE 工具可视化地表示系统的结构和关系。在实施和测试阶段，接口的模拟测试和集成测试成为确保接口一致性的重要手段。这些阶段的有效系统接口设计为系统工程的顺利推进提供了有力支持。

在 MBSE 方法中，接口的建模和分析成为关键任务。通过 MBSE 工具，系统工程师可以创建直观的接口模型，以图形化的方式表示系统内外部组件之间的交互关系，进一步提高设计的可视性和可理解性。如图 6-12 所示为系统接口设计过程。

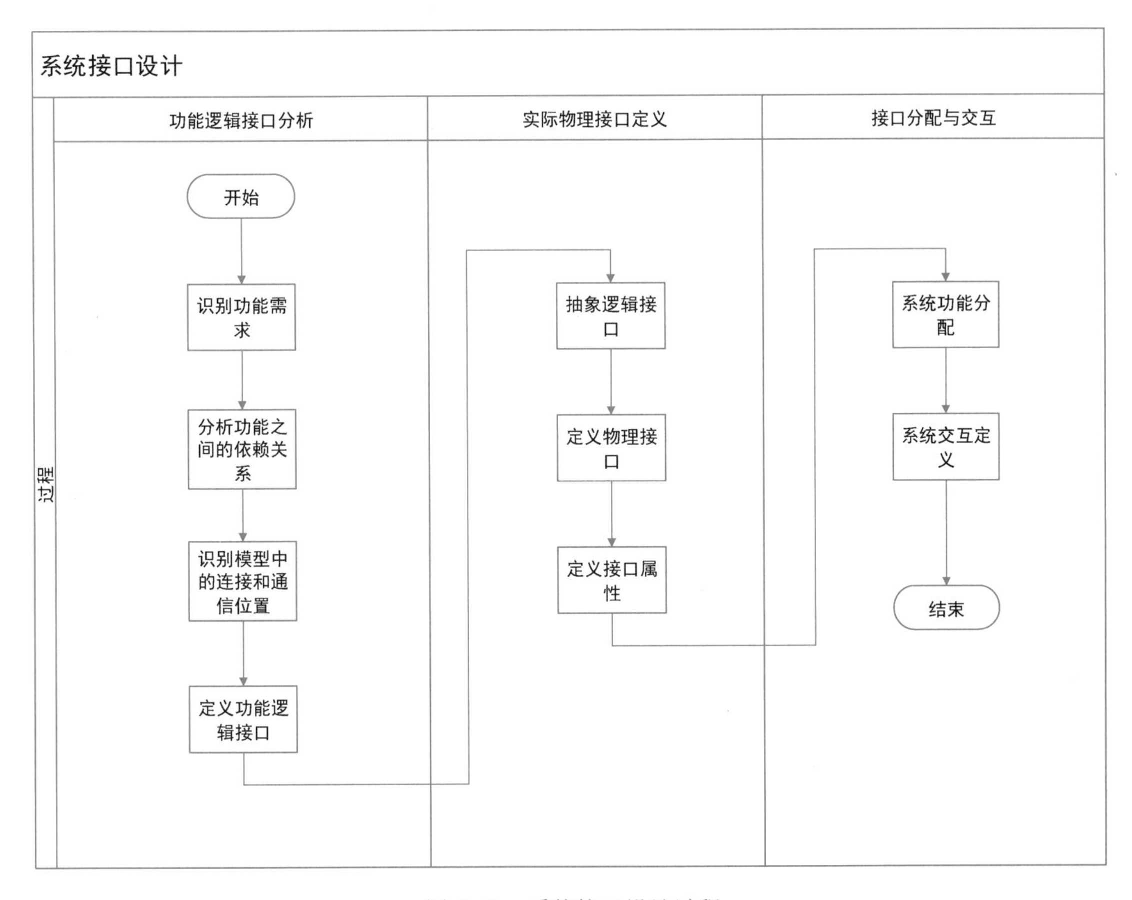

图 6-12　系统接口设计过程

通过分析系统的结构和功能，确定需要定义接口的组件有助于明确系统中各个组件之间的关系和依赖程度。在定义接口之前，需要明确接口的目标和范围。接口的目标是指它的作用和用途，即它为系统提供了什么功能或特性。接口的范围指明它所涉及的组件和交互的范围。接口的输入和输出是指组件之间进行交互时所涉及的数据、信号、事件等。在识别接口的输入和输出时，需要考虑组件之间的信息交换和通信需求，这可以通过分析系统的功能和数据流来实现。通过定义接口属性，即数据或状态信息，这可以实现对传感器数据、配置参数、运行状态等的定义。

通过识别每个组件的输入和输出需求，可以定义适当的接口来实现组件之间的交互和通信。这样，各个组件可以独立地开发、测试和替换，并且系统的功能和行为可以得到有效管理和控制。下面仍以某深空探测工程系统为例，介绍接口识别和定义过程。

完成功能和数据流分析后，通过功能分配，将功能与分系统组件进行匹配，如图 6-13 所示。将所有的功能逻辑接口进行提炼，得到不同的系统接口并定义其属性，如图 6-14 所示。

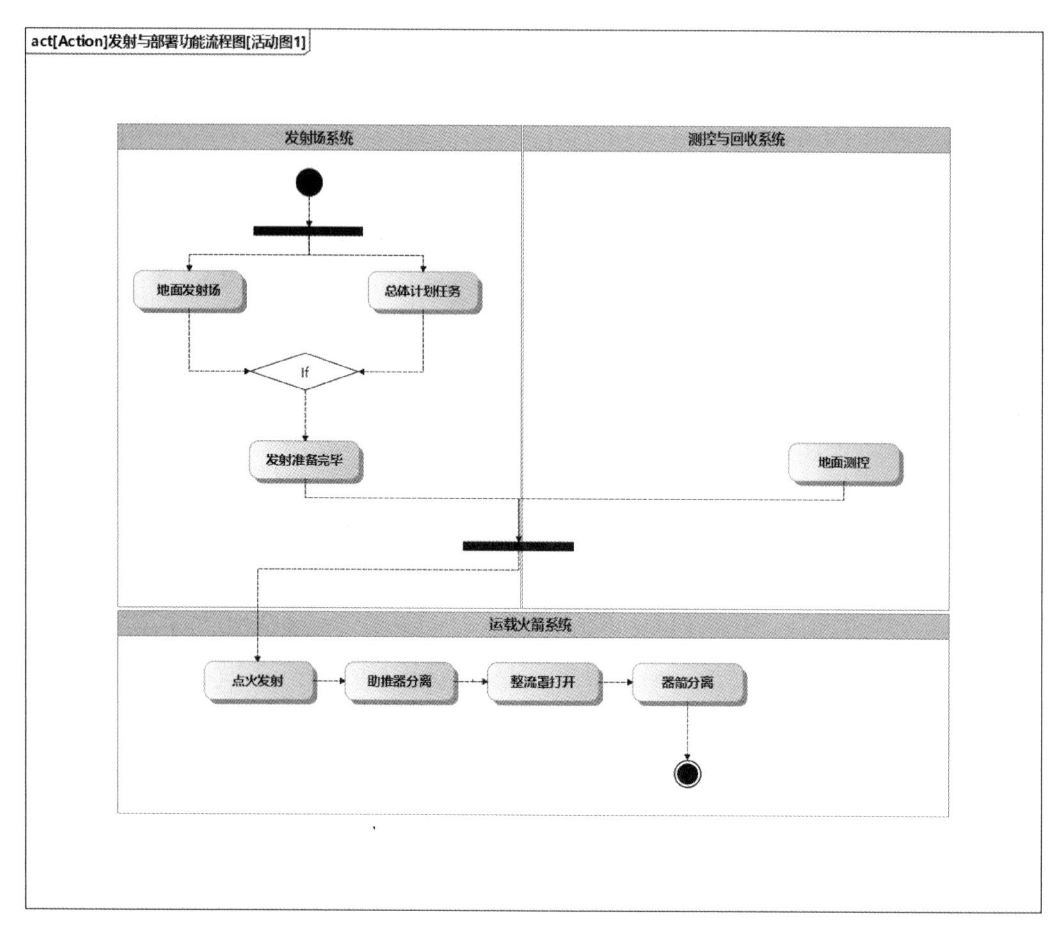

图 6-13　功能分配

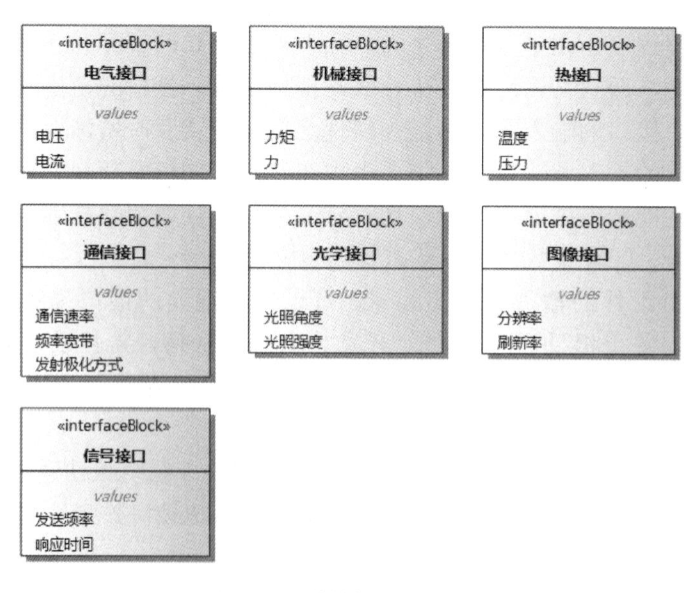

图 6-14　系统接口设计定义

6.3 分系统方案设计

6.3.1 分系统方案设计概述

在系统工程中，分系统方案设计是将整个系统划分为相对独立的分系统或模块的过程，旨在实现系统的模块化和可维护性。本节将深入讨论分系统方案设计的目标、方法以及一些实用的设计原则，以帮助读者在系统开发过程中更好地进行分系统方案设计。

分系统方案设计的目标在于将整个系统划分为相互独立、功能明确的分系统，每个分系统负责特定的任务或功能。将系统划分为独立的分系统，可以提高系统的模块化程度，每个分系统都能够独立开发、测试和维护。将系统划分为易于管理的分系统，有助于提高系统的可维护性，开发人员可以专注于每个分系统的维护和更新，而不会影响整体系统的稳定性。分系统设计使得不同的开发团队能够并行地开发各自的分系统，从而缩短项目的开发周期。将系统划分为相对简单的分系统，降低了整个系统的复杂性，使得开发和维护工作更容易管理。良好的分系统设计应该能够支持系统的可扩展性，使得在未来系统需要进行功能扩展或升级时更为容易。

在进行分系统方案设计时，遵循一系列指导原则对确保设计的健壮性和可维护性至关重要，包括模块化设计、最小化耦合、最大化内聚和接口明确原则。模块化设计原则就是将系统划分为独立的或相对独立的模块，提高系统的模块化程度，使得每个模块都能够独立开发和测试。最小化耦合原则就是降低模块之间的依赖关系，使得模块之间的耦合度最小化，从而提高系统的灵活性和可维护性。最大化内聚原则就是在每个模块内部，确保模块的元素相互关联，实现相关功能，从而提高模块的独立性。接口明确原则规定每个分系统的接口应该设计得清晰明确，确保各个分系统之间能够有效通信，降低集成的难度。

在上述指导原则的基础上，MWORKS.Sysbuilder 提供了专门针对分系统设计的专项设计模块，将分系统、组件的功能定义为专门的功能模块，提供专用的模板化选型、分系统参数定义、技术指标的快速计算验证功能。该专项设计模块内部嵌入了 Modelica 仿真计算模型，每种专项设计模板的背后均提供了对应的仿真模型作为技术指标的快速验证工具，能够提高分系统、组件的设计与建模效率，保证新型号设计过程对既有型号设计经验的快速复用，同时还能够避免完全开放式创新设计带来的可行性、成本和质量风险。

分系统方案设计流程如图 6-15 所示。这里介绍的分系统方案设计针对动力、电气、结构、信息流、控制等分系统，以系统需求、系统架构模型为输入，结合 MWORKS.Sysbuilder 的扩展能力，提供专项设计功能，支持分系统（或单机设备）的谱系化选型，以及参数设计、指标计算等。具体功能如下。

① 分系统选型：支持专项功能的选型，如推进功能专项设计中的发动机选型、贮箱选型，能源专项设计中的太阳翼帆板选型、电池选型等。

② 分系统参数设计：支持专项功能的参数设计，根据功能分析中定义的指标，确定参数值。也可自由调整专项功能的输入、输出参数。

③ 分系统原理设计：对重点功能，以 MWORKS.Sysplorer 的系统建模仿真求解内核

为支撑，支持专项原理设计，提供通用的原理建模功能。

④ 分系统指标计算：以内嵌的 Modelica 模型为资源，通过设计的参数值驱动仿真运行，利用仿真结果计算分系统指标，验证分系统需求的实现情况。

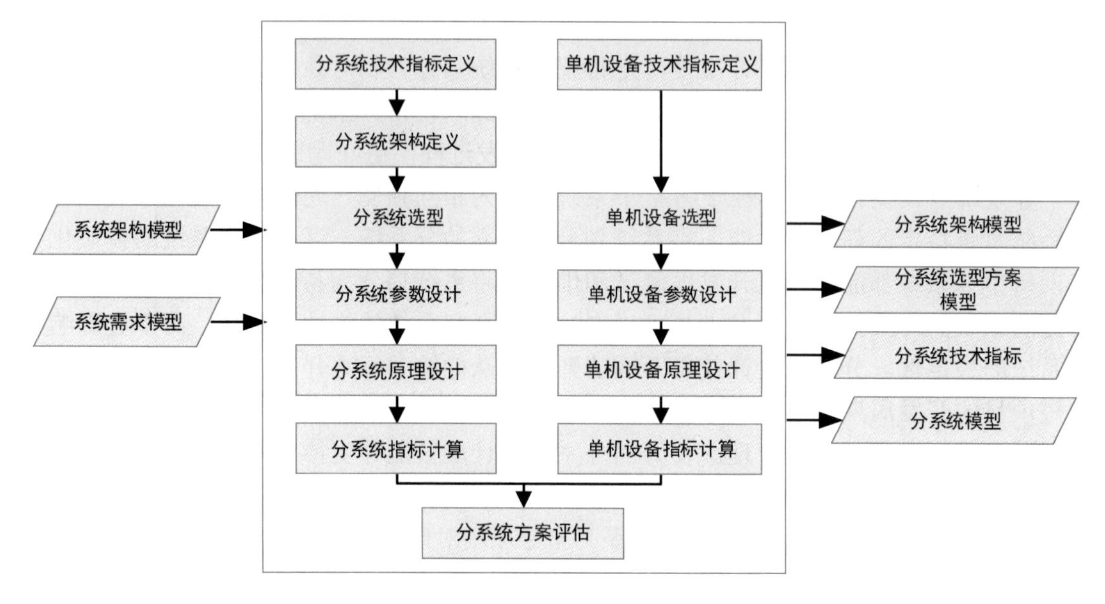

图 6-15　分系统方案设计流程

6.3.2　分系统专项设计

分系统专项设计主要用于开展分系统、组件或者某专业或专项功能的方案设计工作，在客观的研发过程中，各研制单位在分系统、组件等层面往往已经形成了充分的积累，主要产品已经完成了系列化沉淀，底层元器件成熟甚至已经实现了货架化，在这种情况下，分系统专项设计的主要工作是选型，以及在选型基础上进行适当的参数优化，具有模块化、参数化快速设计的能力。

针对上述情况，这里介绍的分系统专项设计模块提供了参数化、设计仿真集成的专项快速设计能力，以元器件、单机设备、分系统的 Modelica 仿真模型为基础，能够将各专项 Modelica 仿真模型转化为产品选型、参数调整、指标快速计算的设计工具模块。针对动力、电气、结构、信息流、控制等专项，结合系统架构、各专业、各分系统或者单机设备的可复用模型库，实现各专业功能、性能模型的细化。多专业设计活动具体示例如图 6-16 所示。

复杂装备系统研制过程中，系统整体架构一般根据其具体任务进行定制化创新研发，而分系统往往具有相似的模块化分解方式。例如，不同航天器系统的动力、电气、结构、信息流、控制等分系统往往具备相似的实现方式，伴随长期研制的经验积累，各专业研制单位可能已经形成了谱系化、模块化的产品，因此具有很好的继承、复用能力。

Modelica 仿真模型中承载了动力、电气、结构、信息流、控制等的物理原理，基于 Modelica 语言的分系统、组件模型库具有与产品谱系化、模块化相匹配的架构与内容，因此选择 Modelica 仿真模型作为分系统专项设计的核心计算资源，能够支持各专项功能的选型设计，如航天器动力推进专项设计中的发动机选型、贮箱选型，航天器电气专项设计中的太阳翼帆板选型、电池选型等。

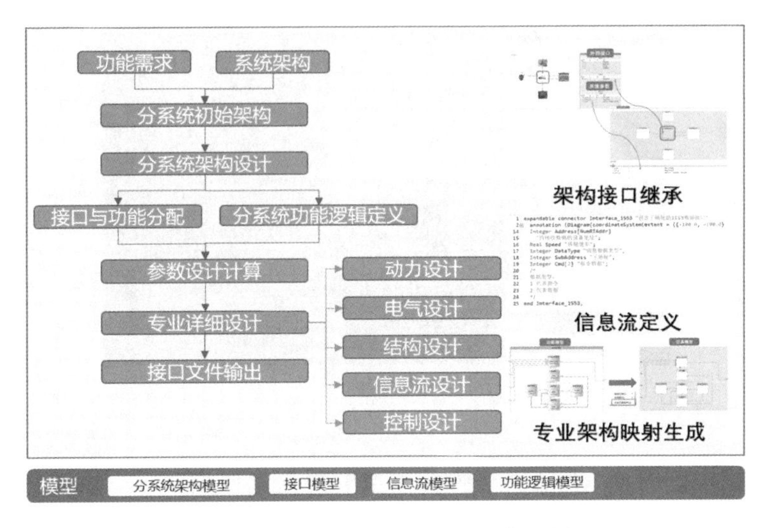

图 6-16　多专业设计活动具体示例

Modelica 仿真建模过程不属于本书的内容范畴，因此本书不再对其进行详细描述，具体可参阅本系列其他教材。

在完成各分系统、组件的 Modelica 建模后，可以将其导入 MWORKS.Sysbuilder 中，作为分系统的设计模板。根据某类具体装备系统的典型组成方式，可以将各种分系统的设计模板按照系统结构树进行整体组织、管理，并为每个节点提供专用的可视化交互界面。在该界面中，可以选择不同的分系统形式、原理、模板，然后开展产品谱系、模板的选择和调用。

以某航天器的控制系统设计专项设计为例，其中包含动力学设计、执行机构、测量敏感器三大类。以动力学设计中的太阳翼帆板为例，Modelica 仿真模型能够支撑三种不同类型的太阳翼帆板，可根据具体情况进行设备选型，如图 6-17 所示。也可在不同系统方案模型中分别选用其中的不同模板，形成并行的多种设计方案，分别完成设计后，在软件中完成对比、权衡。

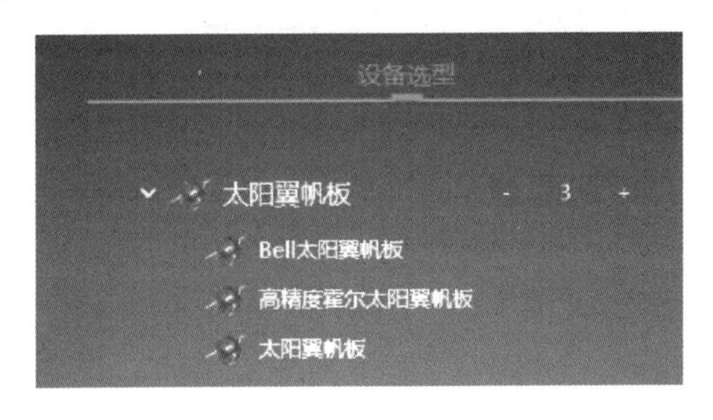

图 6-17　专项设计界面

还可以查看每种太阳翼帆板的技术指标，例如，选择 Bell 太阳翼帆板，查看其质量、电功耗、热耗等技术指标，方便根据需求进行初步选型，如图 6-18 所示。

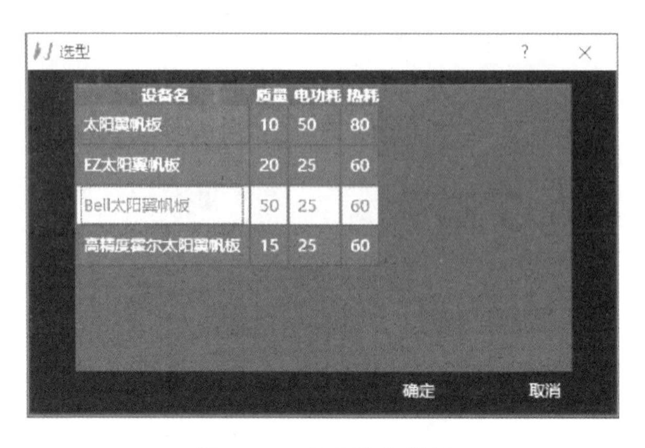

图 6-18　查看技术指标

选型之后，可以进一步根据分系统、组件的指标和需求，结合选型设计确定的专项基本模型，调整指标值。

基于系统总体架构，将动力、电气结构、信息流、控制等各分系统方案集成，形成完整的系统总体方案。在设计一览页面中将会显示分系统方案的各项指标，如图 6-19 所示。

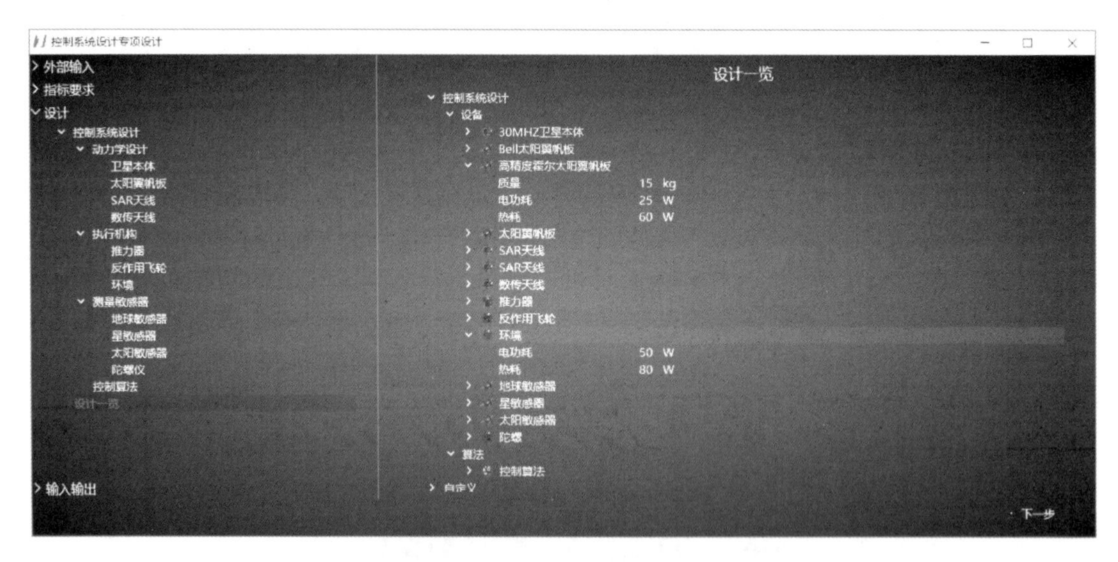

图 6-19　设计一览页面

6.3.3　分系统方案评估

在完成分系统的选型和参数设计之后，接下来可以进行仿真模型的驱动以开展分系统方案的评估。这一过程主要包括约束模型的检查和仿真模型的验证等。这些内容的技术路线和操作过程，与系统级约束检查和仿真验证时所采用的路线和过程是一致的。这方面的详细内容，请参阅本书后续的相关章节。

6.4 可行性论证

在系统工程领域，MBSE 方法被广泛应用于设计、开发和验证复杂系统的方案。其中，可行性论证是确保系统满足需求并能够成功实现的重要步骤之一，其主要活动如图 6-20 所示。本节将详细描述 MBSE 方法中可行性论证的关键内容，包括需求追溯性分析、需求覆盖性分析、约束模型验证。

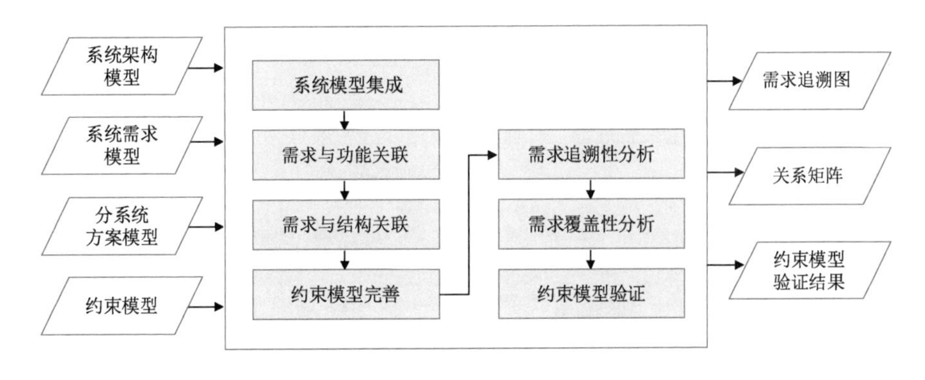

图 6-20 可行性论证的主要活动

6.4.1 需求追溯性分析与需求覆盖性分析

需求追溯性分析是指跟踪和确认系统需求从其来源到最终实现的过程。在 MBSE 方法中，通过建立系统需求模型和系统架构模型的关联，可以实现自动化的需求追溯。具体而言，可以通过定义需求间的层次关系、依赖关系和关联关系等来建立模型间的链接。通过对模型进行分析和验证，可以跟踪需求的变化，并确保系统设计与需求的一致性。

需求覆盖性分析是指验证系统方案是否能够满足系统需求。在 MBSE 方法中，可以通过建立系统需求模型和系统架构模型之间的映射关系来实现需求覆盖。通过对系统架构模型进行仿真、分析和验证，可以评估系统方案是否满足各项需求。此外，还可以借助模型检查工具和自动化测试工具来辅助需求覆盖的验证过程。

以某深空探测工程系统为例，图 6-21 所示为系统需求的关系矩阵，图 6-22 所示为与关系矩阵功能相似的需求追溯图。

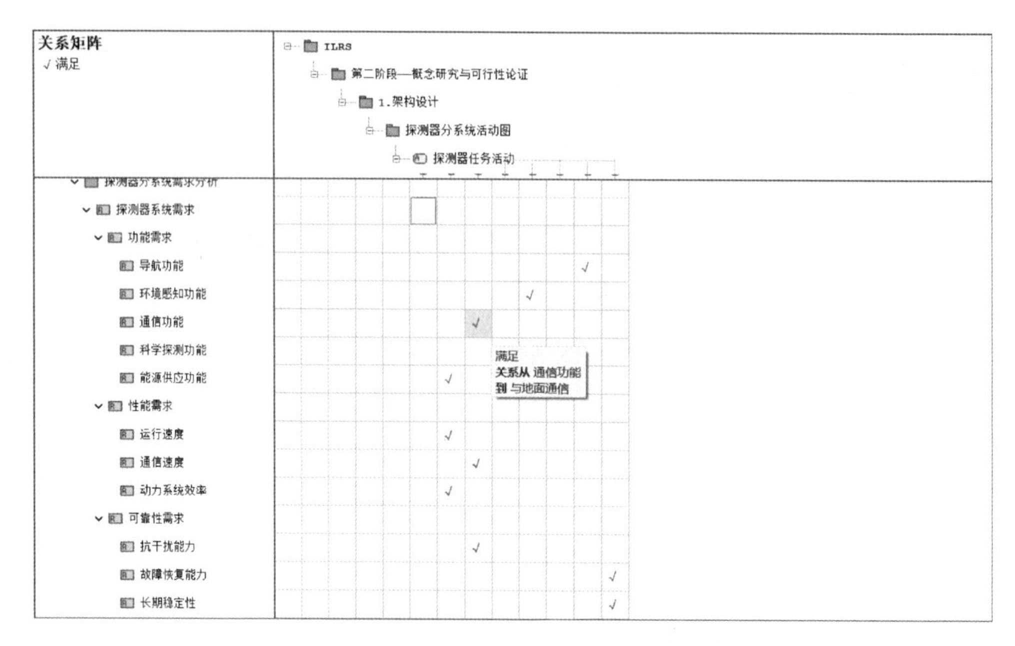

图 6-21　关系矩阵

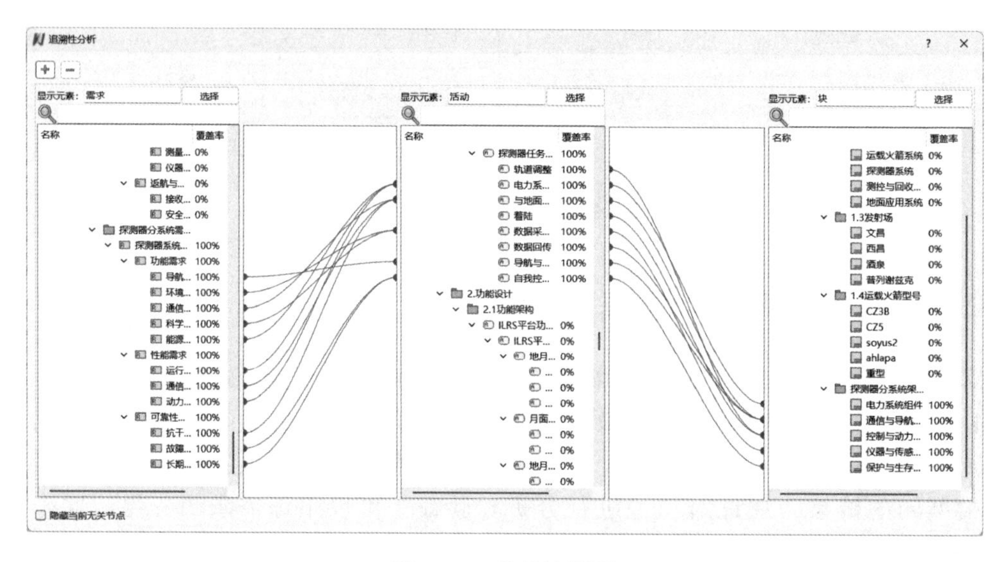

图 6-22　需求追溯图

6.4.2　约束模型验证

如前所述，可以通过约束模型对系统各类资源、参数的满足关系进行验证，也可以进行各项需求、技术指标的初期验证评估。

在 MBSE 方法中，可以使用参数图来表示系统架构模型中的参数和变量之间的关系。通过对参数图进行计算和仿真，可以获得系统方案的性能指标，并以此来评估系统的可行性。

约束模型本质上也是参数图的一种变种，都是以公式化的形式描述系统参数、各类技术指标的约束关系。MWORKS.Sysbuilder 通过树状图+节点的形式能够将约束模型进行层级化的展示，从而形成更直观的模型结构，便于模型组织与信息传递。在约束模型内部，可以通过公式编辑和拖动式关联实现约束模型的定义，建模方式更加方便易用。

本章小结

在 MBSE 方法中，系统架构定义与可行性论证阶段是系统设计的初期阶段。本章介绍了系统架构设计、分系统方案设计和可行性论证等工作，并以某深空探测工程系统作为案例进行了具体的阐述。通过系统架构定义对系统的整体结构和组成进行定义与设计，并规定了系统内部和外部组件之间的接口规范；通过分系统方案设计对系统的不同功能模块进行详细设计和划分；通过对系统模型进行可行性论证，建立了系统架构模型与系统需求模型之间的关联，评估了系统方案的可行性。本章的目标是为读者提供系统性的方法，帮助他们在设计的初期阶段进行深入的可行性论证，为整个系统工程的成功打下坚实的基础。

第7章 运行方案仿真与综合评估

7.1 概述

在运行方案仿真与综合评估阶段，以系统架构设计为目标，首先开展总体架构设计，并行论证各个分系统详细设计方案，结合已经建成的技术和平台基础，设计系统的阶段性运行方案，构建多阶段系统任务与系统模型，开展多任务、多层级的总体可行性论证，最终输出可行性方案。

设计与仿真一体化是 MBSE 工具发展的目标之一，也是新版 SysML 2.0 规范的主要提升点（目前尚未发布）。设计与仿真一体化技术的实现，有助于在系统设计的同时，实现系统需求、技术指标、设计参数与约束条件的快速仿真验证，保证系统设计方案的正确性、合理性。基于同样的目标，MWORKS.Sysbuilder 集成了自研的 MWORKS.Sysplorer 内核，能够将用于架构设计的 SysML 模型数据与 Modelica 模型数据相关联，驱动生成仿真模型框架，并使用仿真结果验证系统需求的实现情况，实现由 SysML 模型驱动的 Modelica 模型的生成与仿真验证。运行方案仿真与综合评估阶段主要活动如图 7-1 所示。

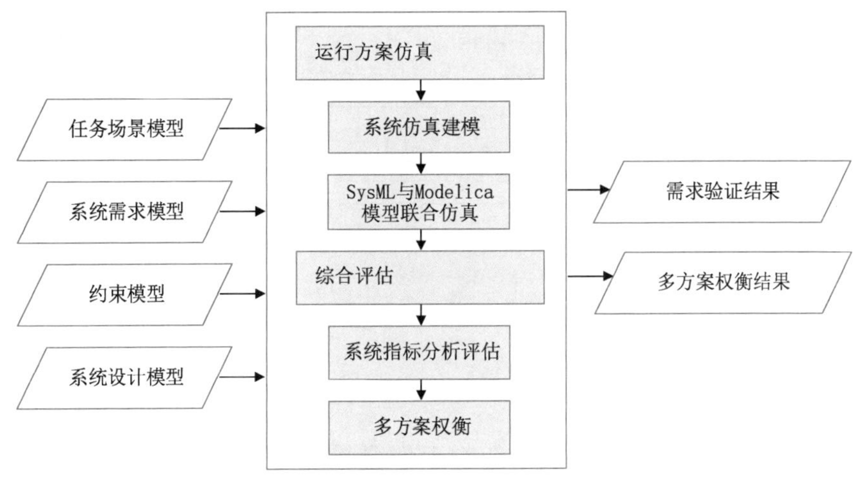

图 7-1　运行方案仿真与综合评估阶段主要活动

本书采用 SysML 系统架构设计模型与 Modelica 系统物理仿真模型相结合的形式完成系统运行方案的仿真验证与综合评估。例如，通过对行为图中描述的系统功能进行仿真，实现系统功能模型的整体评估。利用 Modelica 模型对系统动、静态的多领域机理进行验证，从而完整地评价系统方案对系统需求和技术指标的满足情况。

7.2 运行方案仿真

运行方案仿真的目标如下。

（1）构建系统实施方案视图。面向科学与工程目标，基于系统架构模型，建立系统建设的多阶段运行模型，针对各个分系统分别开展专项设计工作，各团队并行开展运行方案仿真，并进行模型集成，支持系统实施方案的论证与评估。

（2）开展多方案权衡。根据总体使命任务、需求定义以及各分系统功能要求，构建全任务场景的测试案例与评估方法，描述各具体任务过程的目标、环境、过程、指令、参数以及对应的系统响应情况，定义总体功能效能的评估标准与方法，基于系统功能模型、专业仿真模型库，通过仿真结果与技术指标的相互验证，开展多方案对比与权衡。

（3）确定分系统的评估标准与方法。以总体和系统架构确定的系统上下文信息和功能要求为输入，定义分系统的指标，描述系统验证指标与总体指标之间的关系，基于分系统的多领域模型、专业详细模型进行虚拟仿真验证，开展各分系统或模块的方案验证与评估。

运行方案仿真的主要活动如图 7-2 所示。

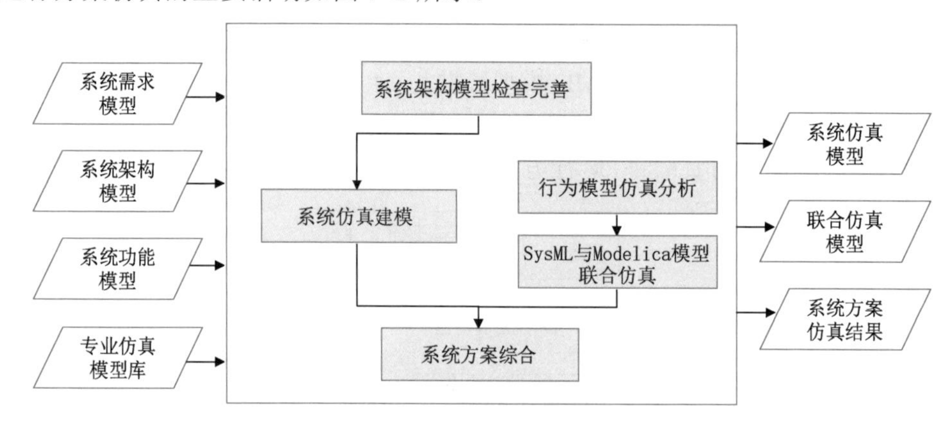

图 7-2　运行方案仿真的主要活动

下面主要介绍系统仿真建模和 SysML 与 Modelica 模型联合仿真。

7.2.1　系统仿真建模

采用 Modelica 语言，可以实现系统物理部分的仿真建模，根据系统架构定义，对各分系统的物理机理进行扩充描述，从而实现对系统功能、性能的综合验证。

1. Modelica 模型的特点

（1）多领域耦合建模

采用代数微分方程描述各专业的原理，包括机械、电气、液压、控制、通信等专业，对模型方程组进行统一仿真求解时，由于各专业方程的变量存在耦合交互，因此，可充分考虑各专业之间的相互动态影响。

（2）基于能量流的变量传递

基于广义基尔霍夫定律（端口所有势变量相等、端口所有流变量之和为零），实现不同专业模型之间变量的传递，由基于数据流的单向变量传递，转变为基于能量流的双向变量传递。变量传递方向在求解过程中自动推导，无须人为约束。

（3）基于物理拓扑结构建模

由算法建模方式转变为物理建模方式，模型的接口与物理接口对应，模型的连接与物理拓扑结构一致。一方面，当工况和系统边界条件发生变化时，模型组件及模型连接关系不会发生变化；另一方面，可以做到组件级和系统级的模型重用。

（4）基于方程的物理原理建模

模型代码与物理原理方程一致。一方面模型具备更强的可读性，由模型代码可以直观反映出物理原理；另一方面，工程师在建模过程无须关心模型求解与算法设计，提升了建模效率，降低了建模门槛。

（5）离散、连续统一建模

模型在某些事件点处会发生状态变化，采用 Modelica 语言可在模型中同时描述连续变化和离散的事件，无须针对多个状态切换的场景分开建模，实现连续、离散统一建模。

2. 建模过程

MWORKS.Sysbuilder 能够将 Modelica 模型导入系统架构模型中，将系统仿真模型的输入、输出参数与系统架构模型的需求、参数相关联，通过设计参数驱动系统仿真模型运行，通过仿真结果验证系统需求，并且能够实现约束模型的自动检查，其过程如下。

（1）外部模型导入

首先，应用 Sysbuilder 提供的“导入设计模板”功能，如图 7-3 所示，将 Modelica 模型导入系统架构模型中，利用系统内置的 Modelica 编译求解内核进行解析，能够获得 Modelica 模型的参数、变量，并能够与系统架构模型参数、系统需求模型参数进行统一显示与管理，能够完成参数编辑、结果查看等操作。

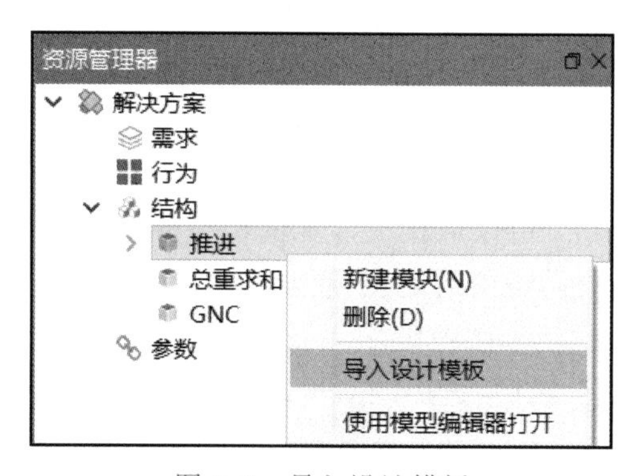

图 7-3　导入设计模板

（2）参数关联与快速验证

将系统仿真模型与某个系统组成模块关联之后，可以进一步将 Modelica 模型的具体参数、变量与系统架构模型相关联，将系统架构模型参数输入 Modelica 模型中，将

Modelica 仿真结果与系统需求模型参数相关联，通过仿真结果验证系统需求是否被满足。如图 7-4 所示界面中，提供了 Modelica 模型的编辑工具，不但能够实现各种参数、变量之间的关联映射，还能够调整模型和仿真参数。在右侧“属性列表”窗口中，“外部输入”给出了系统架构模型参数，“外部输出”给出了系统需求模型参数，在下方“模型输入输出”窗口中显示了 Modelica 模型的“输入参数”和“输出参数”。

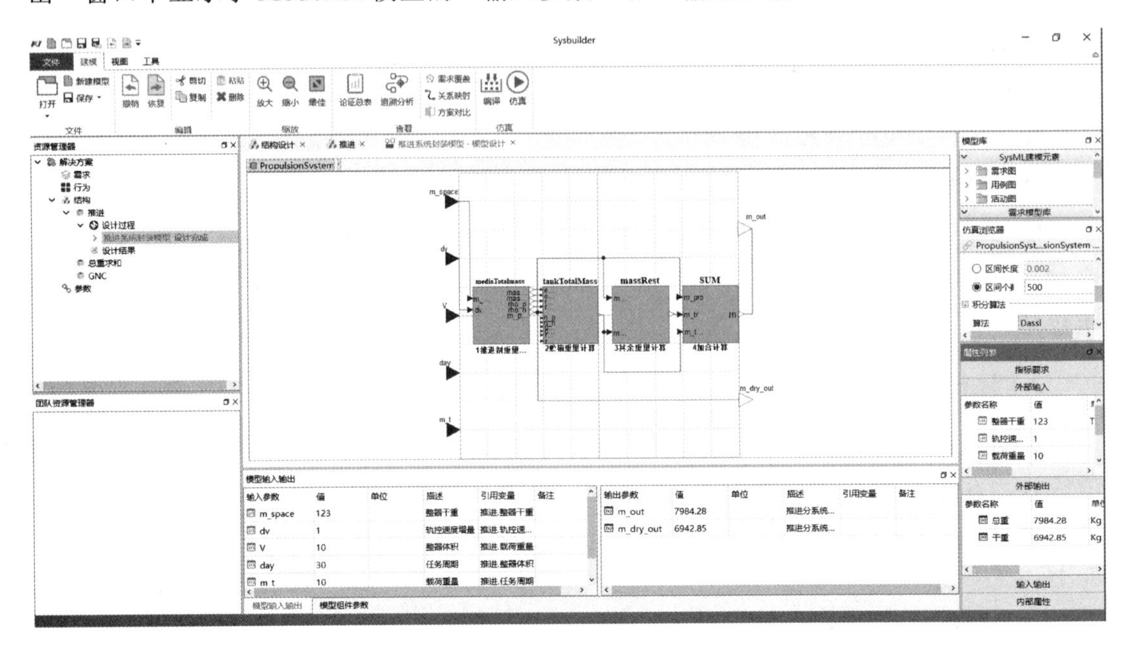

图 7-4　仿真模型

Sysbuilder 内置了 Sysplorer 的 Modelica 仿真求解内核，以拖动的方式可以建立系统架构模型和 Modelica 模型之间的关联，将“属性列表”窗口中的“外部输入”与“模型输入输出”中的“输入参数”相关联，将“属性列表”窗口中的“外部输出”与“模型输入输出”中的“输出参数”相关联。

7.2.2　SysML 与 Modelica 模型联合仿真

为了描述系统运行方案，可以从相关专业的模型库中选择 SysML 模型，定义系统的运行方案，形成可用于仿真验证的活动图模型。

在描述系统运行方案的活动图模型中，我们可以用活动去表达对仿真模型的控制行为。例如，“启动伺服电机”活动，基于 Sysbuilder 提供的功能对“启动”行为进行编程，定义设计与仿真一体化脚本，创建仿真模型联合仿真接口，通过 UDP（用户数据报协议）通信的方式，将控制仿真模型中“伺服电机”组件启动/停止状态的指令信号发送给 Sysplorer，从而实现系统运行方案的设计。

Sysbuilder 与 Sysplorer 设计与仿真一体化交互过程如图 7-5 所示。

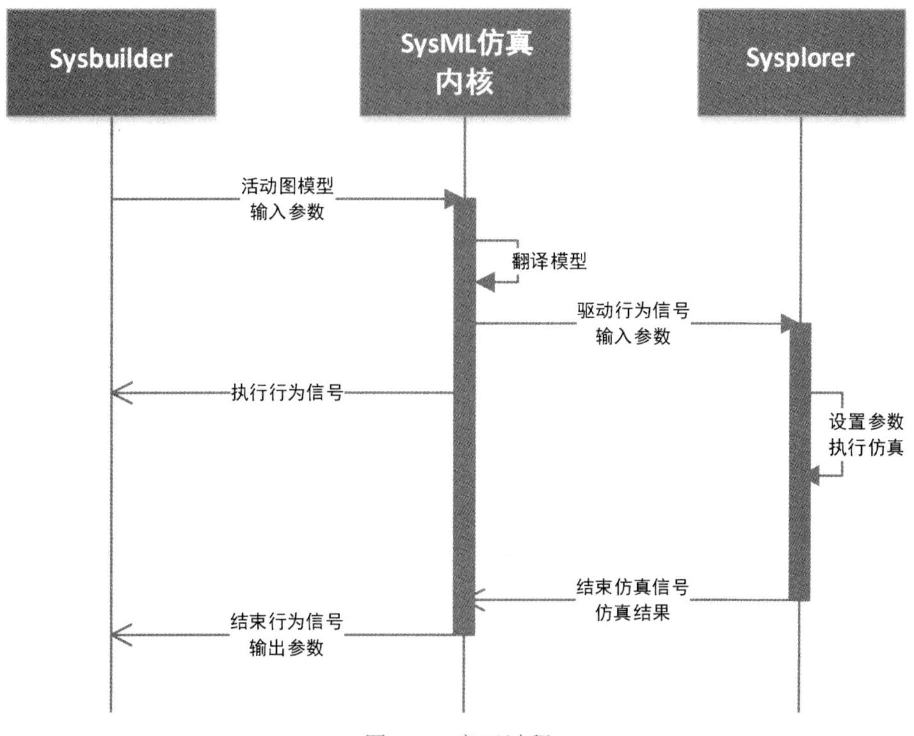

图 7-5　交互过程

（1）选择活动：选择模型库中的模型，定义活动图模型。

（2）定义执行流程：将活动按照系统的执行逻辑用控制流进行连接。

（3）定义参数传递关系：定义活动的输入、输出参数，并用 SysML 对象流连接信号传递关系。

（4）构建通信脚本：基于脚本助手的模板，定义 UDP 通信的 groovy 脚本，以及通信端口和 IP 地址。

（5）关联传递参数：根据 UDP 通信的报文格式，将活动的输入、输出参数与通信脚本的参数进行关联。

（6）定义仿真模型接口：根据通信脚本和传递参数的信息，设计仿真模型的 UDP 通信组件接口，并将组件与仿真模型的接口进行关联。

7.3　综合评估

将系统仿真结果与系统需求、使命任务进行反馈对比，能够分析出系统方案的正确性、合理性。首先根据使命任务定义和需求分析，遴选出系统关键技术指标与重要需求，形成用于系统评估的指标集，然后选定用户指标的评估算法，例如，权重法、帕累托法等，再根据评估算法调用仿真结果数据，通过雷达图、柱状图的形式对评估结果进行可视化分析，完成系统方案综合评估，其主要活动如图 7-6 所示。对多方案并行的情况，可以驱动多个方案的仿真模型并行运行，然后对比多个方案的评估结果，比较其优劣之处，实现多方案权衡。

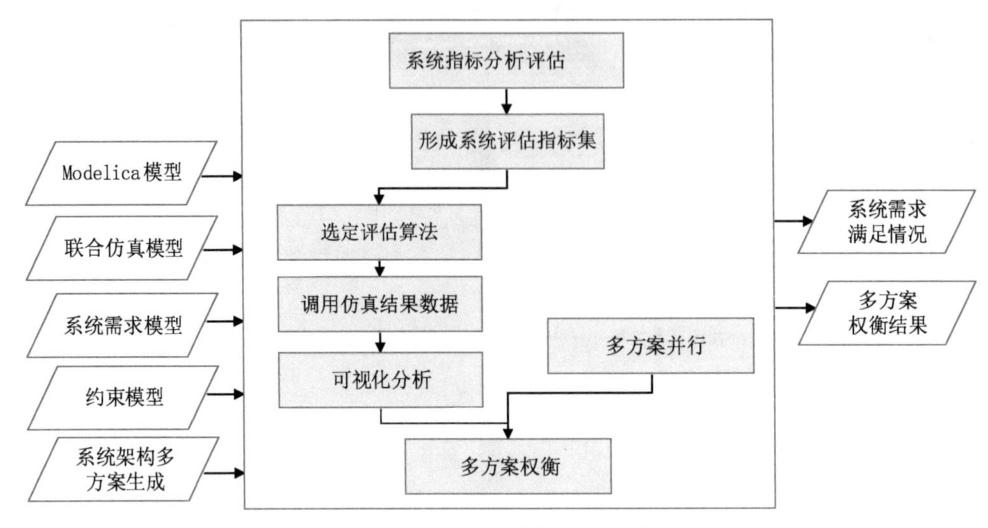

图 7-6 综合评估的主要活动

7.3.1 系统指标分析评估

要进行系统方案综合评估，首先要对设计参数和技术指标进行全面分析，评估方案的可行性、合理性，总体技术指标的可达性等。

系统指标分析评估的输入、处理和输出流程如图 7-7 所示，以系统指标分析条目为输入，首先要确认系统指标分析条目，并基于系统指标分析条目开发对应的仿真评估算法，如效能评估算法、约束指标算法、方案权衡算法等，然后基于仿真模型利用相关评估算法开展系统效能评估、约束指标分析、方案权衡分析等，最后输出分析模型和分析结果。

指标验证既可以通过 Sysbuilder 的约束模块进行验证，也可以通过 Sysplorer 物理模型进行仿真验证，还可以通过外部的 CAD/CAE 仿真计算工具进行计算验证。

指标验证流程如下。

（1）定义指标

将系统的需求进行分类，提取非功能性需求定义为指标要求。

（2）构建约束模型

根据指标要求中对参数的约束关系，通过 Sysbuilder 的约束模块构建反应系统指标和系统参数的对比验证模型。

（3）映射约束输入

通过映射的方式将不同形式的计算验证模型中的输入与约束模型的输入进行关联映射。

（4）指标验证

通过构建静态或动态计算模型，对指标的验证情况进行计算，并显示验证结果。

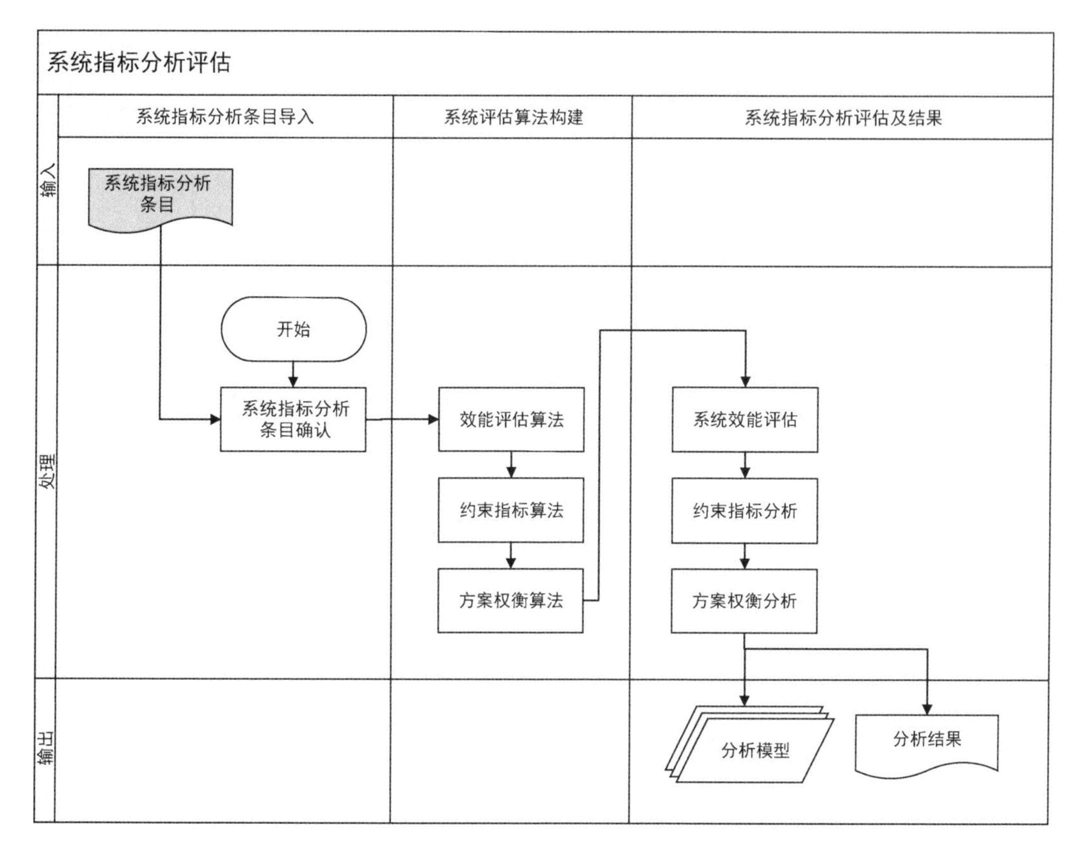

图 7-7　系统指标分析评估的输入、处理和输出

7.3.2　多方案权衡

多方案权衡就是提取系统方案模型中的结构化数据，形成多方案列表，通过可靠性、成熟度、成本、质量、尺寸等指标对方案进行综合评估，辅助人工进行优选。

以 UUV（水下无人航行器）为例，创建一个新实例，在图 7-8 所示对话框中，选择实例类型为 UUV，即可创建 UUV 相关实例。

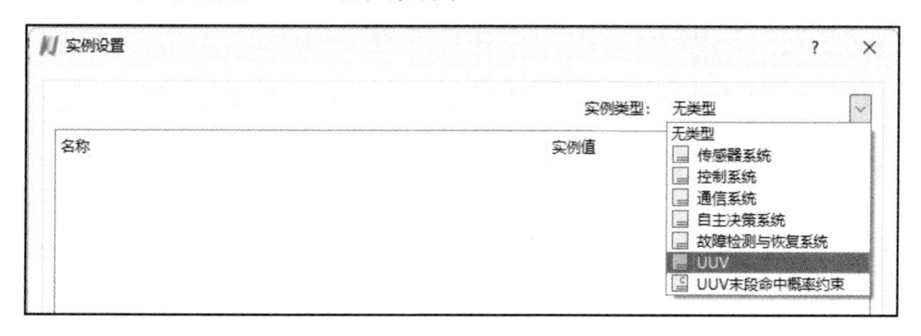

图 7-8　选择实例类型

创建 UUV 相关实例后，通过单击设置实例值，即可得到不同实例值下对应的 UUV，如图 7-9 所示。

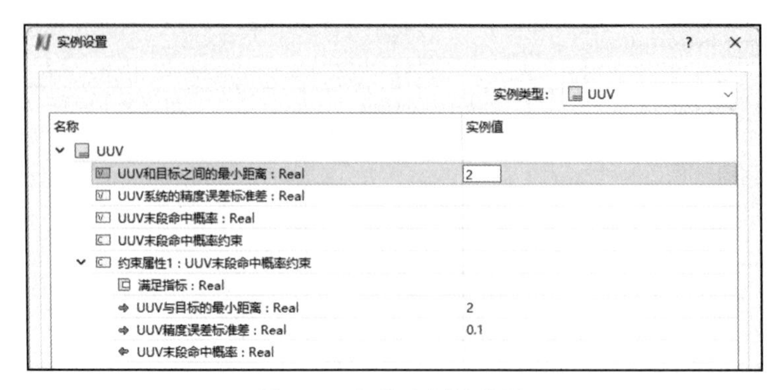

图 7-9　相关实例值设置

重复上述实例创建步骤，即可创建不同指标下的 UUV 实例，即多方案不同指标的 UUV 实例，如图 7-10 所示。

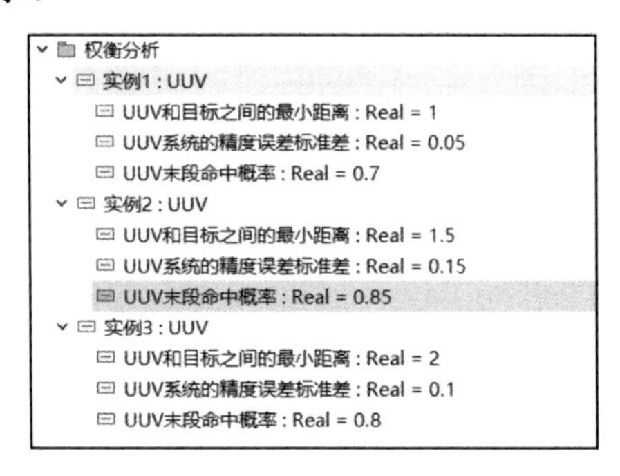

图 7-10　创建多个实例

下面生成 Modelica 仿真框架，首先需要进行 Modelica 原理填充。如图 7-11 所示，右键单击内部模块图空白处，选择“设置 Modelica 仿真框架属性”。

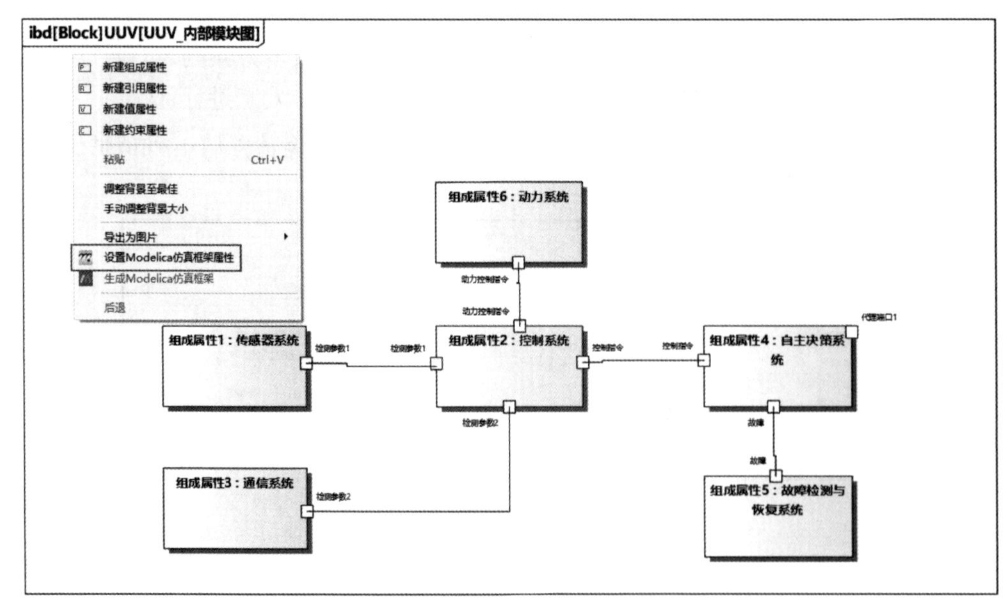

图 7-11　设置 Modelica 仿真框架属性

在弹出的“Modelica 仿真框架属性”对话框中，单击“类型”列右侧的浏览按钮，如图 7-12 所示。在弹出的“模型原理设置”对话框中，如图 7-13 所示，可以加载模型原理库。

Modelica仿真框架属性 ? ×
快速搜索

模块	类型	值/实例
UUV_内部模块图		
UUV和目标之间的最小距离 ...		
UUV系统的精度误差标准差 ...		
UUV末段命中概率：Real		
组成属性1：传感器系统	...	
检测参数1		
组成属性2：控制系统		
检测参数1		
控制指令		
检测参数2		
动力控制指令		

图 7-12 “Modelica 仿真框架属性”对话框

模型原理设置 ? ×
筛选
模型原理库 自定义模型原理 接口和参数
Modelica(Modelica Standard Library (V...
接口名称 接口描述
参数名称 参数类型
确定 取消 应用

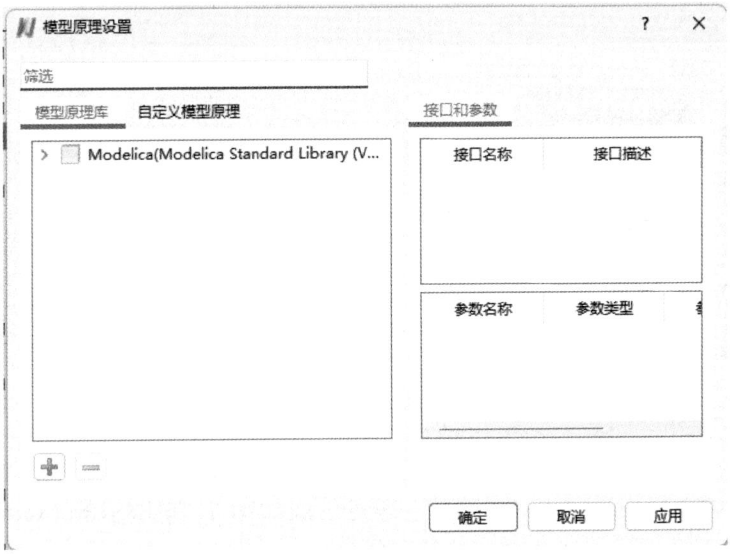

图 7-13 加载模型原理库

模型原理库有两种加载方式，一种为手动加载，另一种为自动加载。手动加载通过单击“+”按钮进行。自动加载通过将相关模型原理库内置在 Sysbuilder 软件相关安装文件夹下实现，用户也可以自定义原理模型。

选择相应的原理模型后，右侧会弹出相关的接口和参数列表，供用户判断是否符合 UUV 相关原理，如图 7-14 所示。

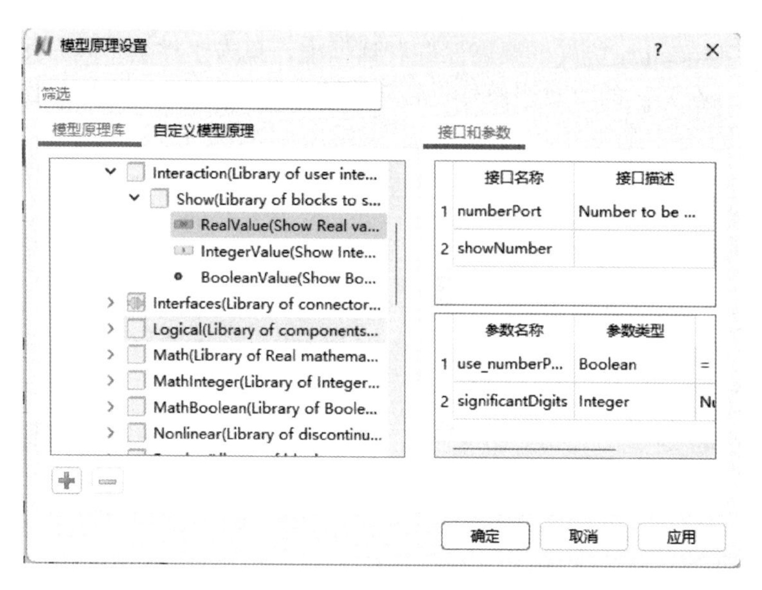

图 7-14　接口和参数列表

选择原理模型后，返回“Modelica 仿真框架属性”对话框，可以通过下拉列表为该模型原理库中所有的相关设备、参数和接口选择原理模型，进行 Modelica 原理填充，如图 7-15 所示。

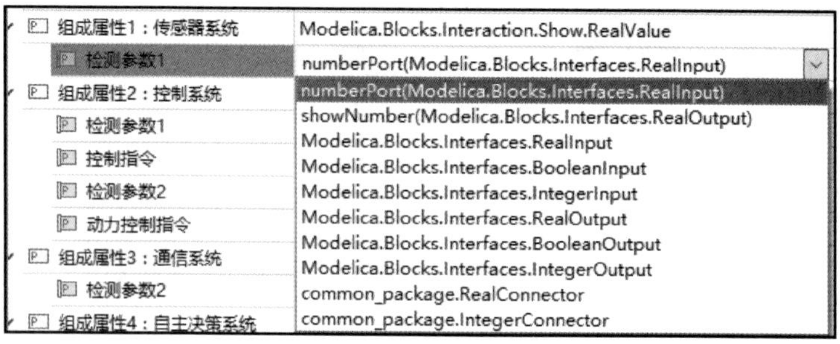

组成属性1：传感器系统　Modelica.Blocks.Interaction.Show.RealValue
检测参数1　numberPort(Modelica.Blocks.Interfaces.RealInput)
组成属性2：控制系统　numberPort(Modelica.Blocks.Interfaces.RealInput)
检测参数1　showNumber(Modelica.Blocks.Interfaces.RealOutput)
控制指令　Modelica.Blocks.Interfaces.RealInput
检测参数2　Modelica.Blocks.Interfaces.BooleanInput
动力控制指令　Modelica.Blocks.Interfaces.IntegerInput
组成属性3：通信系统　Modelica.Blocks.Interfaces.RealOutput
检测参数2　Modelica.Blocks.Interfaces.BooleanOutput
组成属性4：自主决策系统　Modelica.Blocks.Interfaces.IntegerOutput
common_package.RealConnector
common_package.IntegerConnector

图 7-15　为检测参数 1 选择相应原理模型

对 UUV 相关设备、参数和接口进行 Modelica 原理填充后，右键单击内部模块图空白处，选择“生成 Modelica 仿真框架”，即可生成如图 7-16 所示的 Modelica 仿真框架图，并且其中已经填充了相关原理，可以直接进行仿真计算。

在生成 Modelica 仿真框架之后，相关的代码也会自动生成，供用户进行检查、修改、复用等，如图 7-17 所示。

在创建 UUV 相关实例，并为相关设备、接口、参数进行原理填充后，在相关组成属性上右键单击，选择“选择实例”，在弹出的对话框中进行实例选择，如图 7-18 所示。

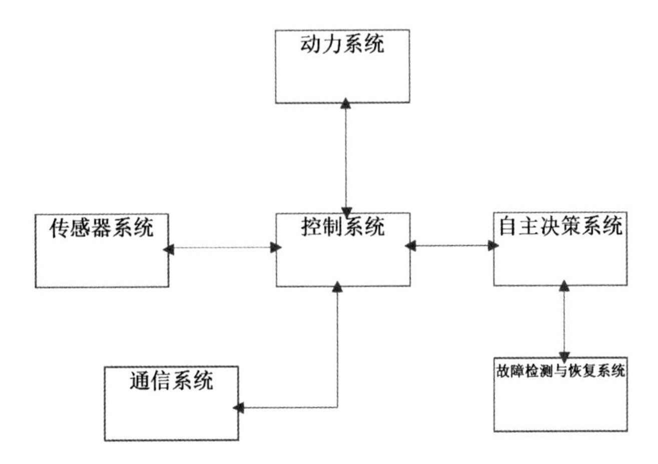

图 7-16　Modelica 仿真框架图

```
1   model UUV
2     parameter Real UUVhe_mu_biao_zhi_jian_de_zui_xiao_ju_li_;
3     parameter Real UUVxi_tong_de_jing_du_wu_cha_biao_zhun_cha_;
4     parameter Real UUVmo_duan_ming_zhong_gai_shuai_;
5     Auto UUVmo_duan_ming_zhong_gai_shuai_yue_shu_ "UUV末段命中概率约束";
6     SysbuilderRootModel.MBSE.UUVmo_duan_ming_zhong_gai_shuai_yue_shu_ yue_shu_shu_xing_1 "约束属性1";
7     SysbuilderRootModel.MBSE.dong_li_xi_tong_ zu_cheng_shu_xing_7 "组成属性7"
8 ⊞     annotation(Placement(transformation(origin = {510.0, 537.0}, [...]
1     SysbuilderRootModel.MBSE.chuan_gan_qi_xi_tong_ zu_cheng_shu_xing_8 "组成属性8"
2 ⊞     annotation(Placement(transformation(origin = {239.0, 336.0}, [...]
5     SysbuilderRootModel.MBSE.kong_zhi_xi_tong_ zu_cheng_shu_xing_9 "组成属性9"
6 ⊞     annotation(Placement(transformation(origin = {510.0, 336.0}, [...]
9     SysbuilderRootModel.MBSE.tong_xin_xi_tong_ zu_cheng_shu_xing_10 "组成属性10"
0 ⊞     annotation(Placement(transformation(origin = {317.0, 168.0}, [...]
3     SysbuilderRootModel.MBSE.gu_zhang_jian_ce_yu_hui_fu_xi_tong_ zu_cheng_shu_xing_11 "组成属性11"
4 ⊞     annotation(Placement(transformation(origin = {755.0, 176.0}, [...]
7     SysbuilderRootModel.MBSE.zi_zhu_jue_ce_xi_tong_ zu_cheng_shu_xing_12 "组成属性12"
8 ⊞     annotation(Placement(transformation(origin = {755.0, 336.0}, [...]
1 ⊞   annotation([...]
8   equation
9     connect(zu_cheng_shu_xing_7.dong_li_kong_zhi_zhi_ling_, zu_cheng_shu_xing_9.dong_li_kong_zhi_zhi_ling_)
0       annotation(Line(origin = {513.000000, 497.000000}, points = {{0.0, 0.0}, {0.0, -121.0}, {1.0, -121.0}},
1     connect(zu_cheng_shu_xing_10.jian_ce_can_shu_2, zu_cheng_shu_xing_9.jian_ce_can_shu_2)
2       annotation(Line(origin = {392.000000, 163.000000}, points = {{0.0, 0.0}, {111.0, 0.0}, {111.0, 133.0}},
3     connect(zu_cheng_shu_xing_9.kong_zhi_zhi_ling_, zu_cheng_shu_xing_12.kong_zhi_zhi_ling_)
4       annotation(Line(origin = {585.000000, 340.000000}, points = {{0.0, 0.0}, {95.0, 0.0}}, color = {0, 0, 2
5     connect(zu_cheng_shu_xing_12.gu_zhang_, zu_cheng_shu_xing_11.gu_zhang_)
6       annotation(Line(origin = {757.000000, 296.000000}, points = {{0.0, 0.0}, {0.0, -20.0}, {2.0, -20.0}, {2
7     connect(zu_cheng_shu_xing_9.jian_ce_can_shu_1, zu_cheng_shu_xing_8.jian_ce_can_shu_1)
8 ⊞     annotation(Line(origin = {375, 338}, [...]
1   end UUV;
```

图 7-17　Modelica 仿真框架代码

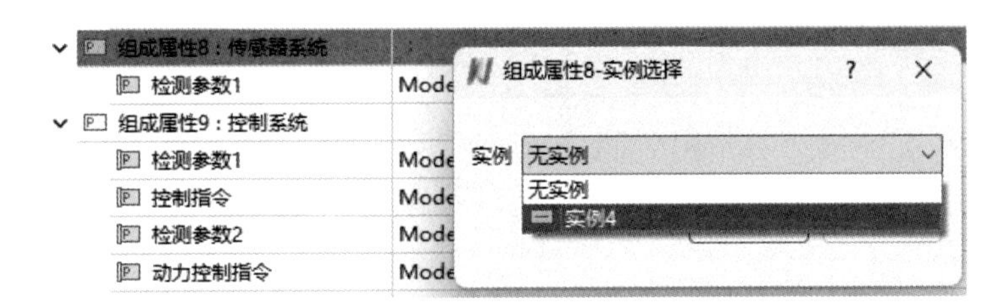

图 7-18　选择实例

选择不同的实例，会自动将多个指标进行修改，然后根据不同实例的方案组成、参数定义计算出对应的系统功能、性能指标，多个方案的计算结果可以用图表对比的方式进行直观比较，以辅助用户决策，如图 7-19 所示。

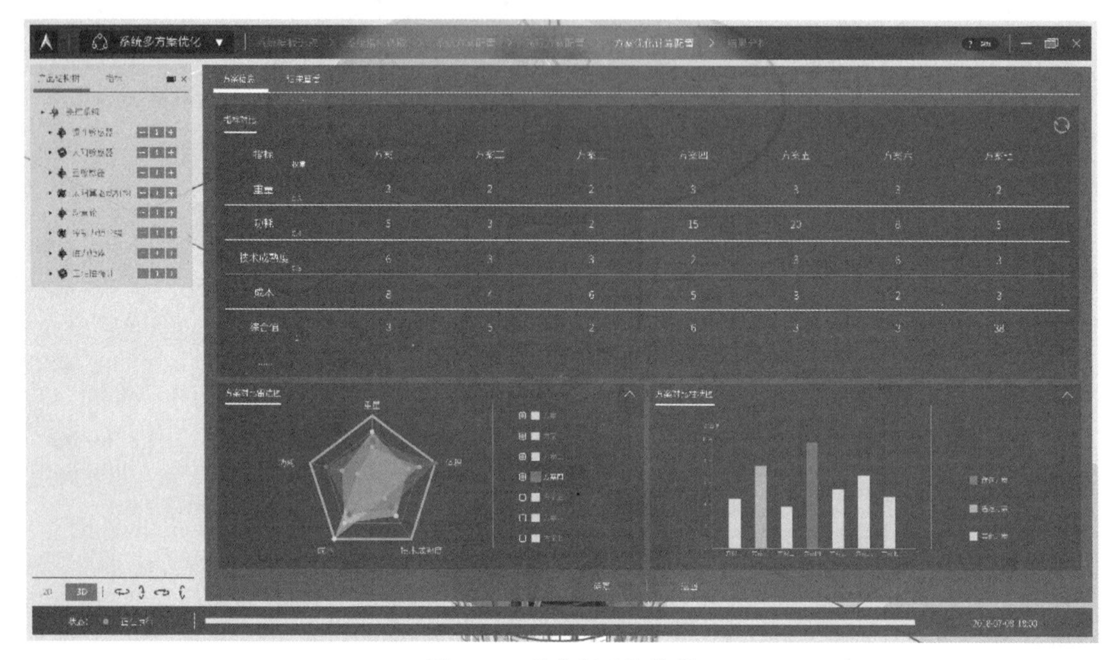

图 7-19　多方案对比结果

本 章 小 结

在运行方案仿真与综合评估阶段，通过 Sysbuilder 和 Sysplorer 实现设计与仿真一体化交互，并在此基础上对运行方案设计参数和技术指标进行全面分析，评估方案的可行性、合理性，验证总体技术指标。针对多种运行方案，可以提取模型中的结构化数据进行综合评估，优选出最佳方案。

第 8 章

应用案例

8.1 概述

火星车与地球卫星或月球探测器相比，其光照强度、温度变化、空间粒子辐照等飞行环境以及飞行任务都有很大的不同，这就要求火星车能够适应各阶段的空间环境变化，从而可靠地完成火星探测任务。火星车具有面临的环境新、接口多、研制任务重、过程复杂等特点，为了在设计、综合测试等阶段更好地掌握火星车的工作状态和性能指标，需要进行火星车系统的快速方案论证。本章基于前面介绍的“三阶段六过程”MBSE 方案设计论证方法，针对火星车系统，开展使命任务定义与需求分析、系统架构定义与可行性论证及运行方案仿真与综合评估全流程案例应用，提供一整套 MBSE 实践案例。

8.2 使命任务定义与需求分析

8.2.1 使命任务定义

在使命任务定义方面，需要明确火星车在任务中的角色和使命。这包括对探测对象的明确定义，例如，火星表面的地质特征、岩石样本或者周围环境等。同时，还需要清楚地定义探测任务的目标和范围，例如，是否要寻找生命迹象、研究火星气候变化等。此外，还需要明确探测的时间范围，即火星车需要在多长时间内完成任务。通过明确这些因素，可以确保对火星车任务的整体理解一致，并为后续的需求分析提供基础。本案例以最简单的用例分析为主，目的是通过较为通俗易懂的语言和过程，让读者明白使命任务定义过程。如图 8-1 所示为火星车的典型使命任务定义用例，包括两个参与者和 4 个用例，以火星车作为系统边界，即内外部边界，对外与地面控制中心进行数据交互和通信，对火星表面进行图像拍摄及采样等活动。

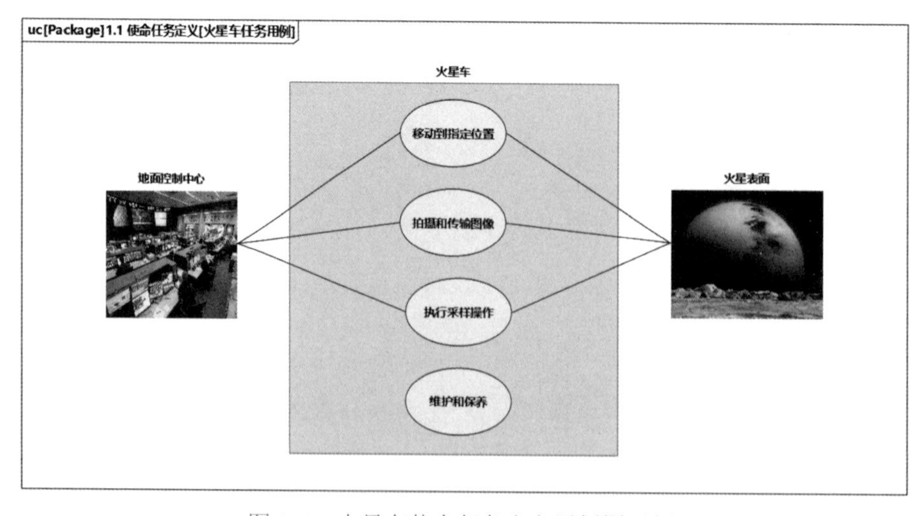

图 8-1　火星车使命任务定义用例图示例

参与者：地面控制中心、火星表面。

用例：移动到指定位置、拍摄和传输图像、执行采样操作、维护和保养。

8.2.2 需求分析

在需求分析方面，需要对火星车的各项功能进行详细的分析和规划。例如，对导航功能，火星车需要能够准确地定位自身位置，并规划和执行路径。这可能涉及使用惯性测量单元（IMU）或星载导航系统来获取位置信息，同时结合火星表面地图数据进行路径规划。此外，还需要考虑避障功能，即火星车能够识别遇到的障碍物，并避免碰撞和损坏。可以采用激光雷达、摄像头等传感器来实现障碍物检测，并结合路径规划算法来实现避障。

另外，火星车还需要具备采样功能。这意味着它能够获取火星表面的样本，如土壤、岩石等，以供科学研究分析。为了实现采样功能，火星车可能需要配备特殊的工具，如钻孔设备、采样臂等。此外，还需要考虑样本的存储和保护机制，以确保采集到的样本在返回地球之前保持完整和可靠。

通信功能也是火星车不可或缺的一项需求。火星车需要与地球进行有效的通信，以传输数据、接收指令或发送状态报告。由于火星与地球之间的通信延迟较大，需要考虑传输协议的设计和优化，以确保通信的稳定和可靠性。同时，还需要考虑通信设备的功耗和天线方向控制等因素，以满足火星车在任务执行期间的通信需求。本案例将火星车系统的功能分为两大类，可能包含或者部分包含上述需求，同理，希望用较为简单的示例讲清楚需求过程。

如图 8-2 所示为依据火星车用例分析得到的火星车系统需求分解图，包括功能需求和性能需求，对于其他需求，感兴趣的读者可以自己动手进行扩展和丰富。完成系统需求分解后，可以通过分析使命任务定义对火星车的具体功能与性能进行进一步的分析和定义，包括功能需求的补充说明以及性能需求的具体数值等。火星车系统需求分析图如图 8-3 所示。

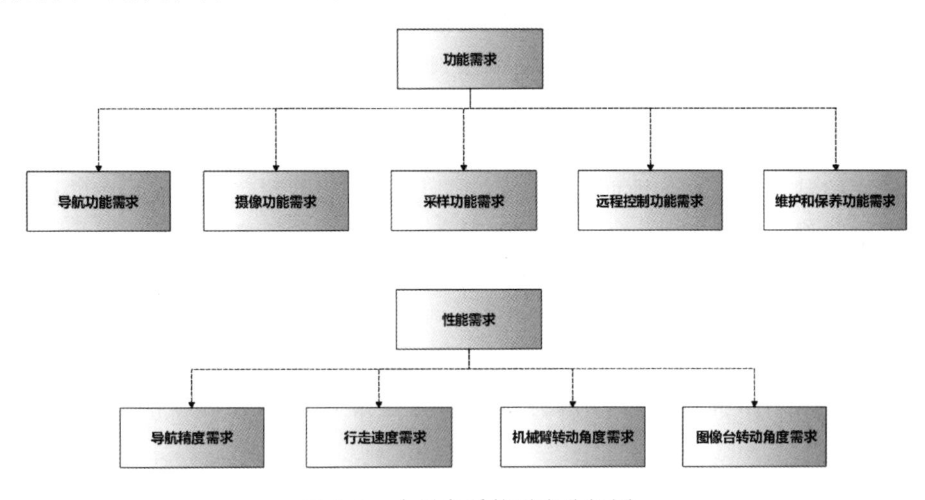

图 8-2　火星车系统需求分解图

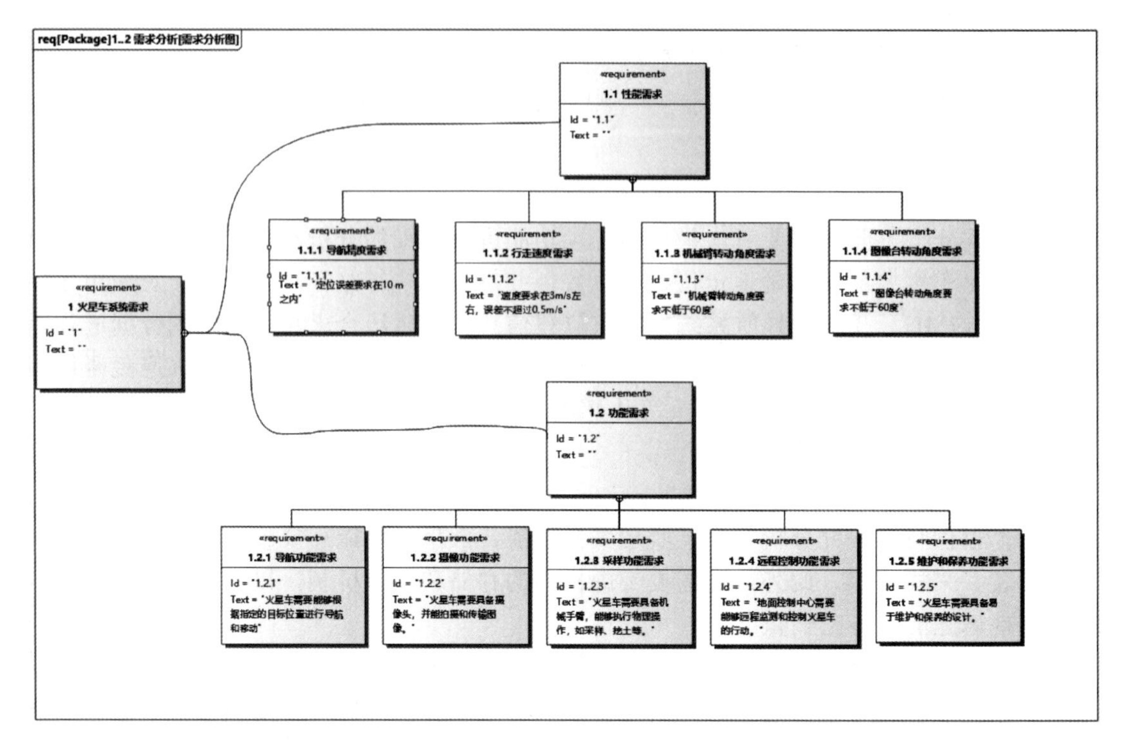

图 8-3　火星车系统需求分析图

性能需求包括以下内容。

① 导航精度需求：定位误差要求在 10m 之内。

② 行走速度需求：速度要求在 3m/s 左右，误差不超过 0.5m/s。

③ 机械臂转动角度需求：机械臂转动角度要求不低于 60 度。

④ 图像台转动角度需求：图像台转动角度要求不低于 60 度。

功能需求包括以下内容。

① 导航功能需求：火星车需要能够根据指定的目标位置进行导航和移动。

② 摄像功能需求：火星车需要具备摄像头，并能拍摄和传输图像。

③ 采样功能需求：火星车需要具备机械手臂，能够执行物理操作，如采样、挖土等。

④ 远程控制功能需求：地面控制中心需要能够远程监测和控制火星车的行动。

⑤ 维护和保养功能需求：火星车需要具备易于维护和保养的设计。

在进行使命任务定义与需求分析时，需要与各个相关团队和利益相关方进行充分的交流与沟通，这包括科学家、工程师、项目经理等。通过开放、协作的方式，可以获得更多的信息，从而更好地理解任务的需求。此外，还需要对整个过程进行迭代和优化，以不断提高需求规格的质量和完整度，并指导后续的设计、开发和测试工作。

8.3 系统架构定义与可行性论证

8.3.1 功能分析

在系统架构定义阶段，首先需要明确火星车系统的目标和任务。火星表面的地质特征收集、生命迹象探测、环境研究等都可能是火星车系统的任务之一。通过与科学家、工程师和项目经理等的密切合作，可以确定火星车系统需要具备的主要功能和性能要求。这些功能包括导航、避障、采样、通信等，而性能要求则涉及火星车的速度、精确度、稳定性等方面。基于 8.2 节开展的使命任务定义与需求分析，对黑盒用例继续进行细化，即利用 SysML 中的活动图、序列图和状态机图对黑盒用例进行细化和分解，形成从黑盒到白盒的扩展。本案例只对分系统层级任务进行细化，感兴趣的读者可以基于本案例继续进行更低层级的功能分解，继续深入熟悉 SysML 中行为模型的使用方法和语法语义。

完成使命任务定义和需求分析之后，通过对分系统层级用例进行细化，得到更具体的活动图。以典型的火星表面移动探测任务执行过程为例，可以将其分解为多个活动，包括确定目标位置、接收导航命令、移动火星车、判断当前位置、接收远程操作指令、检测图像采集需求、启动摄像头、获取图像数据、对图像进行处理、判断是否需要传输图像、检测采样需求、定位目标样本、启动机械手臂、移动机械手臂到目标位置、判断是否成功抓取样本、返回火星数据等，如图 8-4 所示。

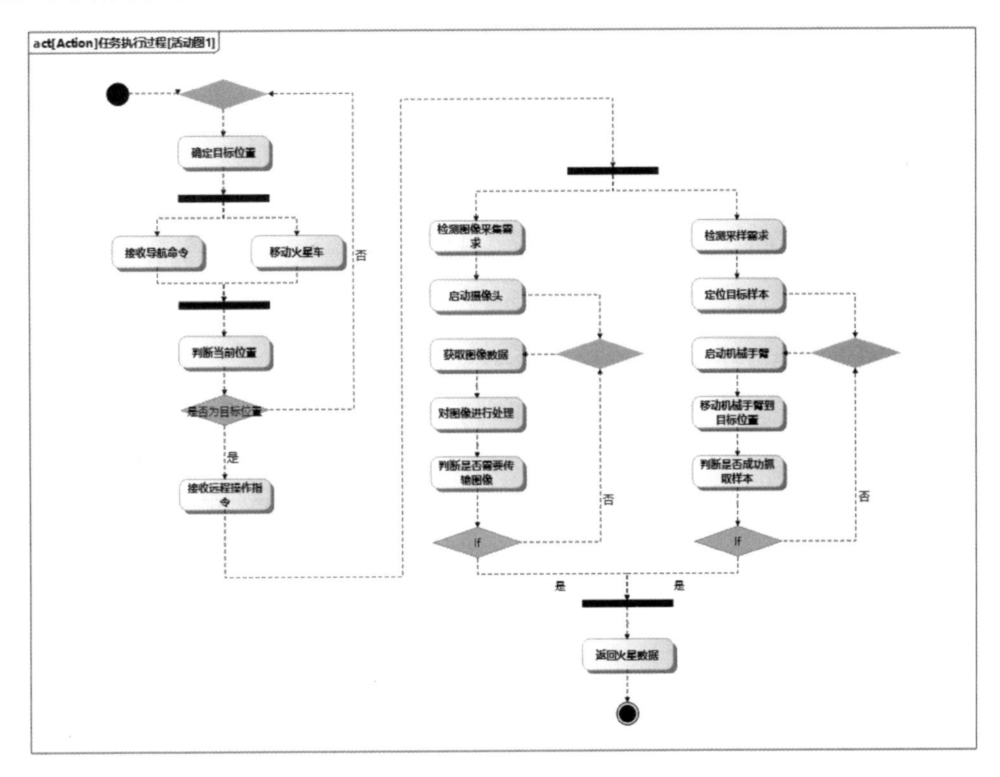

图 8-4 活动图示例

如图 8-5 所示为通信与数据传输过程的序列图。通过序列图，可以更好地理解用例所描述的业务流程中各个对象之间的交互关系。

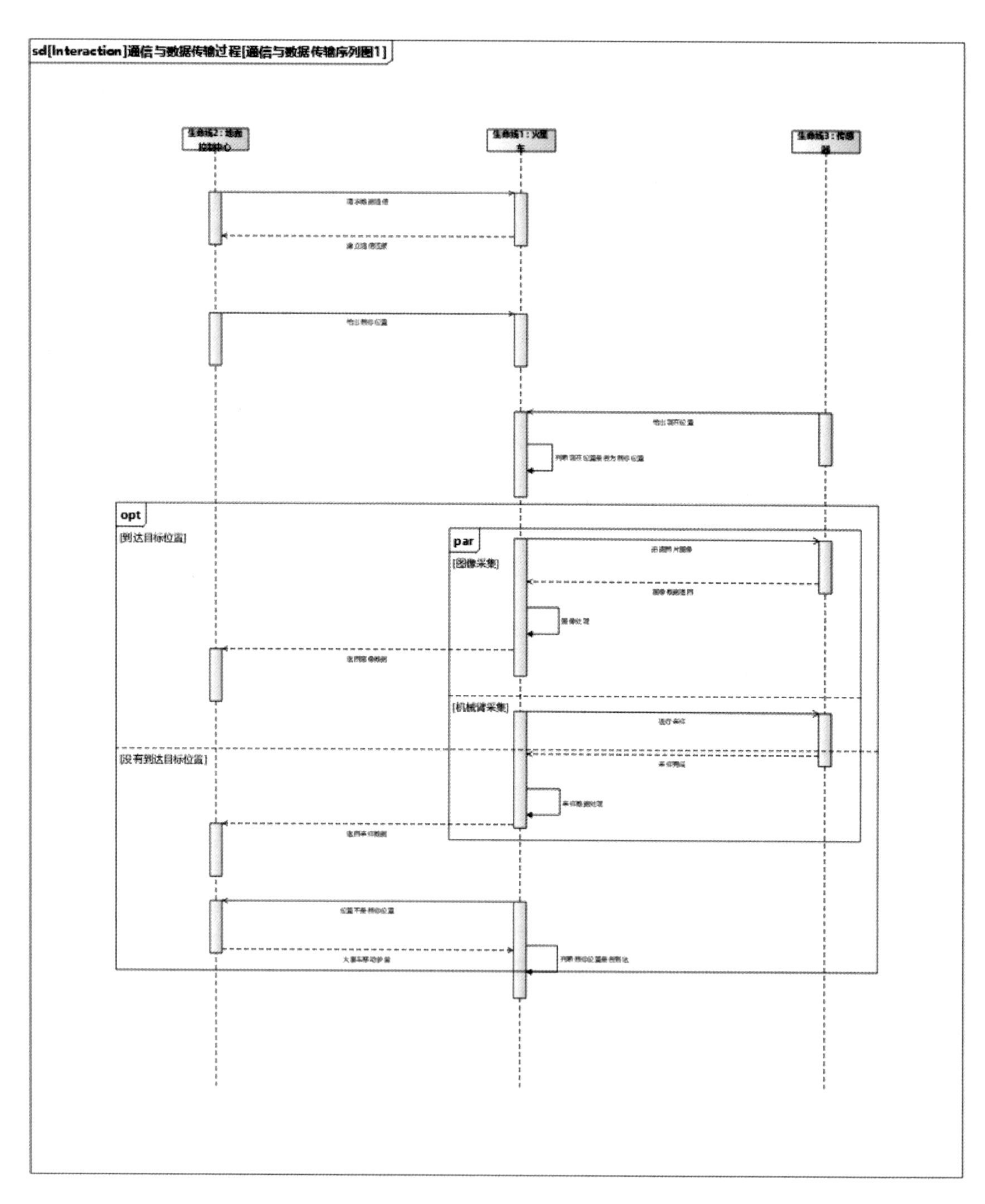

图 8-5　序列图示例

生命线：地面控制中心、火星车、传感器；

数据交互过程：地面控制中心发出请求数据通信指令给火星车系统，火星车系统返回建立通信连接，地面控制中心将目标位置信息传给火星车系统，火星车系统结合传感器收到的现在位置判断现在位置是否为目标位置。若火星车到达目标位置，则根据远程操作指令，即图像采集指令或采样指令，执行不同的任务。若火星车没有到达目标位置，则继续移动。

如图 8-6 所示为状态机图示例，通过状态机图，可以更好地理解用例中所描述的系统或对象的状态变化规律，包括故障状态、正常状态、未连接状态、已连接状态、导航装备状态及执行任务状态等。

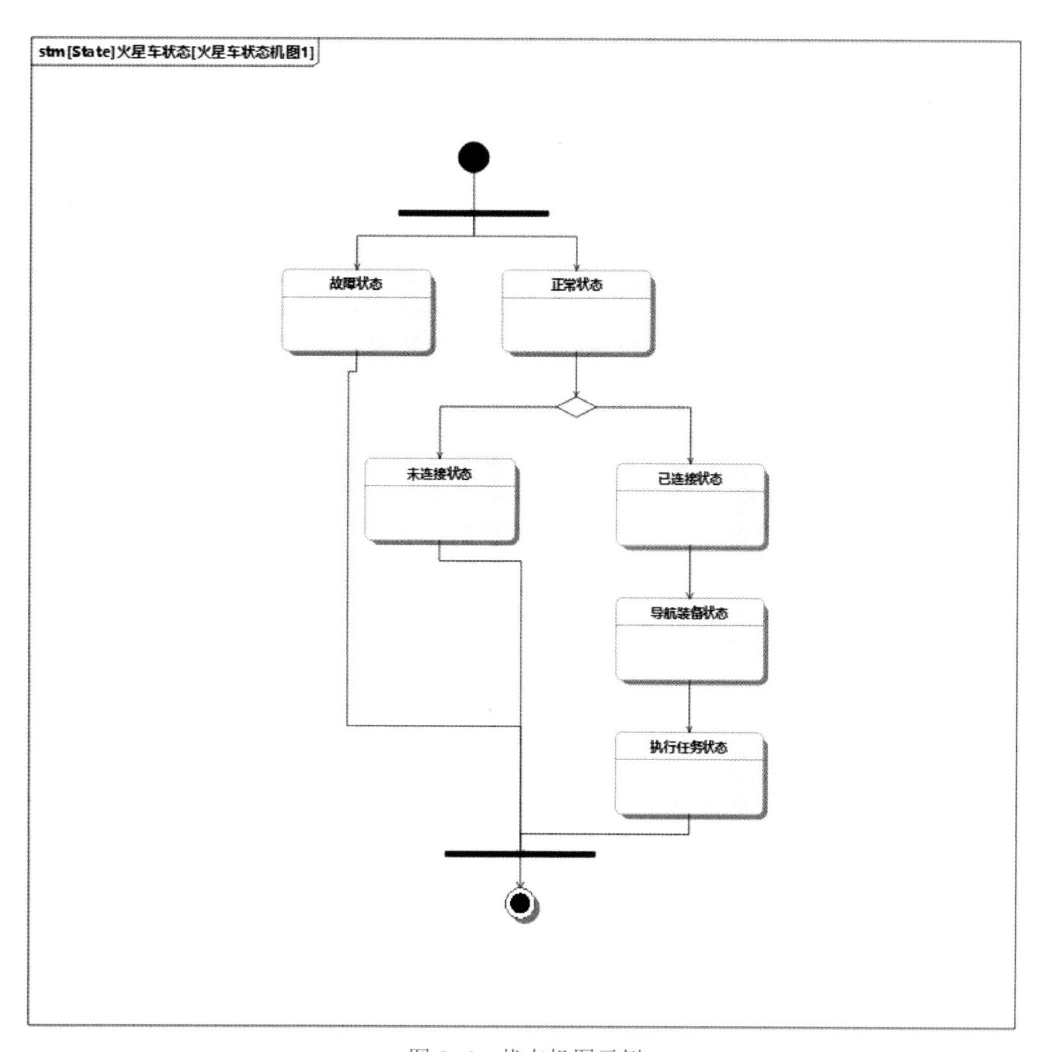

图 8-6　状态机图示例

8.3.2 系统架构定义

基于明确的目标和任务，可以开始建立火星车系统的架构模型。这一模型应该以系统为中心，描述火星车系统各组成部分及其相互关系和交互方式。首先，需要将火星车系统划分为不同的分系统，如导航、避障、采样和通信等。然后，对每个分系统进行进一步的分解，明确其功能和性能要求。例如，导航制导功能需要通过 GPS 接收器、惯性测量单元（IMU）等设备实现，而运动控制功能则可能需要具有激光雷达、摄像头和路径规划算法等。根据对火星车系统活动图、序列图和状态机图的功能分解，分析实际物理系统满足和承载这些功能所需的分系统组件，得到火星车系统的初步架构定义，如图 8-7 所示，包括车身（分）系统、动力（分）系统、控制（分）系统、辅助（分）系统、通信（分）系统，然后又分别可以分解为车身底盘、轮胎、车身外壳、发动机、导航制导、传感器、运动控制、机械手臂、通信模块等具体功能模块。本案例只完成了相对简单的火星车系统架构模型，读者如果感兴趣，可以自己动手继续进行功能分解和分系统层级以下进行架构设计。

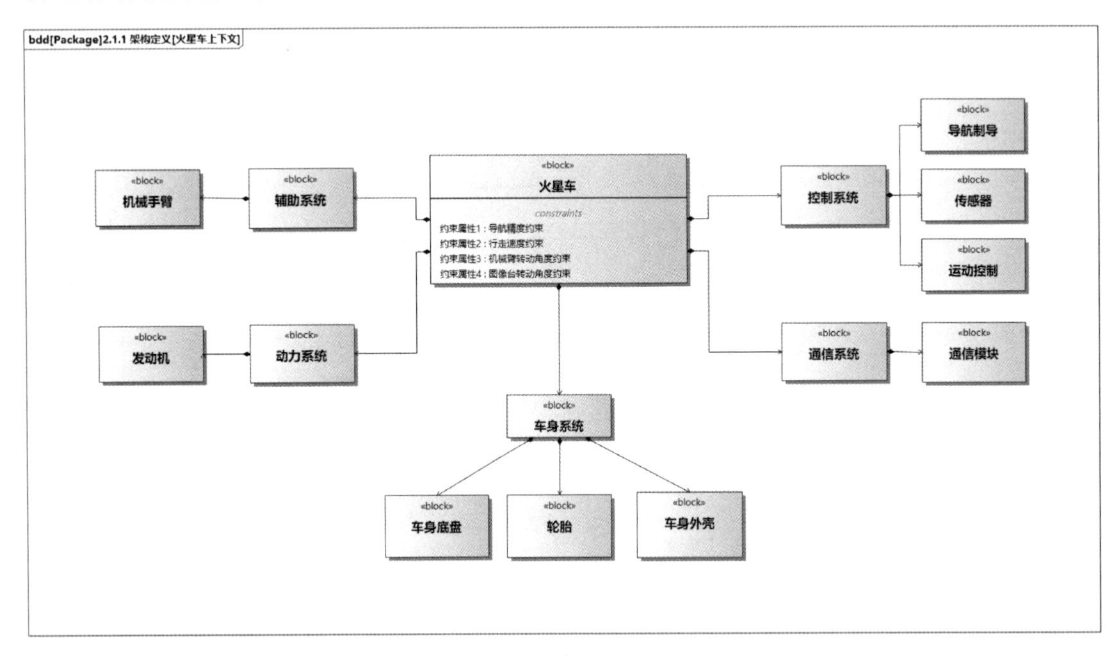

图 8-7 火星车系统架构定义

8.3.3 功能分配与接口交互定义

在系统架构定义中，还需要考虑不同分系统、模块之间的接口和交互。例如，控制系统需要与动力系统进行信息交换，以根据实时运动路径和运动状态要求，向发动机发送任务指令并反馈工作状态信息。此外，在通信系统中，还需要考虑火星车与地面控制中心的通信接口，以实现与地面控制中心的指令传输，这可能涉及选择合适的通信协议、天线设计方案和数据传输速率等方面。

首先，对功能逻辑和数据流进行细化和分析，并对每个活动的输入、输出数据进行功能逻辑接口设计，从而得到带有功能逻辑接口的任务执行过程活动图，如图 8-8 所示。接口间可以传递的信息包括位置参数、当前位置、判断位置结果、操作指令等。

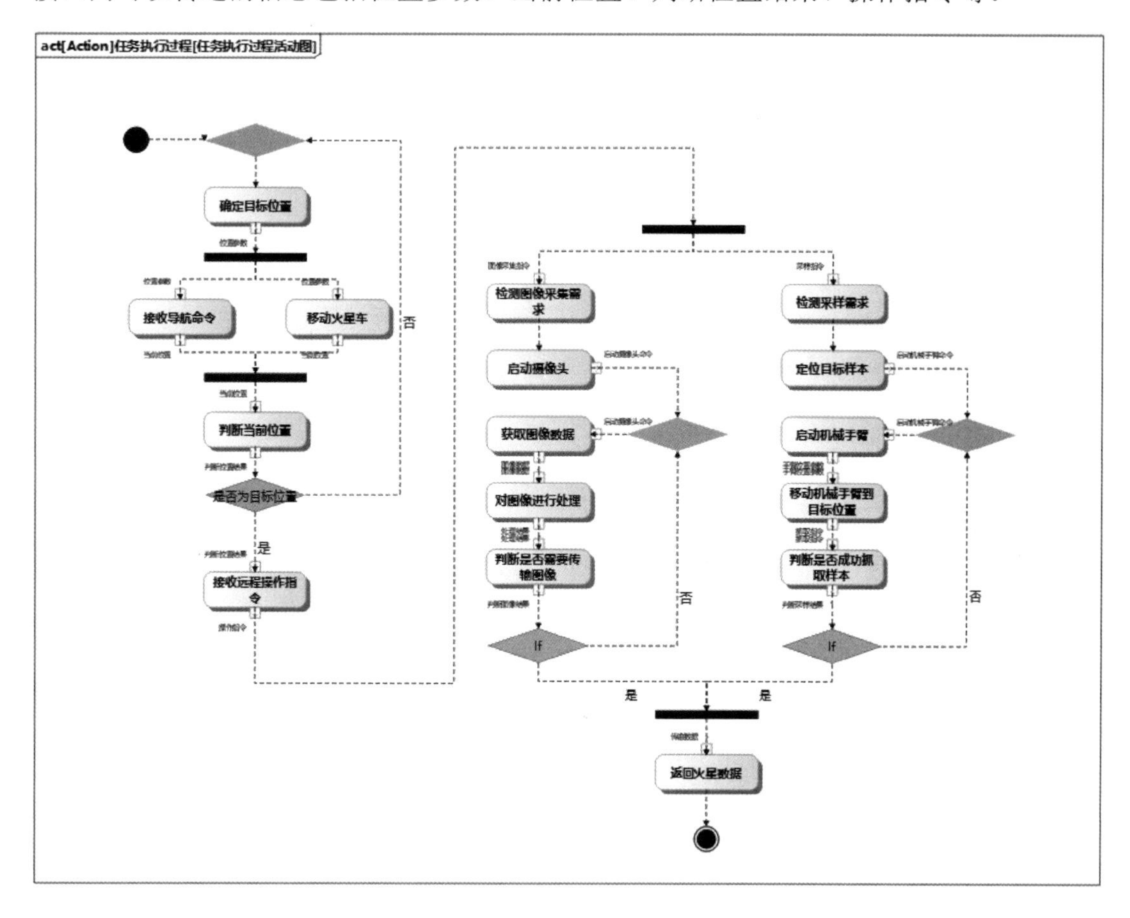

图 8-8 带有功能逻辑接口的任务执行过程活动图

然后，可以将详细的任务过程模型进行细化，将任务执行过程中的各类功能分配到不同的分系统或者模块中，在带有功能逻辑接口的活动图基础上结合功能-架构组成，完成功能分配与泳道图的生成（以移动探测任务执行过程为例），如图 8-9 所示。上述过程涉及“导航制导”“传感器”“运动控制”“通信模块”“机械手臂”等多个功能模块。首先，“导航制导”负责接收当前目标位置，“运动控制”负责控制系统运行，与此同时，“通信模块”负责保持远程通信，以保证响应。工作过程中，“传感器”负责判断当前位置与环境信息，并根据探测指令驱动图像采集与处理分析，如果“通信模块”接收到土壤采样任务指令，则控制“机器手臂”完成移动、抓取、挖取、采样等操作。

与上述过程相同，可以将其他功能模块转化为相应的白盒行为模型。制导控制过程活动图如图 8-10 所示。

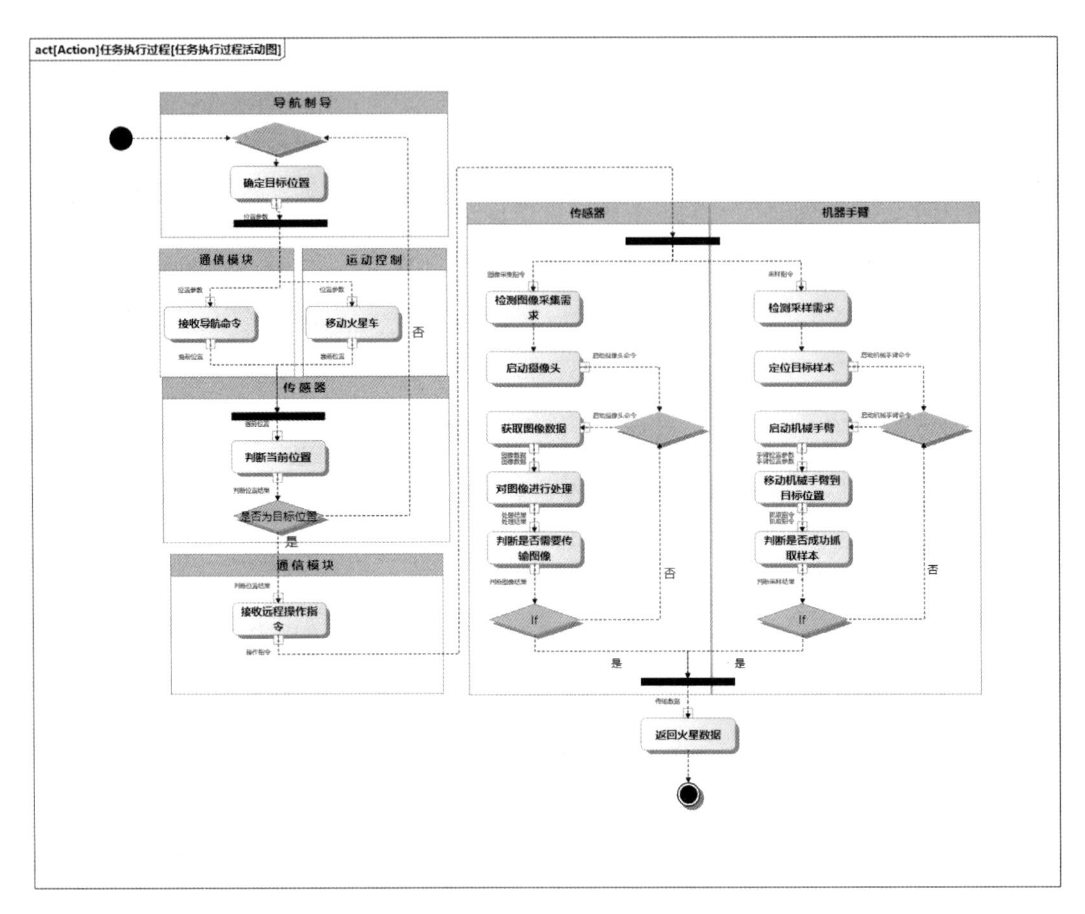

图 8-9　功能分配与泳道图生成（以移动探测任务执行过程为例）

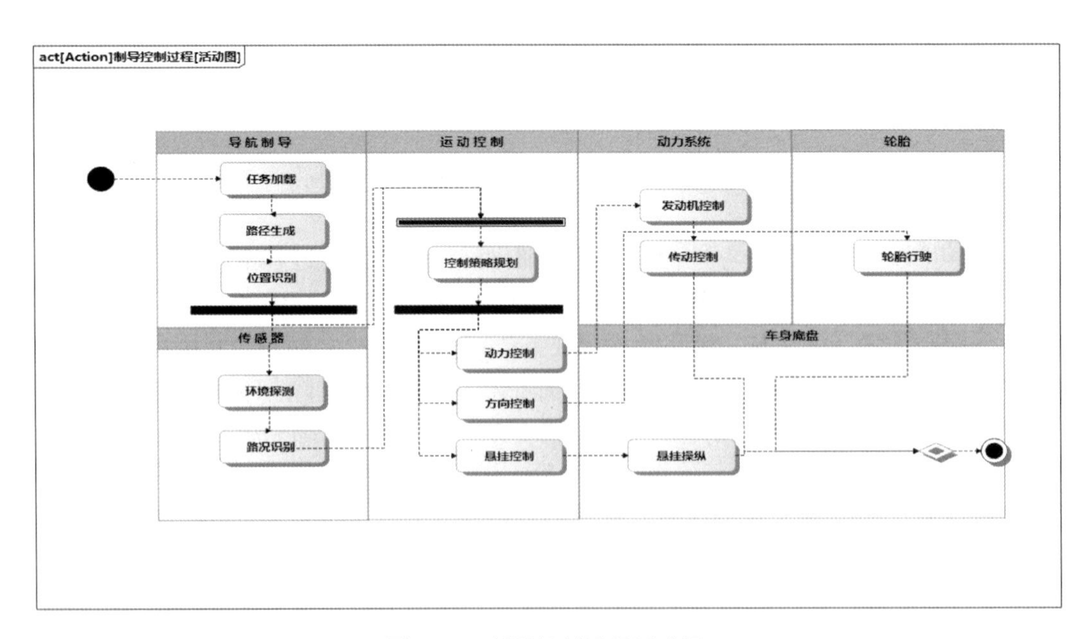

图 8-10　制导控制过程活动图

根据上述任务执行过程的白盒分析结果，能够识别出不同分系统、功能模块间的逻辑接口关系，从而支持物理接口的定义与开发。此时，系统架构模型中所需的接口具有较强的抽象性，一般可以按专业直接定义，如图 8-11 所示，定义了机械接口、电气接口、通信接口、控制接口及图像接口。

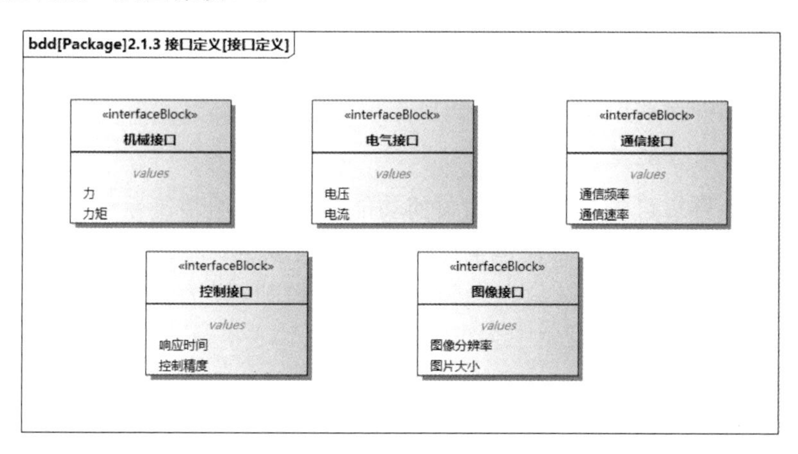

图 8-11　接口定义示例

将上述接口定义应用于系统架构模型中，可以设计完成如图 8-12 所示的火星车的内部模块图，将前面定义的机械接口、电气接口、通信接口、控制接口及图像接口放置在多种组件之间，实现物理接口的初始设计。

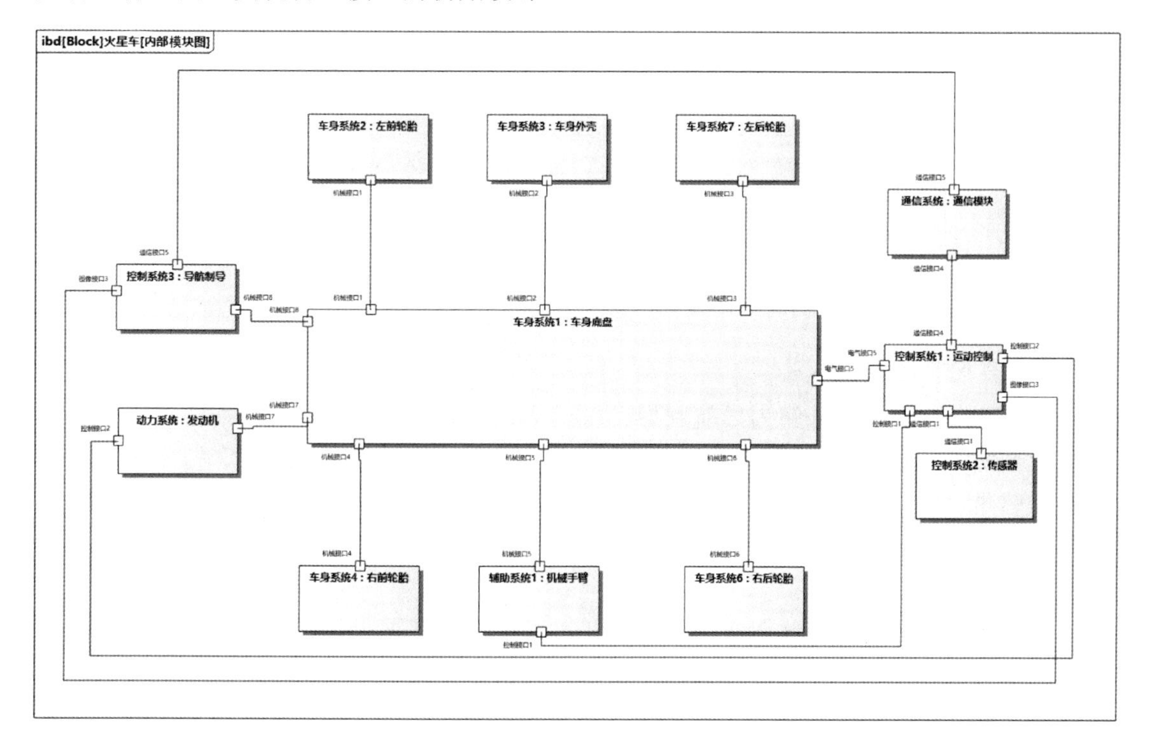

图 8-12　内部模块图示例

8.3.4 分系统方案设计

完成火星车系统总体设计之后，即可进一步开展车身系统、动力系统、控制系统、辅助系统、通信系统等分系统的设计工作，对每个分系统都需要完成当前分系统层级的需求分析、功能分解、架构设计等工作。本节选取控制系统设计过程为例，通过系统需求分配分解来实现控制系统的需求定义，通过选型设计、参数设计、指标计算等功能，实现分系统功能分析与架构设计。

（1）分系统需求分配与分析

根据总体任务要求可将系统运动相关的功能需求分配给控制系统，例如，导航制导功能需求、摄像功能需求、采样功能需求等，然后可以进一步细分，可以将导航制导功能需求分解为路径规划、位置探测、轨迹控制、避障控制、动力控制等子需求，如图 8-13 所示。

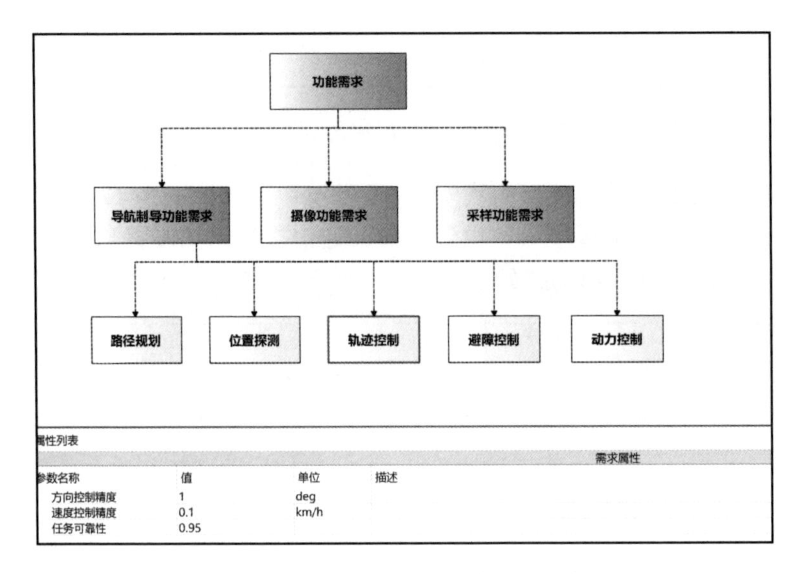

图 8-13 需求分解

（2）控制系统架构设计

前面已将控制系统分解为导航制导、传感器、运动控制等主要的功能模块。导航制导负责系统路径规划、障碍物探测、位置探测等；传感器则包含陀螺仪、摄像头在内的各种传感器设备，用于识别火星车本身的姿态、速度、运行状态等信息；运动控制则根据导航制导的指令来控制动力系统、车身系统、辅助系统完成火星车移动、探测等各类任务。

在上述控制分系统整体需求的基础上，可以进一步根据火星车移动探测过程中的活动开展功能分析，识别出相对应的功能需求，并将路径规划、位置探测、轨迹控制、避障控制、动力控制等子需求进一步转化为各功能模块的需求。根据功能模块需求分解情况，可以继续将控制系统描述为导航制导、传感器、运动控制之间的集成关系，根据分解关系、接口关系，完成控制系统的架构定义，如图 8-14 所示。

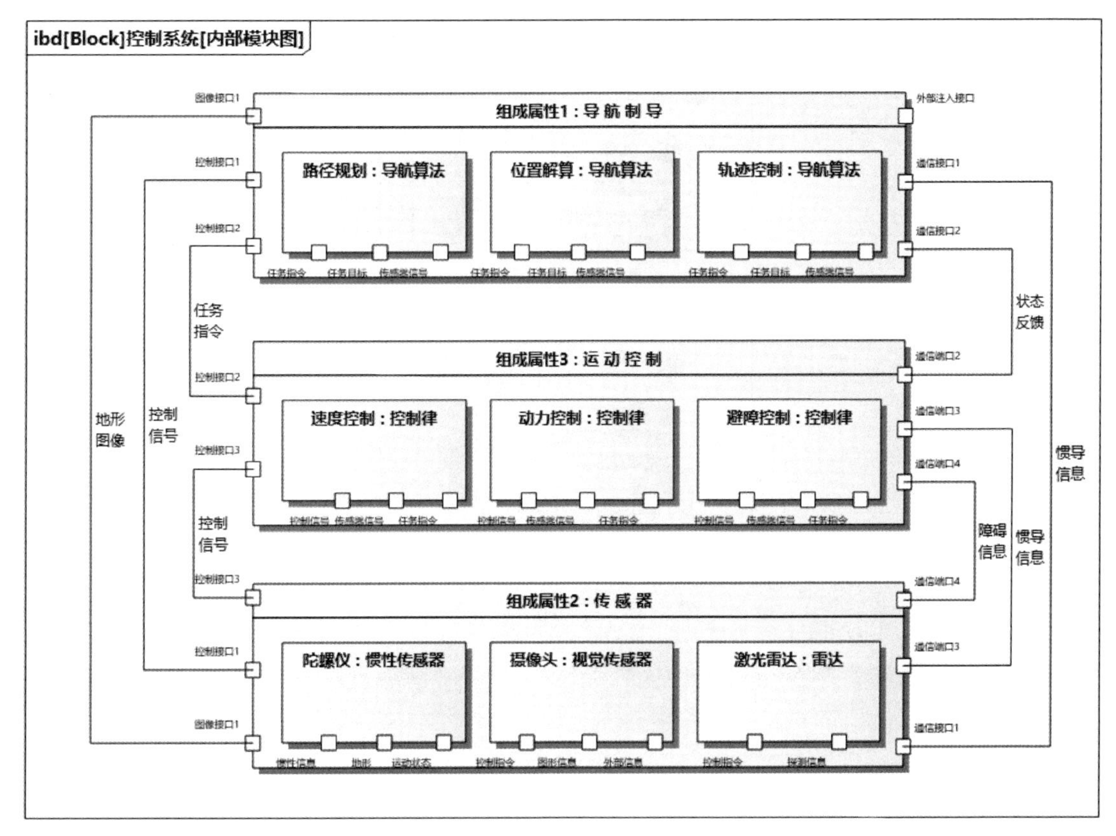

图 8-14　控制系统架构定义

（3）功能模块专项设计

可以对导航制导、传感器、运动控制等功能模块的需求进行定义，然后可以定义控制系统需求与各功能模块需求之间的传递关系，定义各功能模块需求。完成各功能模块需求参数的具体定义后，将会形成各功能模块的设计指标。经过上述设计、分解生成的各个单机模块都可以借鉴现有的产品谱系，因此可以采用专项选型、参数设计的方式，对导航制导、传感器、运动控制等功能模块进行设计定义，分别选定可使用的单机模块类型，然后定义其主要参数，并通过内嵌的计算公式或者仿真模型计算出各功能模块可实现的技术指标，确认后，可以将其模型提交到控制系统中，进行整体的设计验证。

选择可行的单机模块类型，然后根据内置的技术指标，选择所需的参数。例如，可以选择陀螺仪作为惯性导航所需的传感器选型，进一步定义其飞轮转速、轴向转动惯量、质量等参数，如图 8-15 所示。

（4）分系统评估分析

完成各个功能模块的选型、参数设计后，可以形成系统整体的技术方案，Sysbuilder

提供了对分系统整体的评估分析功能，能够通过将系统架构模型转换为系统仿真模型，再由 Sysplorer 仿真结果评价运行效果，分系统仿真分析如图 8-16 所示。

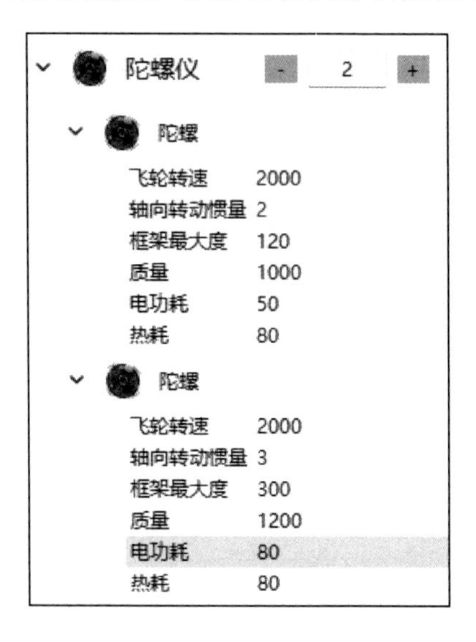

图 8-15　陀螺仪设计参数

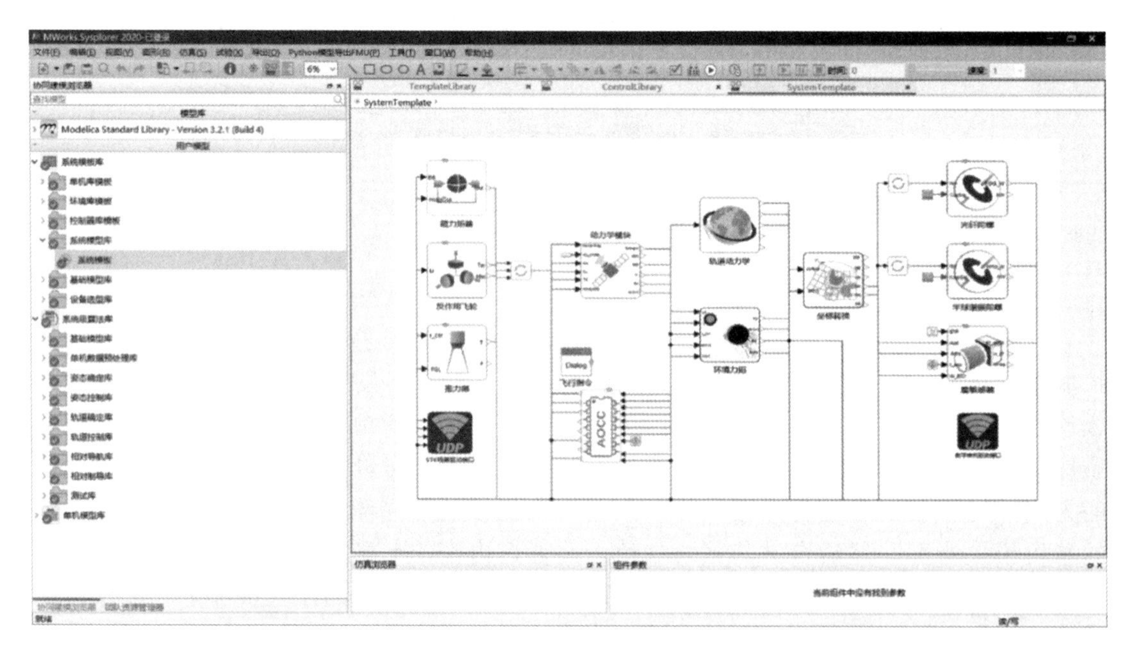

图 8-16　分系统仿真分析

8.3.5　可行性论证

可行性论证旨在评估和验证系统架构模型的可行性。本案例包括对火星车系统的可靠性、安全性、性能、能耗等方面进行分析和评估。通过使用模型仿真、系统分析工具和现有的技术参考，可以对系统架构模型进行验证，并进行性能优化和风险评估。例如，可以使用仿真工具对火星车系统在不同地形和环境条件下的导航性能进行评估，以确保其能够在各种复杂情况下准确导航。本案例对火星车系统的几个简单性能指标做了约束，如图 8-17 至图 8-20 所示。

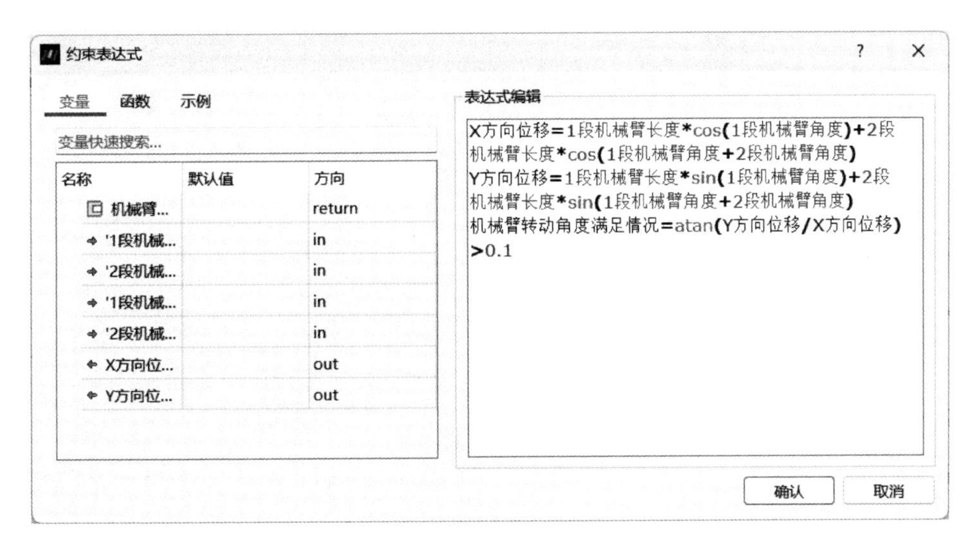

图 8-17　机械臂转动角度约束表达式

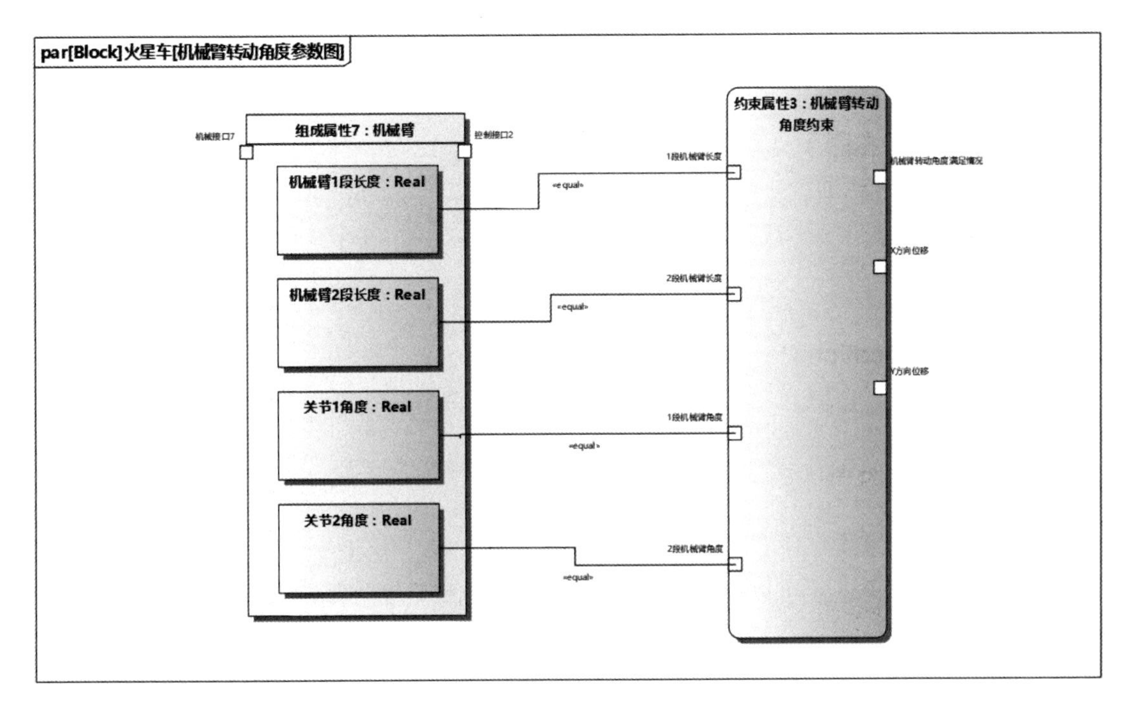

图 8-18　机械臂转动角度参数图

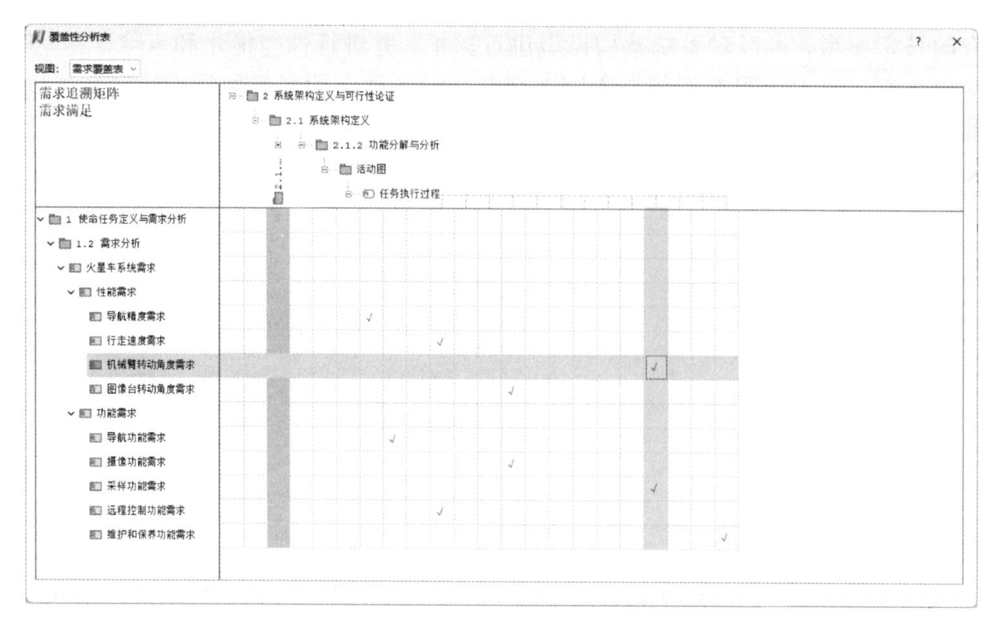

图 8-19　需求追溯矩阵

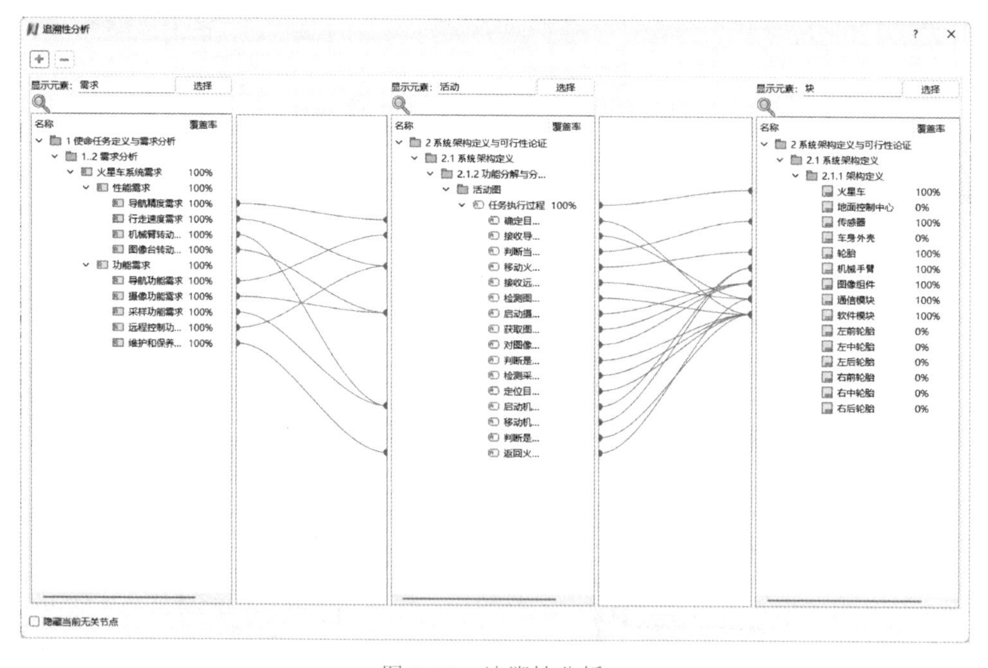

图 8-20　追溯性分析

此外，可行性论证还可以基于现有的技术、资源和预算等限制条件进行。这意味着需要确定火星车系统的设计和实施是否可行，并在技术与经济层面上做出权衡与决策。例如，可能需要考虑火星车所需的能源供应和维护成本，以及相关技术的可行性和可靠性。本案例中并未对这部分内容进行介绍，感兴趣的读者可以基于本案例进行这部分的约束定义和计算，从而对本案例进行补充和丰富。

8.4 运行方案仿真与综合评估

8.4.1 设计模型与仿真模型的转换

在火星车系统设计中，遵循 SysML 标准并构建相应的系统设计模型，而在验证环节，普遍采用 Modelica 语言构建相应的系统仿真模型。通过设计与仿真模型的转换技术，支持在 SysML 模型与 Modelica 模型之间建立完善的映射关系，打通上游设计与下游仿真的信息、数据传递接口，实现系统设计模型向系统仿真模型的自动转换，从而解决复杂系统研制过程中手工建模方式造成的工作量大、易出错、验证周期长、效率低等问题。设计与仿真模型的转换提供基于系统设计模型的系统仿真模型架构自动生成与系统仿真模型快速填充能力，能够支撑以下场景。

① 在系统设计初期，充分利用设计的模型成果，以实现系统架构设计的 SysML 模型作为系统仿真建模的输入，完成系统总体设计信息的自动化传递。

② 在系统设计时，采用 SysML 语言进行离散元素建模，采用 Modelica 语言进行连续动态元素建模，两类模型可进行协同仿真。

③ 在系统设计的中、后期，基于自动转换生成的仿真模型框架，集成涉及 Modelica 模型、非 Modelica 模型等不同种类的分系统仿真模型，支撑系统总体对详细方案进行验证。

④ 通过复杂系统需求、设计、仿真模型的集成，实现以 Modelica 模型的仿真结果对采用 SysML 语言建立的需求模型进行自动化验证，保证系统仿真验证结果的全面性、可信性和可靠性。

设计与仿真模型转换原理如图 8-21 所示。

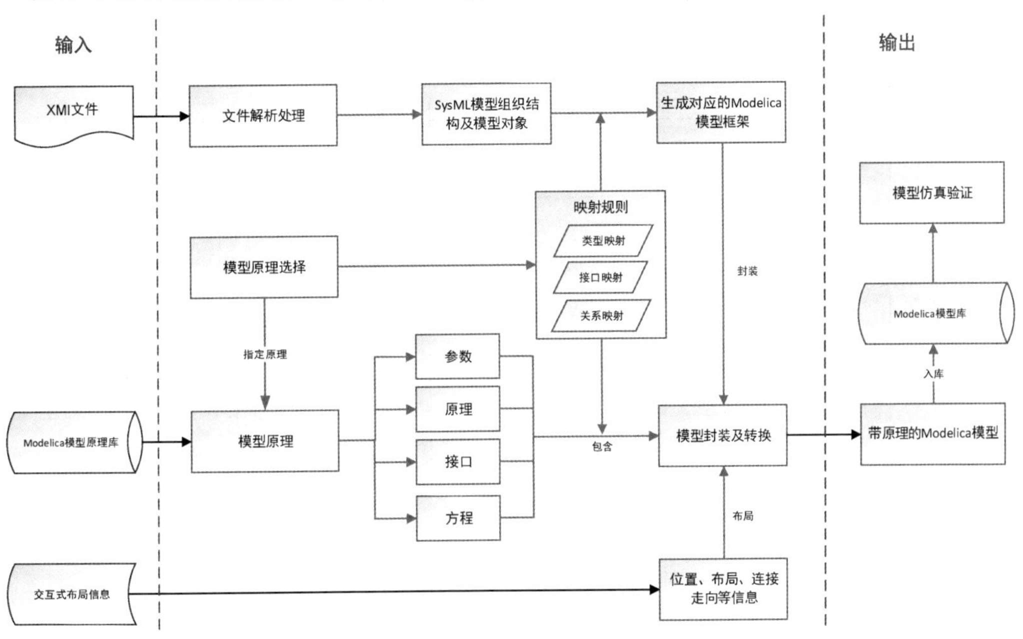

图 8-21 设计与仿真模型转换原理

采用 XMI 文件和模型库一一映射的机制，提供交互方式选择模型框架封装的模型原理，配置其映射关系，包括类型映射、接口映射、关系映射等，按照 Modelica 语法规则自动生成可仿真验证的模型库。设计与仿真模型转换过程如图 8-22 所示。

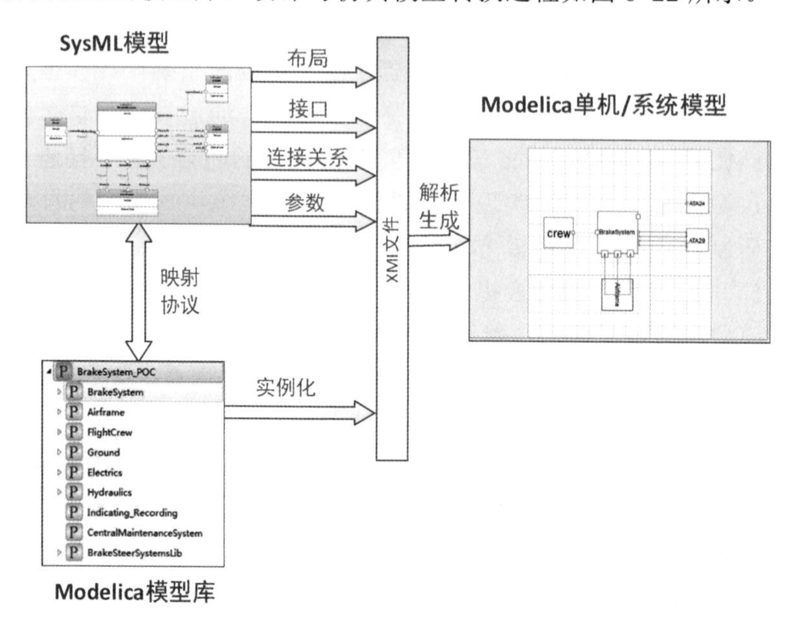

图 8-22　设计与仿真模型转换过程

SysML-Modelica 模型映射协议规范了 XMI 文件描述的 SysML 模型元素与 Modelica 模型元素的映射规则，包括命名规范约束、类型映射规则、连接映射规则等。如图 8-23 所示，SysML 模型与 Modelica 模型元素的对应关系如下：

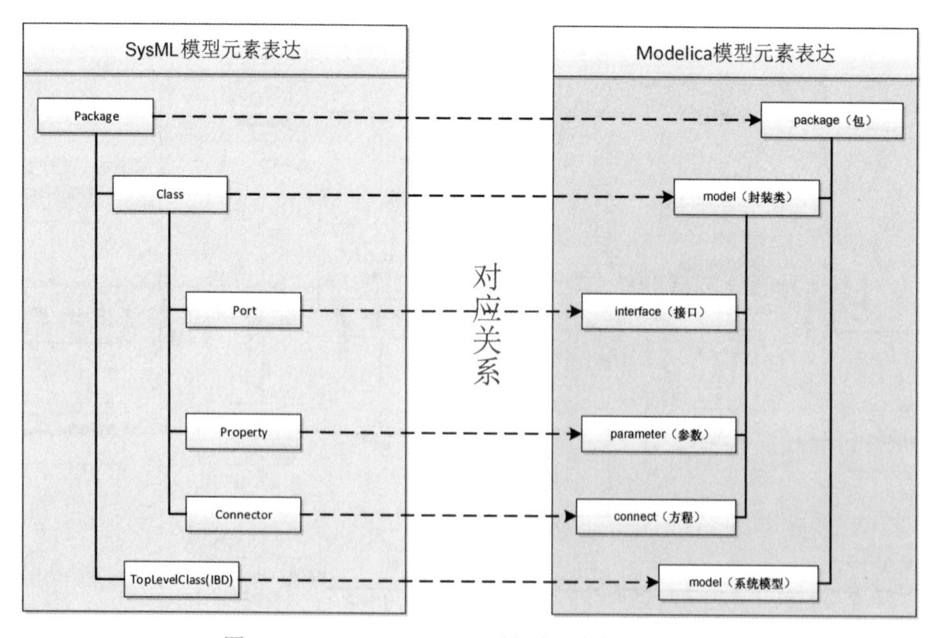

图 8-23　SysML-Modelica 模型元素的对应关系

Package 对象→package 对象；

Class/TopLevelClass（IBD）对象→model 对象；

Port 对象→interface 对象；

Property 对象→parameter 对象；

Connector 对象→connect 对象。

综上所述，在火星车系统正向设计得到的系统架构模型基础上，将其中与 Modelica 模型中相似的特征进行一一映射，按照一定的规则将模型的布局、接口、连接关系、参数等进行转换。

实际操作中可以使用 Sysbuilder 提供的设计与仿真模型转换工具，图 8-24 为火星车内部模块图所转换而来的仿真模型框架。

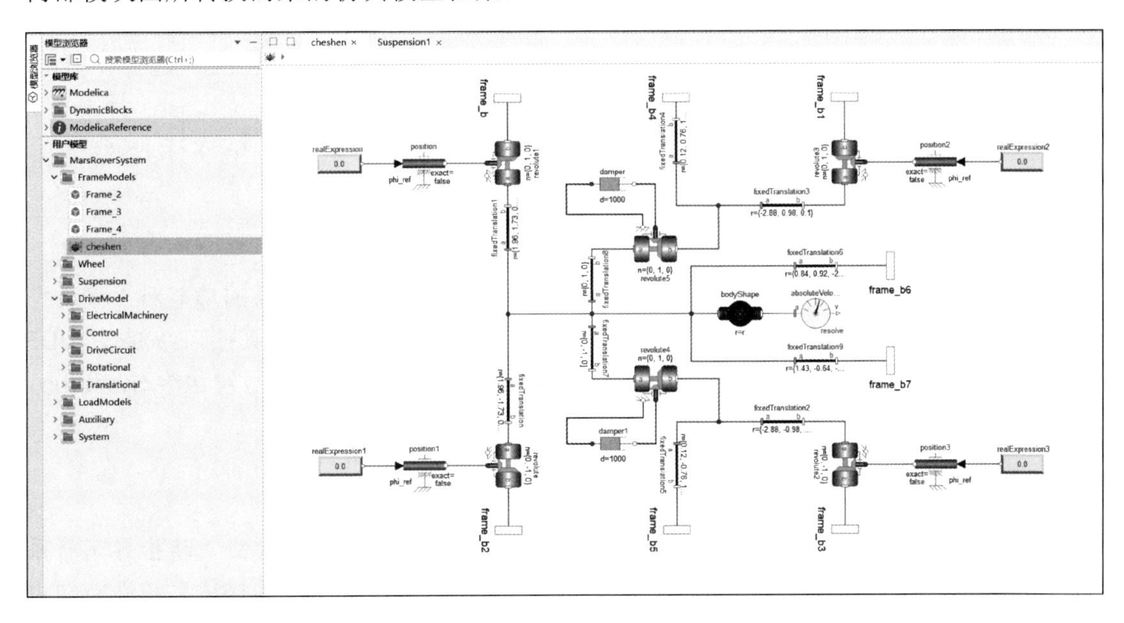

图 8-24　仿真模型框架

8.4.2　仿真模型集成验证

1. 仿真模型生成

各分系统模型的建立方法和流程基本一致，以车身系统为例，根据原理图和实际物理拓扑结构，在动力学专业模型库的基础上，按照自底向上的建模方式，遵循 Modelica 建模规范，通过拖放和连线方式生成对应的车身系统模型，如图 8-25 所示。

2. 仿真模型验证

为了描述车身系统动态运行场景，可以从机械专业的设计模型库中选择 SysML 语言的功能活动模型，定义车身系统的动态运行场景，形成可用于仿真验证的活动图。

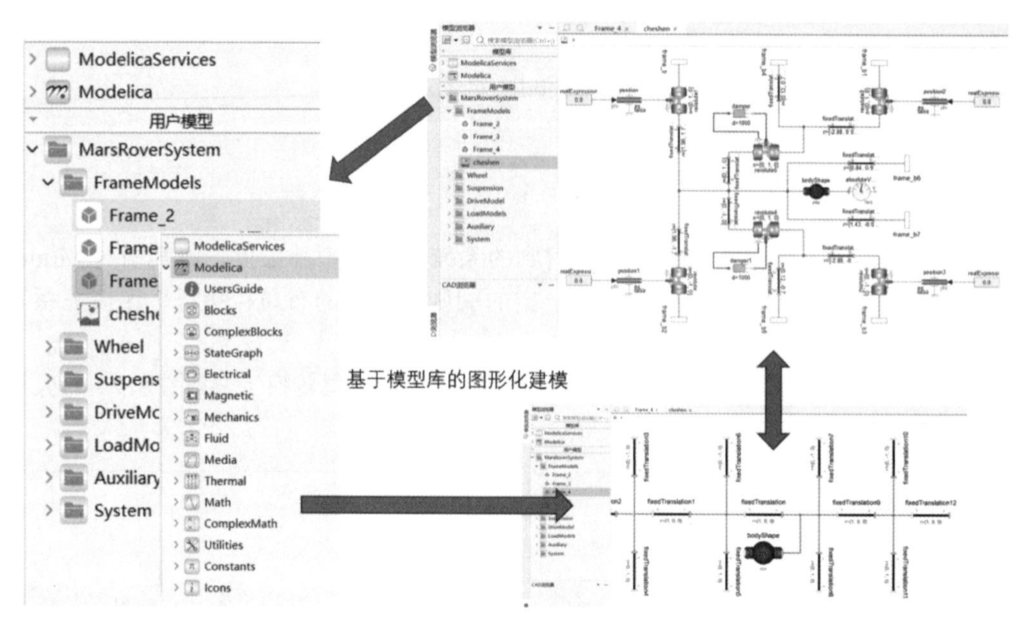

图 8-25　车身系统模型生成示意图

在描述车身系统动态运行场景的活动图中，可以用功能活动去表达对车身系统仿真模型的控制行为，如“车身移动”的功能活动，基于 Sysbuilder 提供的功能对“移动”行为进行编程，定义设计与仿真一体化脚本，创建仿真模型联合仿真接口，通过 UDP 通信的方式，将控制仿真模型中“轮胎”组件移动/停止状态的指令信号发送给 Sysplorer，从而实现车身系统运行场景的验证。

3. 指标闭环验证

在车身系统需求论证的过程中，首先会对车身系统的需求进行收集，将指导车身系统设计的需求分为两类，一类为描述系统功能的功能需求，另一类为描述系统性能约束的性能需求。功能需求一般会在需求论证阶段转化为车身系统对外实现能力的功能、状态或行为。而性能需求则会转化为具有约束特征的指标要求，用于对系统的性能进行校核或者对系统中总体指标进行分配和验证。

以对车身系统的强度和刚度进行验证为例，火星车系统总体对车身系统提出结构强度和刚度的要求，需要满足极限和疲劳条件，此时可以通过 Sysbuilder 将承接得到的强度和刚度要求通过可视化需求图进行定义，并建立指标约束验证关系。通过构建动态或静态的强度和刚度计算模型，经过计算后，将结果反馈给指标约束验证模型，再进行计算得到验证结果。

8.4.3　多方案权衡

1. 多方案生成

本节将生成多方案示例，并使用架构权衡的方法对它们进行对比与权衡。首先，打开模型浏览器，在包“3.1 运行方案设计”中创建新实例，并进行实例设置。实例类型选择“火星车”，如图 8-26 所示。

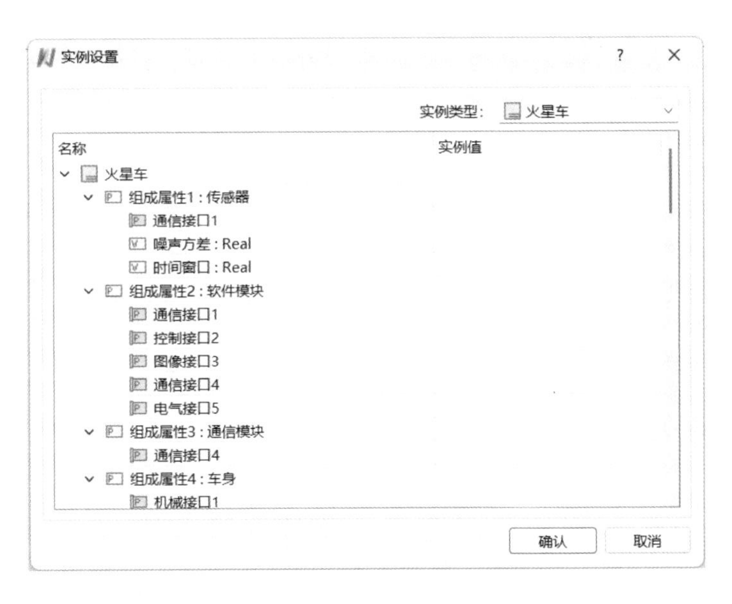

图 8-26　设置实例

然后，设置实例的相关参数，得到不同实例值下对应的火星车实例，即得到多指标不同方案下的多个火星车实例，如图 8-27 所示。

图 8-27　多指标不同方案下的多个火星车实例

在火星车内部模块图中右击，打开“Modelica 仿真框架属性”对话框，单击“通信接口 1”对应的类型下拉按钮，从下拉列表中选择相关的 Modelica 对象类型，如图 8-28 所示。

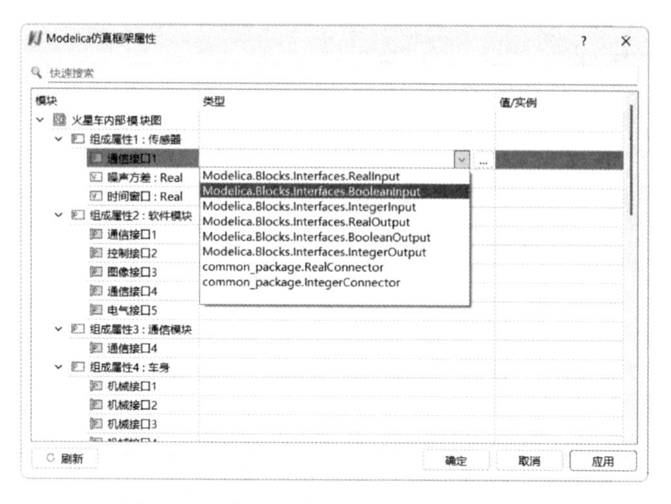

图 8-28　选择相关的 Modelica 对象类型

打开“模型原理设置”对话框，如图 8-29 所示。

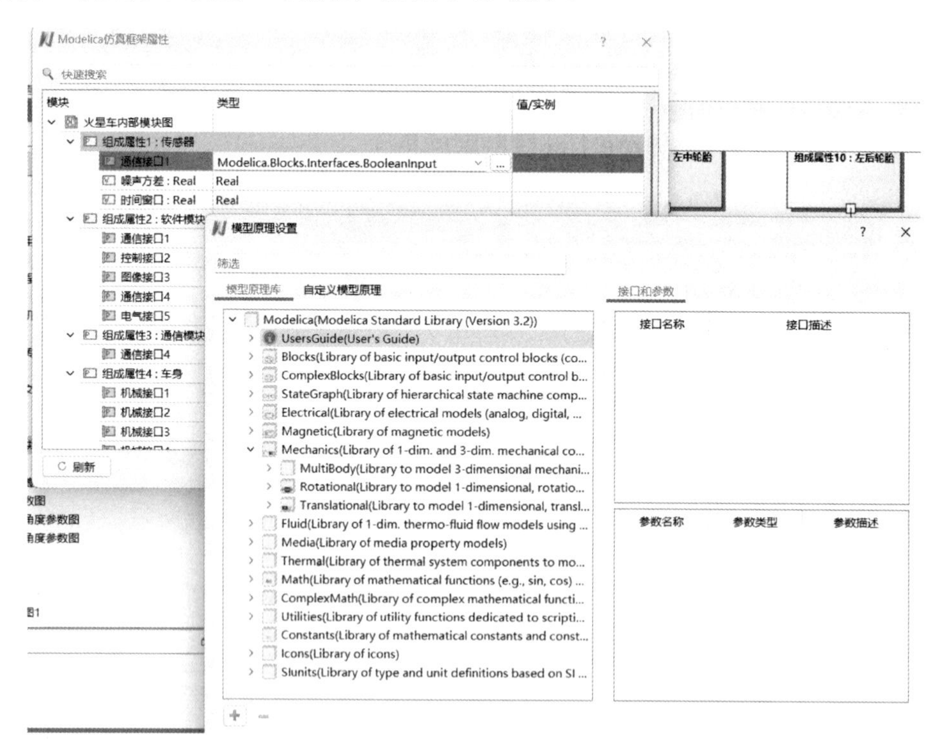

图 8-29　“模型原理设置”对话框

选择某个原理模型后，对话框右侧将会显示相关的接口和参数，供用户判断是否符合火星车系统相关原理，如图 8-30 所示。选择需要的原理模型后，单击“确定”按钮，返回“Modelica 仿真框架属性”对话框，继续选择或定义其他组成属性、值属性、接口属性，后台根据这些信息，即可解析、匹配相应的 Modelica 模型。

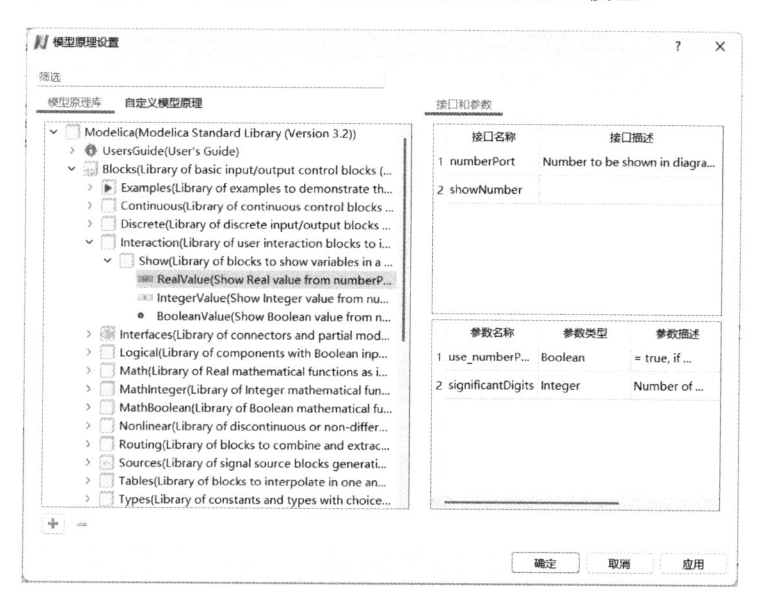

图 8-30　显示相关的接口和参数

根据前面介绍的设计与仿真模型转换方法，生成火星车系统的 Modelica 模型。

值得注意的是，在生成相关 Modelica 模型之后，相关文本代码也会自动生成，供用户进行检查、修改、复用等，如图 8-31 所示。

```
111    annotation (Placement(transformation(origin = {124.0, -70.0}, ...
113   Modelica.Blocks.Sources.RealExpression realExpression3
114    annotation (Placement(transformation(origin = {166.00000000000003, -70.0}, ...
116   Modelica.Mechanics.MultiBody.Interfaces.Frame_b frame_b6 "Coordinate system fixed to the component with one cut-force
117    annotation (Placement(transformation(origin = {102.0, 22.0}, ...
121  annotation (Icon(coordinateSystem(extent = {{-100.0, -100.0}, {100.0, 100.0}}, ...
126   Modelica.Mechanics.MultiBody.Parts.FixedTranslation fixedTranslation6(r = {0.84, 0.92, -2.22}, animation = false)
127    annotation (Placement(transformation(origin = {66.0, 22.000000000000004}, ...
129   Modelica.Mechanics.MultiBody.Joints.Revolute revolute4(n = {0, 1, 0}, ...
133   Modelica.Mechanics.MultiBody.Joints.Revolute revolute5(n = {0, 1, 0}, ...
137   Modelica.Mechanics.MultiBody.Parts.FixedTranslation fixedTranslation7(r = {0, -1, 0}, animation = false)
138    annotation (Placement(transformation(origin = {-39.999999999999986, -16.0}, ...
141   Modelica.Mechanics.MultiBody.Parts.FixedTranslation fixedTranslation8(r = {0, 1, 0}, animation = false)
142    annotation (Placement(transformation(origin = {-39.999999999999986, 16.0}, ...
145   Modelica.Mechanics.Rotational.Components.Damper damper(d = 1000)
146    annotation (Placement(transformation(origin = {-30.0, 60.0}, ...
148   Modelica.Mechanics.Rotational.Components.Damper damper1(d = 1000)
149    annotation (Placement(transformation(origin = {-30.0, -60.0}, ...
151   Modelica.Mechanics.MultiBody.Parts.FixedTranslation fixedTranslation9(r = {1.43, -0.64, -0.75}, animation = false)
152    annotation (Placement(transformation(origin = {66.0, -21.999999999999996}, ...
154   Modelica.Mechanics.MultiBody.Interfaces.Frame_b frame_b7 "Coordinate system fixed to the component with one cut-force
155    annotation (Placement(transformation(origin = {102.0, -22.0}, ...
159   Modelica.Mechanics.MultiBody.Sensors.AbsoluteVelocity absoluteVelocity
160    annotation (Placement(transformation(origin = {65.99999999999997, 0.0}, ...
162 equation
163   der(Dis) = sqrt(absoluteVelocity.v[1] ^ 2 + absoluteVelocity.v[2] ^ 2 + absoluteVelocity.v[3] ^ 2) * 20;
164   // firstOrder.u = if time < 480 then 0 else if time < 5000 then 0.5 else 0;
165   // firstOrder1.u = if time < 480 then 0 else if time < 5000 then 0.5 else 0;
166
167   connect(fixedTranslation1.frame_a, bodyShape.frame_a)
168    annotation (Line(origin = {-72.00000000000003, 15.0}, ...
172   connect(fixedTranslation.frame_a, bodyShape.frame_a)
```

图 8-31　Modelica 模型文本代码

在创建火星车相关实例和填充 Modelica 原理后，通过为组成属性选择实例，可以对相关参数进行修改。如图 8-32 所示，可将通用的无参数轮胎模型映射为有具体参数设计的轮胎实例，然后可对其参数进行调整、设定。

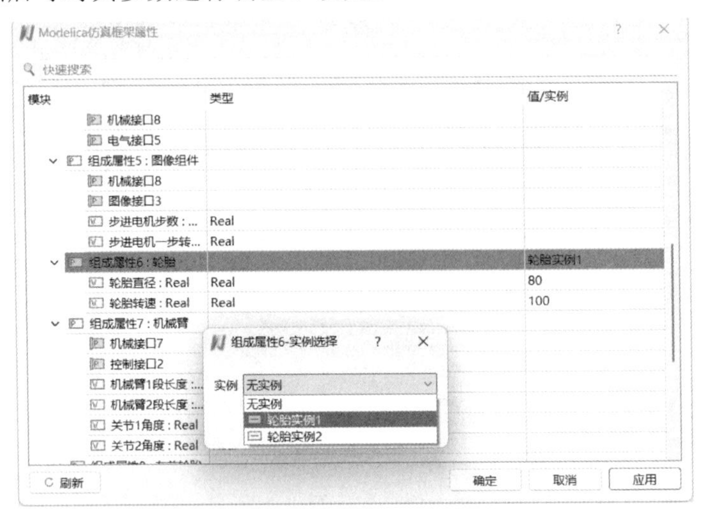

图 8-32 选择“轮胎实例 1”

选择不同的实例，会自动修改相关的多个指标，例如，改为选择“轮胎实例 2”，模型中将会自动更新轮胎直径、转速等参数，如图 8-33 所示。选择不同的实例后，通过生成 Modelica 仿真框架，则可以快速生成不同指标下的 Modelica 仿真模型，从而实现基于模型的火星车系统多方案模型生成和快速设计验证。

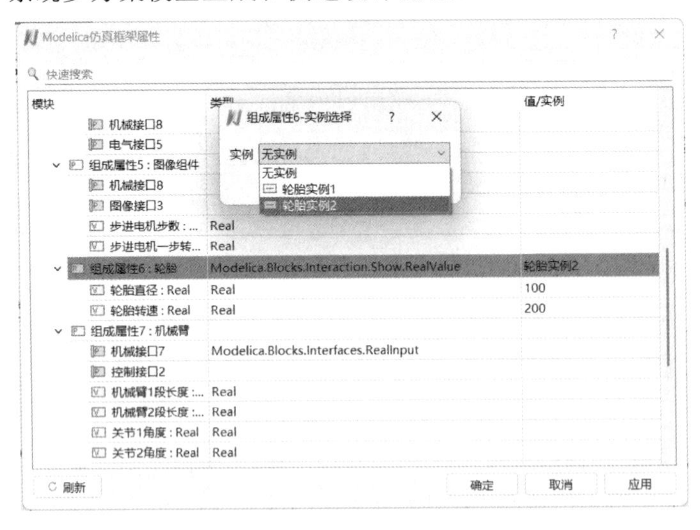

图 8-33 选择“轮胎实例 2”

2. 架构方案对比

架构方案对比作为评估多方案的方法，具体操作如下。

创建多个架构方案：打开模型浏览器，在包“3.2 综合评估”中创建 A 方案、B 方案、C 方案、D 方案、E 方案、F 方案和 G 方案，并设置它们的属性，如图 8-34 所示。

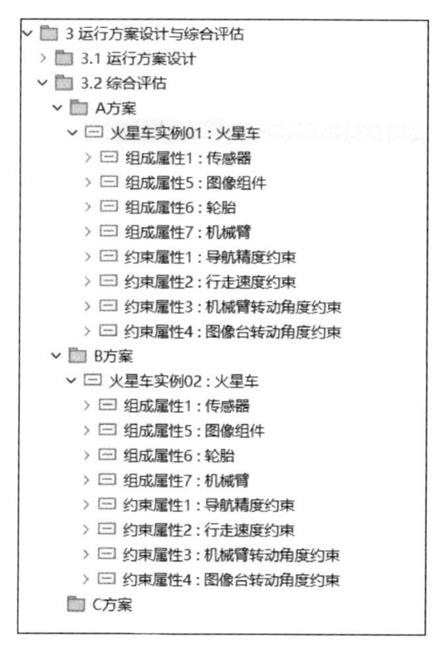

图 8-34　创建多个架构方案

选择要对比的架构方案：单击“架构权衡”按钮，弹出“架构权衡”对话框。这里选择“组成属性 1”下的“时间窗口”，如图 8-35 所示。

图 8-35　选择架构方案

导入脚本：可以导入 Python 脚本。单击“导入”按钮，对应的 Python 脚本将在“架构脚本编辑”栏中打开，如图 8-36 所示。

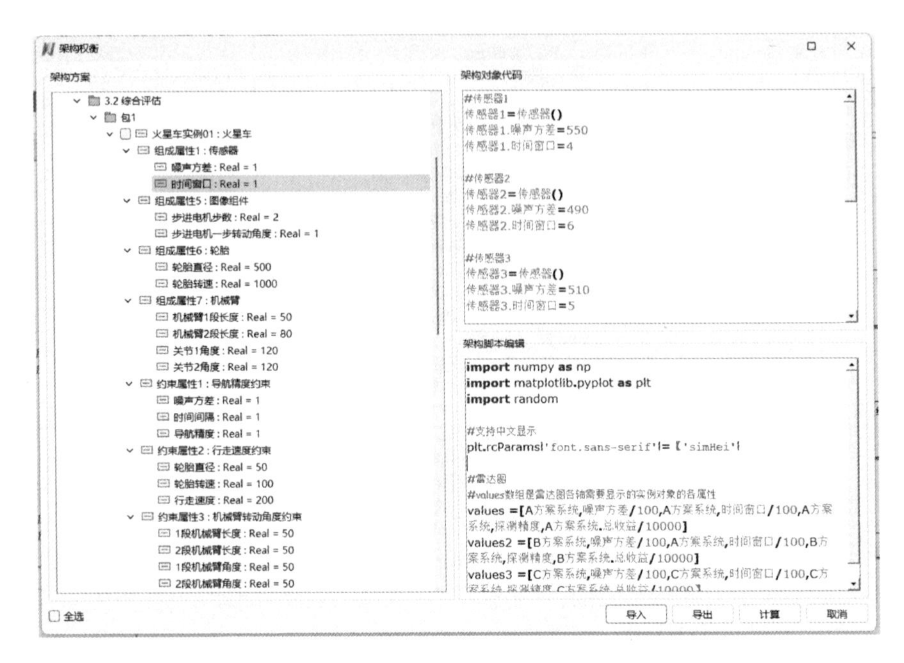

图 8-36　导入 Python 脚本

架构方案对比：单击“计算”按钮，在弹出的窗口中将会显示架构方案的对比结果，如图 8-37 所示。

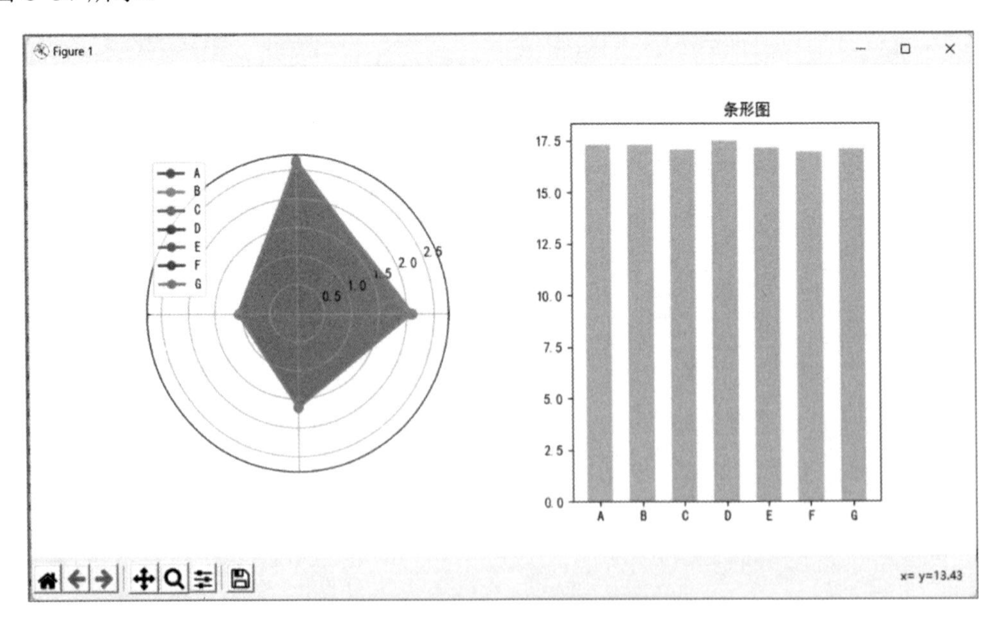

图 8-37　架构方案对比结果

本 章 小 结

本章基于“三阶段六过程”MBSE 方案设计论证方法，专注于火星车系统的使命任务定义与需求分析、系统架构定义与可行性论证以及运行方案仿真与综合评估的全流程案例应用，旨在为读者提供一整套的 MBSE 实践案例。

在进行使命任务定义与需求分析时，采用系统工程的方法论至关重要。系统工程注重整体系统观，从系统角度全面思考问题，有助于更全面、系统地理解和分析火星车系统的需求。在系统架构定义与可行性论证阶段，要明确火星车系统的目标和任务及确定火星车系统所需的主要功能和性能要求。在火星车系统架构模型搭建完成后，介绍如何对仿真模型进行配置。通过 SysML-Modelica 工具，实现了架构设计模型与仿真验证模型的指标参数、接口、架构一致性和准确性的传递，构建了设计与仿真一体化的 MBSE 全流程工具链应用。

通过这一完整的案例，读者可以了解 MBSE 方法在实际工程项目中的应用，同时激发读者对 MWORKS 平台建模更深层次的理解和进一步探索的兴趣。

第9章

可复用模型管理与协同

9.1 概述

系统工程、MBSE 等系统研制方法论都是服务于复杂系统的研制运营的，因此其具体实践方式必须与实际业务相结合，在各种系统工程和 MBSE 方法论经典论著中，都强调了领域化是 MBSE 发展的关键方向。方法、模型、工具是 MBSE 实践落地的三大支柱，模型在其中起到了领域化知识积累和复用的关键作用，能够对已有型号研制经验进行固化，形成与复杂系统组成结构、团队分工、阶段活动相匹配的 MBSE 模型库。在新装备研制过程中，尤其是在设计早期，调用已有的任务目标、环境、外部系统以及相似的既有型号装备模型，能够快速地支持系统论证、设计和仿真评估工作。模型作为 MBSE 落地实践中的最核心输出，也成为多专业、多团队协同过程中的核心数据源。在复杂系统数字化研制过程中，需要建立基于模型的协同机制，定义全系统统一的模型库架构，实现数字化模型的自顶向下需求传递以及自底向上模型提交，形成贯穿复杂系统总体用户、总体研制部门、分系统研制部门以及供应商的数字化模型建、评、管、用整体流程，满足全系统 MBSE 落地实践对数字化交付的完整性要求。

9.2 模型库架构设计

模型是 MBSE 实践中的最重要资源，贯穿于复杂系统数字化研制的各阶段、各层级与各专业，需要满足不同团队在不同时间点面向不同用途的访问需求。模型库架构是应用质量、效率和权限分配的保证，模型库架构的合理性决定了模型访问、调用、管理的合理性。模型库架构设计一般遵守自顶向下的原则，兼顾各项多阶段模型颗粒度的持续变化。面向复杂系统的架构设计，首先自顶向下地将目标系统分解为若干分系统，并分析各分系统间的相互关系，从而定义分系统之间的接口和连接关系，然后，将分系统分解为更小的功能模块等更低的层级。例如，将运载火箭系统分解为动力系统、控制系统、电气系统、能源系统等分系统，并分析各分系统之间的关联关系，从而定义分系统之间的接口和连接关系。将系统组成要素分解后，基于结构层次化、模块可重用和可扩展的原则，对分系统、功能模块进行综合设计，提取各个分系统、功能模块的公共特征，结合研制流程/阶段的规范化定义，确定模型提交、存储、评审、归档、管理的流程及节点要求，结合研制团队、岗位的业务分工，定义模型库访问、编辑、管理的权限分配关系，既能保证协同的效率，也能形成广泛认可的知识产权保护机制，保证多阶段模型体系的一致性、扩展性，实现数字化研制团队的共建、共享。

1. 系统分解与模型构建流程

系统分解与模型构建流程如图 9-1 所示。模型进行必要的验证，最终基于经过验证的系统模型进行相应的仿真验证。

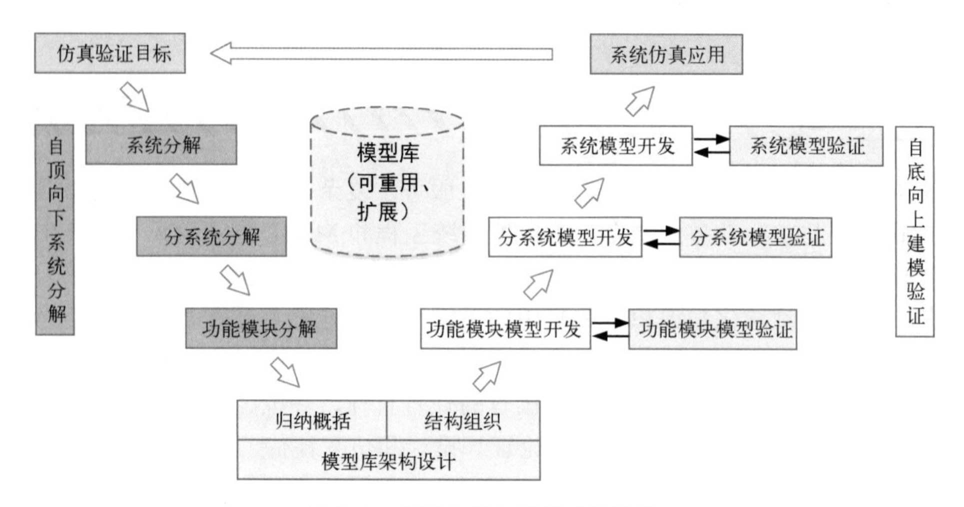

图 9-1　系统分解与模型构建流程

（1）自顶向下系统分解

首先分析仿真验证目标，将目标系统分解为若干分系统，然后将每个分系统分解为若干功能模块，得到需要建立的所有功能模块列表。

（2）模型库架构设计

对所有的功能模块进行归纳概括和结构组织，进行模型库的架构设计。

（3）模型自底向上构建

依据设计的模型库架构，针对其中的每个功能模块逐一建模，然后调用功能模块模型构建分系统模型，再调用分系统模型构建系统模型，最后进行系统仿真应用。

（4）模型验证

在模型自底向上的构建过程中，须在每个层次分别对功能模块模型、分系统模型和系统模型进行验证。

2. 模型库架构设计要求

在自顶向下的模型架构设计基础上，数字化研制过程中的模型库架构应该具有很好的扩展能力，从而有利于模型层级的扩展、模型分辨率的细化以及模型整体数量的提升，并支持多层级和多分辨率模型的统一存储管理要求。

模型库架构设计应满足以下要求。

- 各类型模型保持一致的基础架构，具备与复杂系统相匹配的架构组成，包括覆盖动力、探测、导航、控制、通信、能源等多专业的设计与仿真模型。
- 各类型模型保持相互兼容的接口形式，相同对象的不同模型具备同样的接口配置，保证其接口类型、参数与实物系统相匹配，满足多模块集成关联的要求，同时满足各阶段集成与验证的需求。
- 提供丰富的外部接口，支持通过集成其他平台模型的方式扩展模型库。

- 建模任务与团队分工相匹配，由模型库管理人员对模型库的访问、编辑权限进行统一管理和分配。
- 模型提交更改时，应同步提供修改信息，包含修改人员、修改时间及相对于上一版本的修改内容。
- 结合模型库管理功能，保存历史模型库版本，保证模型库版本可回溯。

9.3 模型评估

1. 模型评估要求

根据项目要求、既有研发体系以及 MBSE 通用技术要求，自底向上提交、集成、入库的模型需要满足合规性、准确性、完整性等评价要求，具体如表 9-1 所示。

表 9-1　模型评估要求

评估要求	描述
合规性	该模型应正确且完全符合建模规范要求，不存在错误或遗漏，采用标准建模语言、具有标准接口
准确性	模型完整地描述了 RFLP（需求、功能、逻辑、物理）完整过程，覆盖了需求、功能、架构等多种模型要素，对接口、参数的定义满足建模标准，能够体现物理特性，与实测数据相比，具有充分的准确性
完整性	模型的成熟度适合当前的系统生命周期阶段，模型的内容能够实现模型的预期用途和被建模系统的预期用途，模型完整覆盖了系统需求、系统功能、系统架构与系统机理
可重用性	使用从以前的模型重用的模型元素，在应用过程中，具有完善、便捷的模型积累方式，具有架构、参数以及完整结构的复用能力，适合系统平台化、谱系化的研发模式
需求覆盖性	系统功能、架构设计覆盖了系统需求，能够满足系统任务的量化指标和需求参数，能够统计需求覆盖性指标，并以需求覆盖性矩阵的形式进行展示
可追溯性	任务场景、需求条目、技术指标、功能活动、架构组成、设计参数、仿真数据、评价指标之间具有完整、清晰的传递关系，设计要素能够实现清晰的追溯，能够统计设计参数，并以参数关联关系的形式进行展示
接口匹配性	通用接口进行准确、清晰的抽象，组成结构之间的接口、连接关系匹配正确，架构接口与功能接口一致，满足信息流、控制流、能量流的传递关系

2. 模型校核、验证与确认

模型库的可信度是复杂系统仿真验证的技术基线，缺乏足够可信度的模型库没有实际意义，由此建立的设计、仿真模型也毫无应用价值。模型评估的目的是对设计与仿真模型进行评价、选择及修正等，通过评估结果给出模型库可信度的量化结果，进而对模型库质量进行判断和认定，要求对复杂系统功能模块、分系统数学模型进行校核、验证与确认（VV&A）。一种可行的设计与仿真模型 VV&A 流程如图 9-2 所示。

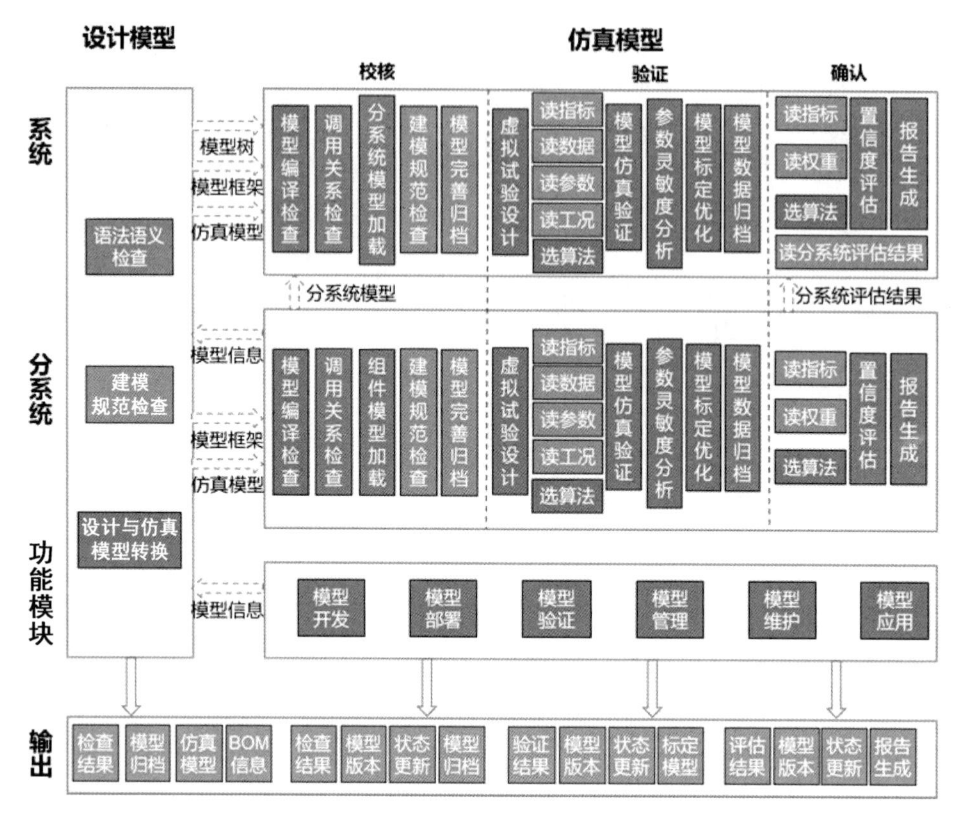

图 9-2　设计与仿真模型 VV&A 流程

模型评估的范围包括系统设计与仿真模型，从层级上看，需要考虑系统、分系统、功能模块等不同层级的具体业务特点，以及层级间的调用和传递关系。设计模型评估包括三部分，语法语义检查、建模规范检查和设计与仿真模型转换，其中语法语义检查、建模规范检查这两项是静态的规则性检查，包括模型内容、格式是否满足 SysML 标准规定的语法语义和建模规范中约定的规范条目。设计与仿真模型转换则用于将设计模型中的内部模块图转换为 Modelica 仿真框架，在模型库资源充分的情况下，将 SysML 设计模型转换为 Modelica 仿真模型，通过正确生成的 Modelica 仿真模型证明设计模型对系统方案描述的正确性。

仿真模型方面，可以分解为校核、验证和确认三部分，校核主要针对模型对语法、语义应用的正确性和规范性；验证主要通过对比数据来验证模型结果的正确性；确认则用于验证系统模型是否能够支撑系统各种虚拟场景的仿真应用，是否能够实现各层级参数、指标变量的整体正确性。

在仿真模型校核部分，首先，利用内核中的模型编译检查工具，检查其基本语法语义的正确性；然后，对提交校核的系统级与分系统级模型，根据模型文件内容，识别出系统级对分系统模型的调用关系，识别模型参数、接口等内容和版本的一致性，用于保证模型库中已归档模型的一致性和正确性；最后，根据建模规范要求，对模型建模方式的规范性进行审查，通过审查后将模型完善归档。

在仿真模型验证部分，针对系统级和重要的分系统级模型，可以预制好用于验证模型准确性的标准测试用例，验证时调用虚拟试验设计功能，根据用例要求，调用模型验证所需的指标、数据、参数、工况等信息，并选择模型验证的算法，然后对比仿真结果和指标，验证模型的准确性。

在仿真模型确认部分，将系统各层级的参数或指标进行层级化展开，形成多层级的模型置信度评估指标体系，对各层级的指标分别定义评估权重，然后将仿真结果与指标进行对比，结合计算公式，生成系统模型的整体置信度报告，完成模型确认过程。

9.4 模型管理

在复杂系统研发的长周期、跨地域协作过程中，分系统、功能模块设计部门需要向系统总体设计部门提交多版本模型。面向多个专业团队的协同建模与集成仿真应用，需要建立多层级间的模型流转机制，以保证数字化交付模型的规范性、兼容性。面向任务论证、方案设计、详细设计、试验验证等多个阶段，需要建立跨层级、多阶段间的模型流转和持续验证机制，以保证多颗粒度模型之间的一致性和准确性，系统模型管理功能逻辑如图 9-3 所示。

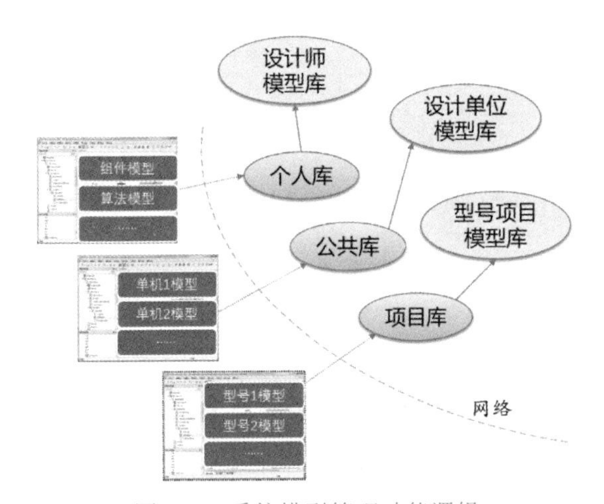

图 9-3　系统模型管理功能逻辑

（1）基于统一架构的跨层级流转

基于系统建模语言能够实现统一架构模型的定义，结合面向对象的扩展机制，多源异构模型的规范化接口，形成复杂系统模型的统一架构，其具有可扩展、可组构、可伸缩等特点，支持系统功能、性能模型的集成，将系统按照系统架构、任务场景、通用组件、版本阶段分别拆分为若干个可独立执行的业务组件，并按照生命周期不同阶段与版本修订过程建立不同颗粒度的系统构型与组件模型，基于插件方式实现组装定制和扩展。

（2）基于统一架构的多流程模型流转

复杂系统研制包含多个流程，面向不同用户、不同型号、不同应用场景，具有不同的具体定义方式，以探月工程为例，复杂系统研制可以分解为使命任务定义、需求分析、系统架构定义、可行性论证、运行方案仿真和综合评估 6 个流程，流程间存在模型持续扩展与迭代反馈，后一流程以前一流程的模型作为基础，扩展其接口、参数、机理方程的颗粒度与精度，从而满足系统技术方案和产品不断细化的要求，支撑复杂系统全生命周期的持续验证。基于统一架构的多流程模型流转逻辑如图 9-4 所示。

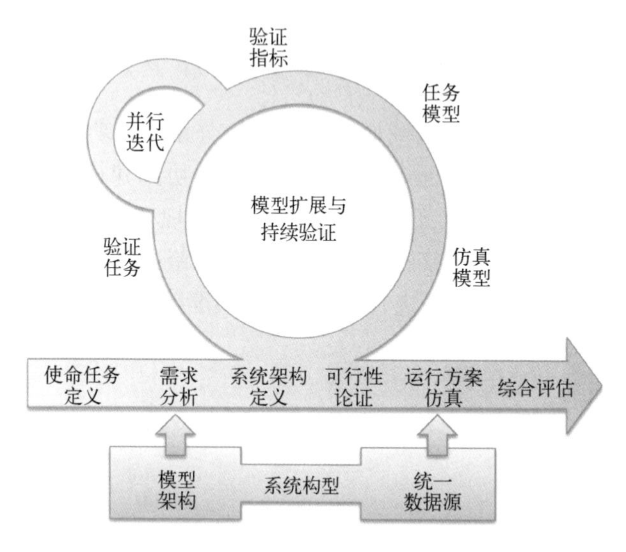

图 9-4　基于统一架构的多流程模型流转逻辑

复杂系统全生命周期模型包括需求模型、几何模型、功能模型、性能模型、制造模型、孪生模型，通过分析模型内部的表现特性和模型外部的连接关系，以及功能/性能模型在聚合过程中外部信息的描述内容和表现形式，构建粗颗粒度模型和细颗粒度模型的映射准则和接口适配，基于面向对象的抽象和重声明机制实现系统架构模型向功能/性能模型的衍化，如图 9-5 所示。

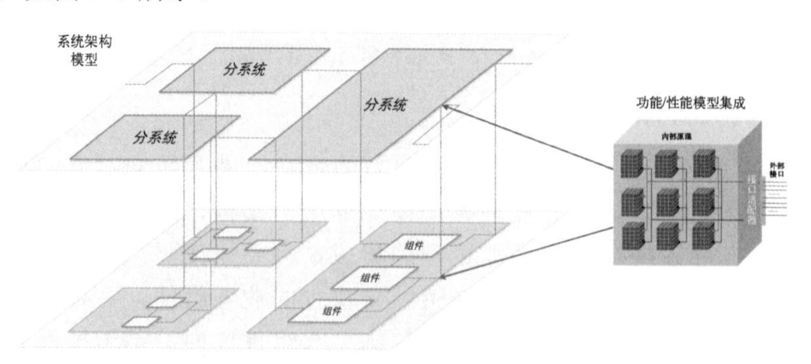

图 9-5　系统架构模型向功能/性能模型的衍化

9.5 面向多团队协同的数字化模型交付

MBSE 概念已经提出多年，目前国内外也已经有了大量的实践应用，在解决多专业统一建模、多场景应用等关键技术之后，开始致力于实现全系统多团队的协同实践，针对跨地域协同、知识产权保护、多阶段流程管理、文件体系替代等具体需求，需要在国际通用的系统建模语言标准、多领域统一物理建模语言标准、软硬件通信与集成接口规范等基础上，构建面向复杂系统研制大规模团队协同的数字化模型交付流程，明确从需求下发到模型开发、封装、评价、入库、应用等的全流程工作指南，如图 9-6 所示。

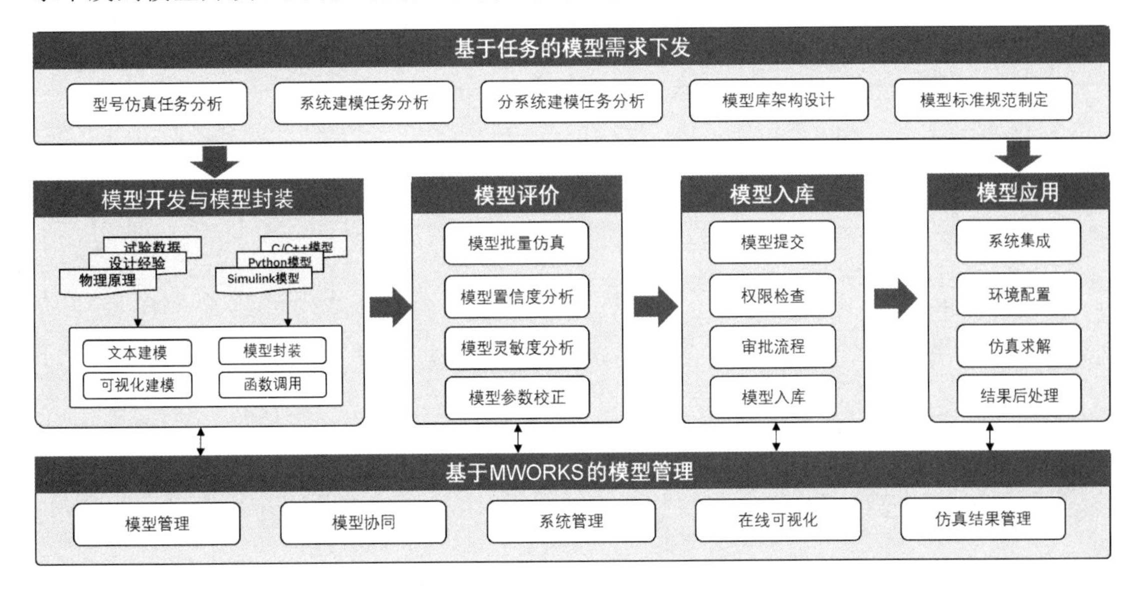

图 9-6　数字化模型交付流程

本 章 小 结

本章面向 MBSE 在复杂系统研制过程对模型库的基础资源需求，介绍了模型库架构的设计和评估方法，并阐述了多团队协同过程中数字化模型交付流程，在前面章节介绍的 MBSE 具体技术的基础上，为读者提供了数字化协同的参考过程，从而扩充数字化研制的知识体系。

第 10 章
MBSE 未来发展趋势

10.1 概述

伴随着数字化研发技术体系的升级，国内外复杂装备系统研制团队以及管理机构逐步扩展 MBSE 的方法、范畴，既有的 MBSE 技术体系正在延伸为数字工程或者新一代 MBSE 技术体系，正在将各专业的 CAD/CAE 纳入系统研发模型范畴，更加强调任务、需求、功能、性能、物理、可靠性、工艺、维护以及孪生模型等全生命周期多阶段模型在系统研制过程中的作用和必要性，在这种大背景下，MBSE 语言、模型、工具、方法、应用都产生了全新的发展方向。

INCOSE 的《系统工程愿景 2035》中描述了全球范围内系统工程的背景、实践的当前状态和未来发展趋势，并且指出既有的很多系统工程优秀实践已经成为系统工程方法的标准案例，而 MBSE、敏捷工程与系统工程的结合应用等相关实践正处于过渡发展阶段，数据科学、人工智能等技术的高速发展也给系统工程、MBSE 等带来了巨大的挑战和机遇。简而言之，过去十几年，MBSE 得到了巨大的进步和长足发展，未来 10 年，MBSE 将在理论方法、技术体系、应用实践等方面取得更加辉煌的进步。

10.2 新一代系统工程的发展趋势

《系统工程愿景 2035》描述了系统工程的全球背景、系统工程实践的当前状态和系统工程未来可能的状态。它描述了系统工程如何继续发展以应对现代系统挑战的多种方式。以下对这些内容进行简要总结。

系统工程是一门典型的实践学科，其理论方法知识来自航空航天等复杂装备系统的研制实践过程，并成为其他复杂系统全生命周期的标准化方法，其知识体系中包含了来自理论、实践等各种来源的基础知识，面向人类和社会发展、全球科技趋势、重大工程挑战下的利益相关方期望和企业环境，其能力与实践效果取决于跨行业系统工程实践的交叉融合能力。

《系统工程愿景 2035》定义了未来系统工程转型实践的主要方向。

（1）系统工程的未来是基于模型的，支撑企业数字化转型。

（2）系统工程实践将在系统复杂性和企业敏捷性方面取得重大进展。

（3）系统工程将利用数据科学等其他学科的实践来应对数据规模增长的需求。

（4）正式的系统工程理论基础将被编纂成指导性文件，从而结合下一代系统工程方法和工具支撑新型装备系统的研究和开发。

（5）人工智能将影响系统工程实践，并支撑新型装备系统的研发。

（6）系统工程教育将发生重大变化，其范围将覆盖早期教育并重点关注终身学习。

面向系统工程、MBSE 的具体发展方向，《系统工程愿景 2035 年》指出："形式化系统建模是论证、分析、设计和验证系统的标准实践，系统模型适用于应用领域，包括用于表示系统各个方面的广泛模型，可以跨越从概念到开发、制造、运营和支持的整个生命周期。”

MBSE的实践落地需要一个熟练应用MBSE技术体系的团队，需要包括MBSE方法、工具和培训在内的基础设施。面向数字化转型的持续推进，MBSE团队的培养、构建与持续提升已经成为国内外装备企业数字化转型的广泛共识。

在MBSE、数字孪生等技术持续发展的背景下，更加广泛的数字化技术融合已经成为国内外复杂装备用户、管理部门、研制单位的共同需求。数字工程是一种集成的数字化方法，使用装备系统的可信数据源和模型源作为系统生命周期中的连续统一体，支撑从概念到退役处理的所有活动。

2015年，美国国防部为解决军队面临的作战和威胁环境动态变化、装备系统复杂度和无法接受的风险大幅增加、成本超支和交付延迟等一系列挑战，决定实施数字工程转型。2016年11月，制定了数字工程五大战略目标：①基于统一语言规范实现模型的开发、集成与使用；②持久性地提供权威事实源（基础数据与模型）；③将技术创新融入工程实践的改进；④构建数字工程的统一支撑架构和环境；⑤完成文化与团队的数字转型。2017年12月，正式发布数字工程战略文件。2018年6月，完成政策和指南的更新，明确提出“数字系统模型、数字主线、数字孪生”是实现端到端连接、打造数字工程生态的技术核心。2019年12月，美空军开始将数字工程引入装备采办流。2020年11月，发布《使命任务工程指南》，进一步明确使命任务工程的活动规范，促进采办团队及工程人员的数字化协同。

数字工程可以看作系统工程和MBSE发展的新阶段，也有文献认为，MBSE是数字工程的一个子集。MBSE支持需求、体系结构、设计、验证等系统工程活动。数字工程面临的一个挑战是将MBSE与基于物理的模型相集成。

目前，美国国防部已有不少于30个正式型号项目的采办流程在数字工程环境中实施，并推动司令部、基地等等级在飞行员训练、软件开发、基地运行、管理事务等环节中落实系统工程应用。英国航空制造企业也在大力跟进“数字工程战略”的实施转型，BAE公司正在情报、赛博与IT技术以及太空能力方面使用数字工程工具来开发、集成和维护复杂平台与IT系统，并在全生命周期中提供有充分依据的项目决策，规划建设“用于卓越敏捷制造、集成和持续保障的先进集成数据环境”（ADAMS）参考架构，这是一种企业级的集成数字工程环境。

面向更加长远的技术发展趋势，数字化模型仍然是数字工程战略实施的基础资源，美国国防部定义了数字化模型的构建开发方法，数字化模型是对一个国防系统的数字化表达，集成了权威的数据、信息、算法和系统工程流程，面向系统整个生命周期的专业活动，定义了系统的所有方面。利用数字化模型为数字工程生态系统提供系统的工程数据、项目和系统的支持数据，并且通过数字线索、分析学、流程和管理工具，以模型、数据、文档和采办等多种视图支撑决策。

10.3 系统建模语言的能力扩展

如前所述，新一代系统工程、数字工程等数字化方法论均以大系统、大团队的广泛数字化协同为主要发展目标，因此都必将解决所有利益相关方之间的模型和数据共享难题，模型数据格式的表达、贯通、共享是下一代数字化技术的关键技术。SysML 语言作为当前 MBSE 技术体系中最核心的架构设计建模语言，也必须迎接这种趋势。SysML 2.0 版本作为 SysML 语言在下一阶段的最重要产物，正在争取实现对系统跨阶段形态变化、系统模型的多分辨率转换关系、多专业和多领域模型公用架构的统一表达，从而可能提供足以支持数字工程的表示。SysML 2.0 目前正处于讨论、修改阶段，尚未正式公布。

SysML 2.0 将会具有以下明显变化。

（1）语言扩展能力

SysML 2.0 中定义了内核建模语言（KerML），提供了公共的、独立于领域的建模能力，可以用于构建语义丰富且可互操作的领域化建模语言，并将 SysML 定义为 KerML 的一种扩展语言，进一步实现了系统工程建模语言的层次化定义，即内核建模语言、系统建模语言、领域建模语言，从而支持跨层级模型的统一表达，保证了跨层级模型之间的一致性和集成能力。

（2）提高了语言表达能力

SysML 2.0 除了图形符号表示，也同步支持文本表示，为系统架构设计建模提供了描述式的建模能力，不再仅依赖于 XML 字段定义方式，从而扩大了模型描述的准确性和适应范围。例如，能够更加清晰地定义约束、表达式和需求，能够以更加准确的方式描述各类参数之间的计算关系，提供更加边界的计算模型。

（3）提升了复杂系统的建模能力

SysML 2.0 还优化了系统建模元素，删减了部分非必要的图元，同时增加了建模能力。时间线建模能力能够描述不同时间点下的模型架构变化，从而能够更加清晰地表现出复杂系统在不同任务阶段的架构变化或者功能演化关系，例如，对运载火箭的发射过程，能够表现出三级火箭发动机的工作和脱落状态，卫星或者探测器载荷入轨前后的天线、太阳翼帆板的展开过程等，从而有效提高效率并避免产生歧义。

（4）设计与仿真集成能力

大量 MBSE 实践结果证明了数字化设计与数字化验证在复杂系统研制过程中具有同等重要的意义，目前也已经确定了 SysML、Modelica 两种语言的核心地位。然而，目前两种语言模型之间还不能实现很好的关联映射或者互操作，大多需要通过联合仿真、模型转换工具等方式实现设计模型与仿真模型之间的关联映射与集成应用。SysML 2.0 在这个方向上做了较大的探索，明确了对计算模型、内部验证模型、外部验证模型的表达与调用方式。

10.4 MBSE 新方法与新应用

MBSE 方法论是一种适用于各类复杂系统研发的通用方法论，目前其主要目标是实现系统架构的高效、高质量设计和验证，其核心在于对系统架构和物理机理的数字化建模，为了实现需求、设计、验证、优化等全流程的系统研发，需要需求管理、数据分析、并行计算、优化设计等大量辅助技术的共同支撑。以系统优化为例，在过去的实践过程中，系统建模技术与试验设计、参数化批处理等方式相结合，实现了基于多方案对比权衡的系统级优化设计，但是这些方法与系统模型的结合能力依然有很大空间，尚未实现拓扑优化与有限元技术的结合程度。基于集合的设计（SBD）是一种复杂的设计方法，使用形成不同角度的设计方案集合并使用各自集合之间的交集来实现优化设计，能够同时考虑大量的备选方案，在做出决策之前确定其可行性，并与 MBSE 框架相结合，实现系统方案权衡空间探索。

如图 10-1 所示，SBD 方法分析（Analysis）的是一组备选方案，根据系统参数、特征与系统能力的影响关系定义设计（Design）要素，针对一个或多个设计要素，建立设计方案集合，并将设计要素分离为集合驱动程序或集合修饰符，定义实现当前和未来任务的系统特征的基本设计决策，并采用集合修改器进行修改以适应新的任务和场景，从而实现对系统及设计空间的描述、探索、权衡。

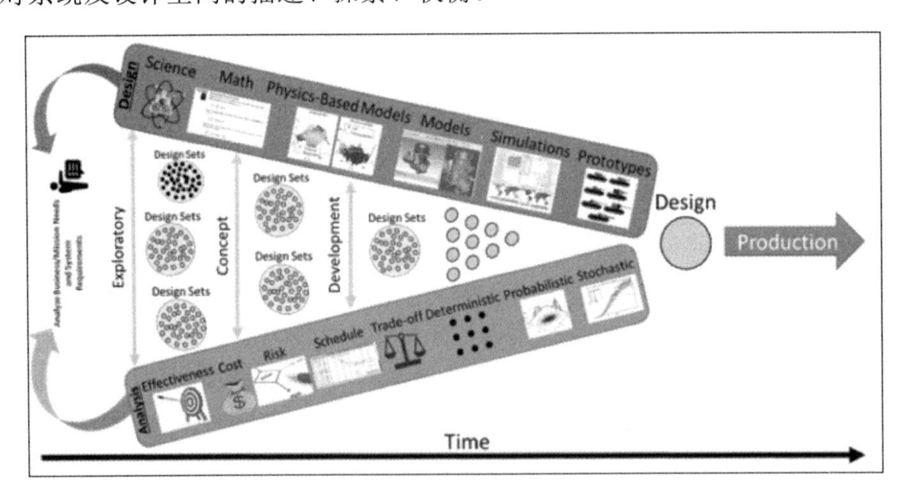

图 10-1　SBD 方法技术路线图

SBD 方法能够满足设计变量规模大、设计变量耦合紧密、设计要素相互影响冲突、方案权衡范围大且灵活等难点问题下的设计方案权衡与优化，具有以下技术特点。

（1）SBD 方法适用于系统设计早期，开始于使命任务定义与需求分析阶段。

（2）利用利益相关方需求、系统需求，在系统生命周期的探索、概念和开发阶段始终执行设计和分析技术。

（3）尽可能同时进行设计与分析，即尽可能快速地完成设计与验证小闭环。

（4）利用可行性、性能和成本数据进行需求分析，即尽可能突破功能设计与验证范畴，尽早、尽可能完整地考虑系统需求。

（5）通过使用集合来考虑大量的备选方案，并慢慢收敛到单点解。

除了 SBD 方法，还存在其他相关技术和方法，可以作为通用 MBSE 技术的扩展补充，在此不一一列举。

10.5 MBSE 与人工智能的结合

如前所述，系统工程或MBSE技术体系中明确的是复杂系统设计与验证的整体流程、模型和工具体系，在各个具体的研发业务场景中，均可以与其他技术相结合，人工智能（AI）技术近年来发展迅速，早已经被确定为工业 4.0 时代的最核心技术，将 AI 技术与系统设计、专业设计技术相结合，能够实现更具有颠覆性的技术与实践应用，可以提高 MBSE 过程的质量、效率与效能，构建更好、更强大的系统。

MBSE 与 AI 技术结合的方式有两种：一种方式是将 MBSE 方法应用于智能化系统中，用于智能算法设计与验证，称为 MBSE4AI；另一种方式是将 AI 技术融入 MBSE 技术体系中，作为 MBSE 的支撑技术，扩大 MBSE 技术的能力与范围，称为 AI4MBSE。

MBSE4AI 技术主要将 MBSE 方法流程应用于 AI 系统设计和算法设计，并通过数字化建模技术为算法学习提供样本增强等功能，该技术本质上算是 MBSE 应用范围与应用方式的扩展，在此不做详述。

AI4MBSE 技术则将 AI 技术应用于复杂系统数字化设计与验证的各个场景，通过各种类型的 AI 算法，提升 MBSE 在不同阶段或任务场景下的应用能力，主要包括如下几个方面。

系统需求分析：在需求分析阶段，可以将 AI 技术与任务场景分析、需求分析工作相结合，提升任务场景、需求条目的建模能力以及外部输入文档的处理能力。例如，可以将自然语言处理、机器学习等 AI 技术用于从顶层论证文档、需求文档、用户反馈文档以及行业分析文档中获取技术信息，支撑任务场景和需求条目的建模，显著减少人工建模所需的时间和精力，提高需求获取的准确性和完整性。

自动模型生成：由于任务场景模型、系统设计模型、系统仿真模型之间具有很强的相关性，同领域、同类型装备之间具有很强的相似性，系统建模过程中存在较强的规范约束，因此能够利用 AI 算法提升建模效率。例如，利用生成对抗网络（GAN）、强化学习（RL）、人工智能大模型（AIGC）等 AI 技术，从高级规范自动生成模型，不仅可以减少手动创建模型所需的时间和精力，还可以提高所生成模型的抽象度和通用性。

模型与数据融合：在复杂系统研制的各个阶段产生了很多版本的模型和数据，二者应能够实现相互验证与融合建模，通过 AI 算法，能够实现基于实测数据的代理建模，补充系统物理建模的短板，同时还能够结合专家系统、机器学习算法等 AI 技术实现需求的自动验证模型与潜在失效风险的识别。

任务规划决策：在完成系统架构的初步设计后，往往需要对任务场景进行细化，对系统的规划调度算法进行验证，尤其对无人系统，需要详细的算法设计、验证、决策，可以将深度强化学习（DRL）等人工智能技术与系统规划调度算法相结合，用于训练自主代理在多变任务场景下的智能决策。

系统设计优化：适用于类似于 SBD 算法的应用场景，将系统架构的设计问题转化为智能算法与系统模型相结合的 MDO（多学科设计优化）问题，能够得到更好的系统方案优化设计结果。

将 AI 技术融入 MBSE 技术体系，能够提高各阶段的设计与验证效率，提高各阶段异构模型数据的准确性和一致性，增强决策的效率和质量，提升 MBSE 方法全流程的灵活性和适应性等，从而有效降低研制成本，加快装备交付时间，提升客户满意度。

本章小结

本章面向 MBSE 的未来发展，介绍了数字工程等新一代系统工程的发展趋势，进一步陈述了新一代系统建模语言在设计与仿真一体化、文本与图形统一建模、复杂系统建模能力等方面的提升方向，论述了 MBSE 与 AI 技术等新技术的结合应用方法以及技术优势，向读者展示了 MBSE 的未来发展空间，为读者后续的知识扩展提供参考。

附录 A
SysML 图元

A.1 需求图图元

需求图图元表示

建模者一般会使用 7 种关系（包含、派生、满足、验证、细化、复制和跟踪）来确立需求之间的可跟踪性，以及从需求到系统模型中的结构和行为的可跟踪性。

系统的需求会表示其设计各个方面的信息。需求图是 SysML 中的主要媒介，可用于向利益相关方传达这类信息。

基于文本的需求（以及包含它们的需求说明书）在传统上是系统工程中的重要产品。但是，这并不意味着所有方法都需要基于文本的需求，或者项目团队必须创建它们。越来越被广泛使用的技术是创建用例（以及相关案例叙述）来替代基于文本的功能性需求，创建约束表达式来替代基于文字的非功能性需求。

如果项目团队没有创建文本格式的需求，那么当需要显示需求以及它们与其他模型元素之间的关系时，可以创建需求图。

1. Requirement Diagram Frame and Heading（需求图外框和头部）

SysML 中的每幅图都代表一个已经在系统模型中某处定义的元素。每幅图都会有外框、内容区域（或称为画布）和头部：外框是外部的矩形；内容区域是外框内部的区域，其中可以显示模型元素和关系；头部位于图的左上角，其右下角被截掉一部分，头部一般包含图的类型、模型元素的类型、模型元素的名称、图的名称这 4 段信息。

需求图的类型缩写是 req，需求图外框所代表的模型元素类型可能是包（Package）、模型（Model）、模型库（Model Library）或需求（Requirement）。

需求图中只能显示需求、包、其他分类器、测试用例和基本原理等元素。前述的 7 种关系也可以显示在需求图中。

2. Named Element（命名元素）

命名元素用来表示模型中所有具有名称的元素，是 SysML 中一个基础的元类。

3. Requirement（需求）

需求用于指定必须（或应该）满足的能力或条件。需求用于在客户（或其他涉众）和负责设计与实现系统的人之间建立契约。

标准需求的符号是一个矩形，在名称之前有关键字 requirement。需求有两种属性：唯一标识符 id 和文本需求 text，这两种属性的类型都是 String（字符串）。这些字符串完全是由用户定义的。用户也可以指定其他属性，如验证状态。构造型属性分隔框中的 requirement 可以省略。

复合需求可以通过使用类定义机制的嵌套功能来创建。复合需求可以包含以需求层次结构表示的子需求，这些子需求通过包含（见需求包含关系）机制指定。除非复合需求本身有不同的说明，否则它的所有子需求都必须满足才能满足复合需求。子需求应该通过类的 nestedClassifier 属性来访问。当一个需求有嵌套需求时，所有嵌套需求都作为容器需求的一部分。

需求和其他对象之间的关系也可以使用稀疏矩阵来显示，这类似于用于分配的表，也可以称为需求追溯表、需求覆盖表等，该类表格应该包括源和目标元素的名称（以及可选的类型）和需求依赖类型。

4. Requirement Containment Relationship（需求包含关系）

使用命名空间来指定需求包含关系可以避免在不同的上下文中重用需求，因为一个给定的模型元素只能存在于一个命名空间中。

SysML 提供了三种标识（十字准线标识、嵌套标识以及限定名称字符串标识）来显式地表示命名空间的需求包含关系，这些标识在图中出现时，会覆盖头部所显示的默认命名空间。其中，十字准线标识在需求图中是有效的。十字准线标识出现在关系的命名空间一端，其符号是带有圆圈围绕的加号的实线。使用这种标识表示尾端的元素包含在十字准线端的元素中（而不是默认命名空间中）。

5. Refine Dependency（细化依赖）

细化依赖可以用来描述如何使用一个模型元素或一组元素来进一步细化需求，也可以用来显示一个基于文本的需求是如何细化一个模型元素的。在这种情况下，可以使用一些详细的文本来细化一个颗粒度不那么细的模型元素。也就是说，细化依赖表示客户端的元素要比提供方的元素更加具体。

6. Refine Callout（细化调出）

细化调出在模型中表示某个元素被细化或进一步详细说明，可以帮助理解模型中不同抽象层次之间的关联，并明确高层次的设计如何通过低层次的细化来实现。

7. Trace Dependency（跟踪依赖）

跟踪依赖提供了一个需求和任何其他模型元素之间的通用关系。跟踪依赖是一种弱关系，它只是表达了一种基本的依赖关系：对提供方元素（位于箭头端）的修改可能会导致对客户端元素（位于尾端）的修改。

8. Trace Callout（跟踪调出）

跟踪调出用于表示模型中的跟踪关系，主要作用是显示不同模型元素之间的可追溯性关系。

9. Copy Dependency（复制依赖）

由于需求重用的概念在许多应用程序中非常重要，SysML 引入了从需求的概念。从需求的文本属性被约束为与相关的主需求的文本属性相同。该主从关系用复制依赖来表示。

复制依赖是提供方需求和客户端需求之间的依赖关系，它指定客户端需求的文本属性是提供方需求文本属性的只读副本。

10. Derive Dependency（派生依赖）

派生依赖将派生需求与其源需求联系起来，其中客户端需求可以从提供方需求派生出来。这通常涉及需求分析，以确定支持一个源需求的多个派生需求。派生需求通常对应于系统层次结构中的下一层需求。

11. Derive Callout（派生调出）

派生调出用于展示一个模型元素是如何从另一个元素派生出来的。

12. Satisfy Dependency（满足依赖）

满足依赖是需求和满足需求的模型元素之间的一种依赖关系，它描述了一个模型如何满足一个或多个需求。

13. Satisfy Callout（满足调出）

满足调出用于表示一个模型元素如何满足特定需求，用来直观地展示系统设计中需求与其实现之间的关系。

14. Verify Dependency（验证依赖）

验证依赖定义了测试用例或其他模型元素如何验证需求。在 SysML 中，测试用例或其他的命名元素可以作为一种通用机制来表示用于检查、分析、演示或测试的任何标准的验证方法。如果需要，用户可以定义额外的子类来表示不同的验证方法。测试用例的判定属性可以用来表示验证结果。SysML 测试用例的定义与 UML 测试概要文档（Testing Profile）一致，以促进两个概要文档之间的集成。

测试用例可以是以下三种行为中的任一种：活动、交互或状态机。测试用例是一种行为，当执行的时候，它会验证系统实现是否真正满足了需求。

15. Verify Callout（验证调出）

验证调出用于表示某个测试用例如何验证一个特定的需求或模型元素，展示测试用例与需求之间的关系。

16. Rationale（基本原理）

在 ModelElements 包中定义的基本原理构造在支持需求方面非常有用。它使建模者能够将一个基本原理附加到任何需求关系或需求本身上。例如，一个基本原理可以附加到一个满足依赖上，该基本原理指代一个分析报告或权衡研究，该报告或研究为特定设计为什么能满足需求提供支持的基本原理。类似地，这也可用于派生依赖等其他关系。它还提供了一种替代机制，通过将一个基本原理附加到满足依赖上来捕获验证依赖，该验证依赖引用一个测试用例。

A.2 用例图图元

用例图描述了执行者（环境）对系统（主题）的使用，以实现一个目标，该目标是通过主题向选定的执行者提供一组服务来实现的。用例也可被看作通过主题和执行者之间的交互完成的功能或能力。

用例图图元表示

用例图包括用例和执行者，以及它们之间的通信。执行者表示系统外部的分类器角色，这些角色可能对应于用户、系统或其他环境实体。它们通常专门用于表示用户类型或外部系统的分类，可以直接或间接地与系统交互。

用例的主题可以通过系统边界表示。系统边界包含的用例表示由行为图（如活动图、序列图和状态机图）实现的功能。

用例是捕获系统需求的一种方法，也就是说，系统应该做什么。关键概念是执行者、用例和主题。每个用例的主题都代表用例所应用的一个系统。用户和任何其他可能与主题交互的系统都表示为执行者。

执行者和用例之间的关联表示执行者和主题之间发生的通信，以完成与用例相关的功能。

用例图是系统的一种黑盒视图，因此也很适合作为系统的情境图。

1. Use Case Diagram Frame and Heading（用例图外框和头部）

用例图的类型缩写是 uc，用例图外框代表的模型元素类型可能是包、模型、模型库或模块（Block）。

2. Use Case（用例）

用例图的符号是一个椭圆，用例的名称（一般是一个动词短语）或者放在椭圆中，或者放在其下方（把名称放在椭圆中更常见一些）。

一个用例可以应用于任意数量的主题。当一个用例应用于一个主题时，它指定了由该主题执行的一组行为，这将产生一个对执行者或该主题的其他涉众有价值的可观察结果。

用例定义所提供的主题的行为，而不参考其内部结构。这些行为涉及执行者和主题之间的交互，可能导致主题状态的变化以及与环境的通信。用例还可以包括其基本行为的可能变化，包括异常行为和错误处理。

用例既可以用于指定主题的（外部）需求，也可以用于指定主题提供的功能。此外，用例还可以通过定义执行者应该如何与主题交互以使其能够执行其服务来声明指定主题对其环境提出的需求。

一个用例中定义的行为可以通过一组行为来描述，如交互、活动和状态机，也可以通过前置条件、后置条件和适当的自然语言文本来描述。它还可以通过使用用例及其执行者作为分类器的交互来间接描述。使用哪一种技术取决于用例中定义的行为的性质以及预期的读者。这些描述可以组合在一起。

用例可能有关联的执行者，它描述了实现用例的分类器的实例与扮演执行者角色之一的用户如何交互。指定相同主题的两个用例不能关联，因为它们中的每个都单独描述了主题的完整用法。

3. Use Case with Extension Points（带有扩展点的用例）

扩展点标识了用例中定义的行为中的一个点，它会在目标用例（扩展关系的目标端，即箭头端）的分隔框中命名。在这个点上，行为可以通过扩展关系进行扩展，扩展用例会在目标用例的行为中生成分支。每个扩展点在一个用例中都有唯一的名称。

更具体的说明见后续的“扩展关系”。

4. Actor（执行者）

执行者有两种符号：①火柴棍小人；②名称前面带有 actor 关键字的矩形。这两种符号对任何类型的执行者（一个人或一个系统）都是合法的。然而，约定俗成的用法是，用火柴棍小人代表人，用矩形代表系统。

和块定义图一样，可以在用例图中显示执行者之间的泛化关系。它意味着子类型（位于尾端）继承了其超类型（位于箭头端）的所有结构化和行为特性。如果超类型和一个用例有关联，那么子类型也会继承那种关联，并能够访问那个用例。

执行者为一个实体所扮演的角色建模，这个实体与其关联的用例的主题进行交互（例如，交换信号和数据）。执行者可以表示由人类用户、外部硬件或其他系统扮演的角色。

5. Subject（主题）

主题（系统边界）代表拥有并执行用例的系统。

主题的符号是围绕用例的矩形框（不要和外框混淆）。主题的名称显示在矩形的顶部，必须是一个名词短语。

6. Communication Path（通信路径）

执行者通过通信路径连接到用例，通信路径由关联关系表示。

7. Include（内含关系）

通过关联关系与主执行者连接在一起的用例是基础用例。这意味着基础用例代表的是主执行者的目标。

而内含用例是内含关系的目标（也就是位于箭头端的元素），可以是任意一种用例。

内含关系是两个用例之间的关系，只能从一个用例到另一个用例使用。其方向一般是从基础用例（与主执行者关联的用例）向内含用例绘制的，表明被包含的用例（添加的用例）中定义的行为被插入包含的用例中定义的行为中。它可以在其包含的用例的上下文中拥有一个名称。

内含关系允许用例的分层组合以及用例的重用。当两个或多个用例中定义的行为有公共部分时，就会使用内含关系。然后将这个公共部分提取到一个单独的用例中，由所有具有该公共部分的基础用例包含。

由于内含关系的主要用途是为了重用公共部分，因此在基础用例中留下的内容本身通常是不完整的，而是要依赖于被包含的部分才有意义。这反映在内含关系的方向上，表明基础用例依赖于添加的用例，而不是相反。

8. Extend（扩展关系）

扩展关系是指从扩展（Extension）用例到被扩展（Extended）用例的关系，它指定如何以及何时将扩展的用例中定义的行为插入被扩展的用例中定义的行为中。扩展发生在扩展的用例中定义的一个或多个特定扩展点上。

当需要将一些附加行为（可能是有条件地）添加到一个或多个用例中定义的行为中时，将使用扩展。

9. Extend with Condition（带有条件的扩展关系）

带有条件的扩展关系要传达的是，当目标端的用例（位于关系的箭头端，即被扩展用例）被触发时，源端的扩展用例可能被选择性地执行。这意味着这种扩展关系目标端的用例将会自动完成，而这个扩展用例是否执行，取决于目标端中的某些触发条件是否满足。

10. Generalization（泛化）

和模块一样，用例可以泛化，也可以特化，这意味着可以创建并显示从一个用例到另一个用例的泛化关系。泛化在此的意义是继承，可以把这种关系读作“……是一种……”。泛化的符号为在泛化元素（超类型）末尾带有空心箭头的实线，特化元素（子类型）会出现在实线的尾端。

A.3 块定义图图元

块定义图（BDD）是基于 UML 类图的，具有 SysML 定义的限制和扩展。

在块定义图中显示的元素都是其他建模元素的类型，它们会出现在其他 8 类 SysML 视图中。

块定义图图元表示

把出现在块定义图中的元素称为定义元素。定义元素形成了系统模型中其他内容的基础。

块定义图中定义了模块的特征和模块之间的关系，如关联、泛化和依赖关系。它从属性和操作方面捕获模块的定义，并捕获关系，例如，系统层次结构或系统分类树等。

端口是一种特殊的属性，它指定了模块之间的特定交互形式，包括活动、交互和状态机在内的行为构造（Behavioral Constructs）可以应用于模块以指定它们的行为。

约束属性也是一种特殊的属性，用于约束模块的其他属性。

1. Block Definition Diagram Frame and Heading（块定义图外框和头部）

块定义图的外框代表的模型元素类型可以是包、模块、约束模块（Constraint Block）或活动（Activity）。

2. Block（模块）

模块（也称为块）是 SysML 中的基本单元。可以使用模块为系统或外部环境中任意一种感兴趣的实体类型创建模型。

模块可能包括结构特性（属性）和行为特性（操作与接收信息），它们分别表示系统的状态和系统可能显示的行为，例如，属性和操作。

SysML 建立了属于 Block 或 Value Type 类型的 5 种基本属性：代表模块内部结构的由 Block 类型化的属性被归类为组成部分属性；约束属性的特殊情况除外；端口是另一类属性；代表模块外部结构的由 Block 类型化的属性被归类为引用属性；由 Value Type 类型化的属性被归类为值属性。

模块还提供了表示系统层次结构的能力，一个层次上的系统是由更基本层次上的系统组成的。它们不仅可以描述任何级别系统之间的连接关系，还可以描述系统的定量值或其他信息。

模块拥有的连接器可用于定义组成部分之间或相同模块内的其他属性之间的关系。连接器可以通过关联关系来类型化，关联关系可以指定更多关于组成部分之间的连接或系统其他属性的细节，以及所连接属性的类型。没有类型的连接器不会限制属性连接在一起的方式，就好像它们具有最通用的类型一样。

SysML 还允许模块具有多个分隔框，每个分隔框可以用自己的分隔框名称标识。分隔框可以根据不同的标准划分所显示的特性。一些标准分隔框是由 SysML 本身定义的，而其他的则可以由用户来定义。分隔框可以以任意顺序出现。

SysML 还定义了两个额外的分隔框：命名空间分隔框和结构分隔框，它们可能包含图形节点，而不是文本约束或特性定义。

模块的符号为带有关键字 block 的矩形，后面是名称分隔框中的名称。通常，必须显示模块的名称分隔框，而在其后会显示另外的可选分隔框，其中可以显示模块的特性。

结构分隔框中不会列举特性。它只是一种图形分隔框，显示模块的内部结构，可以在该分隔框中显示所有能够在内部块图中显示的相同标记。

组成部分、引用、值和约束属性分别以 parts、references、values 和 constraints 标签显示在分隔框中。任何类型的属性都可以显示在一个 properties（属性）分隔框中，或者显示在带有用户定义标签的其他分隔框中。

模块（包括模块的特化）可以拥有自己的端口，包括但不限于代理端口和完整端口。这些模块可以是端口的类型（指定嵌套端口）。

3. Enumeration（枚举）

通常，可以在系统模型中定义三种值类型——原始值类型、结构值类型和枚举值类型。

枚举值类型（通常称为枚举）只定义一系列数值（有效的值）。如果一项操作的参数（或者在之前的项目列表中显示的某种其他类型元素）的类型是枚举，那么它在任何时候所持有的值必须是枚举中的值。

4. Abstract Definition（抽象定义）

抽象定义用于定义系统中抽象层次的元素或概念，表示一种高层次、概括性的定义，不会直接对应具体的实现，而是为具体实现提供框架或指导。

5. Behavior Compartment（行为分隔框）

标签为 classifier behavior 或 owned behavior 的行为分隔框可能作为模块定义的一部分出现，它们分别列出分类器行为或拥有的行为。这种分隔框可以包含任何类型的行为的文本表示。

6. Namespace Compartment（命名空间分隔框）

带有 namespace 标签的命名空间分隔框可能作为模块定义的一部分出现，以显示在包含模块的命名空间中定义的模块。这种分隔框可以包含块定义图的任何图形元素，在其中定义的所有模块或其他命名元素都属于包含模块的命名空间。

7. Structure Compartment（结构分隔框）

带有 structure 标签的结构分隔框可能作为模块定义的一部分出现，以显示被定义模块的连接器和其他内部结构元素。这种分隔框可以包含内部块图的任何图形元素。

8. Quantity Kind（数量类型）

数量类型是一种可以用定义的单位表示的量的类型。例如，长度的数量类型可以用米、千米或英尺作为单位。

Quantity Kind 被定义为 UnitAndQuantityKind 模型库中定义的非抽象模块。Quantity Kind 用于定义一个在“可比较的量化共性”意义上的特定 kind-of-quantity。

由 Quantity Kind 分类的一个 Instance Specification 的 definitionURI 标识了 Instance Specification 所代表的特定 kind-of-quantity。两个这样的 Instance Specification 表示相同的 kind-of-quantity，当且仅当它们的 definitionURI 有值且值相等。

数量类型实例的唯一有效用途是被 Value Type 或 Unit 的 Quantity Kind 属性引用。

9. Unit（单位）

（1）Unit（单位）：单位是一种量，用它可以表示具有相同数量类型的其他量的大小。

Unit 定义为 UnitAndQuantityKind 模型库中定义的非抽象模块。Unit 或它的特化，将 Instance Specification 分类，通过一致的计量单位支持两个数量的比较。

（2）Unit Notations（单位的符号）。

Units on value properties：如果值类型有已定义的单位，则值属性可以选择在括号中显示单位的符号。如果没有定义单位的符号，则可以选择显示单位名称。

Units on values：若 Value Specification 的类型是 Value Type，则任何 Value Specification 都可以选择显示单位的符号。

10. Constraint Block（约束模块）

约束模块提供了一种将工程分析（如性能和可靠性模型）与其他 SysML 模型集成的机制。约束模块可用于指定表示数学或逻辑表达式的约束网络，如{F=m*a}和{a=dv/dt}，这些约束表达式用于约束系统的物理属性。约束表达式还可以用于识别关键性能参数及其与其他参数的关系。

11. Port（端口）

端口是外部实体可以连接到模块的交互的点。通过这些点，外部实体可以和该结构进行交互——或者提供服务，或者请求服务，或者交换事件、能量和数据。

端口具有类型，该类型指定了外部实体通过到端口的连接器可用的特性。这些特性可能是属性，包括流属性和关联端，以及操作和接收信息。

为模块添加端口，其实就是把一种结构针对它的环境建模为一个黑盒，结构的内部实现会对客户端隐藏。

端口用交叠其所属模块或属性（组成部分或端口，由所属模块类型化）边界的矩形表示。端口标签以与关联关系末尾的属性相同的格式出现，端口标签也可以出现在端口矩形内。

12. Port（Compartment Notation）（端口的分隔框符号）

在分隔框中把端口以字符串形式列举也是可以的，但这种符号并不常见。

13. Port（with Compartment）（带有分隔框的端口）

这是一种特殊的端口表示方式，端口内包含一个或多个分隔框，分隔框用于显示与端口相关的附加信息。这种表示方式增强了端口的表达能力，使得模型更加直观和详细。

14. Port（Nested）（嵌套端口）

可选。端口嵌套的方式与模块嵌套的方式相同。嵌套端口的类型是一个有端口的模块（或其特化之一）。

15. Interface（接口）

与模块类似，接口也是对元素的一种定义——它定义了一系列操作并接收信息，也就是客户端和提供方需要遵循的行为契约。可以在块定义图中把接口显示为一个矩形框，名称前面带有关键字 interface，可以在第二个和第三个分隔框中显示它的操作并接收信息。

16. Required and Provided Interfaces（请求和提供接口）

可选。接口可以是提供接口，也可以是请求接口。

提供接口使用圆形符号和端口连接，像棒棒糖一样。提供接口的模块必须实现接口所有的操作和接收信息。

请求接口使用半圆形符号和端口连接，即带有半圆形的直线。请求接口的模块可能会在系统操作的某些时候调用一个或多个（不一定是所有）操作或者接收信息，这意味着它可能会调用那个接口中所有操作或者接收信息中的任意多个。

17. Value Type（值类型）

值类型定义了可用于表达系统信息的值的类型，它是基于 UML 数据类型的，但不能被标识为任何引用的目标。

值类型可用于在 SysML 中类型化属性、操作参数或潜在的其他元素。

18. Property Specific Type（属性特定类型）

属性特定类型用于定义某个属性的特定类型，允许为一个特定属性定义一个更细化的类型，而不是使用属性所属类或结构的通用类型，意味着每个属性都可以有自己的类型。

属性特定类型的关键字是 pst。

19. Bound Reference（绑定引用）

绑定引用分隔框可能作为模块定义的一部分出现，以显示应用了 Bound Reference 构造型的属性。属性省略了 boundreference 前缀。

可以将 Bound Reference 构造型应用于具有绑定连接器的属性，以突出显示它们约束其他属性的用法。

20. Proxy Port（代理端口）

SysML 确定了端口的两种使用模式：一种是端口充当其所属模块或内部组成部分的代理（代理端口），另一种是端口指定系统的独立元素（完整端口）。这两种模式都将所属模块的边界定义为通过外部连接器对端口可用的特性。未指定为代理或完整端口的就称为“端口”。

代理端口标识了所属模块或其内部组成部分的特性，这些特性可通过到端口的外部连接器对外部模块可用。代理端口特性上的动作与端口所代表的所属模块或内部组成部分的特性上的动作具有相同的效果。完全指定的代理端口应该描述如何处理或发起通过端口的任何交互。代理端口还可以连接到内部组成部分或内部组成部分的端口上，以识别这些组成部分的特性或外部模块可用的端口。

21. Proxy Port（Compartment Notation）（代理端口的分隔框符号）

代理端口的分隔框符号用于表示代理端口的详细信息，通常使用一个或多个分隔框来展示与代理端口相关的具体属性和信息，它提供了一个结构化的视图，能够更清晰地表达代理端口的属性和功能。

22. Full Port（完整端口）

与代理端口不同，完整端口使用自己的特性来定义边界，它指定了一个独立于所属模块或其内部组成部分的系统元素，它可能有自己的内部组成部分和行为来支持与所属模块、其内部组成部分或外部模块的交互。它在 UML 意义上不能代表其拥有的对象，因为它们自己处理特性，而不是公开其所有者的特性，或其所有者的内部组成部分。

完整端口不能是行为端口，也不能通过绑定连接器连接内部组成部分，但是，可以通过绑定连接器将完整端口连接到非完整端口上。

完整端口可以出现在被标为完整端口的模块分隔框中，属性名前的关键字 full 表明该属性是由 Full Port 构造型化的。

23. Full Port（Compartment Notation）（完整端口的分隔框符号）

完整端口的分隔框符号用于表示完整端口的详细信息，通常使用一个或多个分隔框来展示与完整端口相关的具体属性和信息。

24. Flow Property（流属性）

流属性指定可能在一个模块及其外部环境之间流动的项（items）的类型，无论是数据、物料还是能量。例如，指定一个汽车自动变速器的模块可以有一个针对 Torque（扭矩）的流属性作为输入，并有另一个针对 Torque 的流属性作为输出，如图 A-3-1 所示。

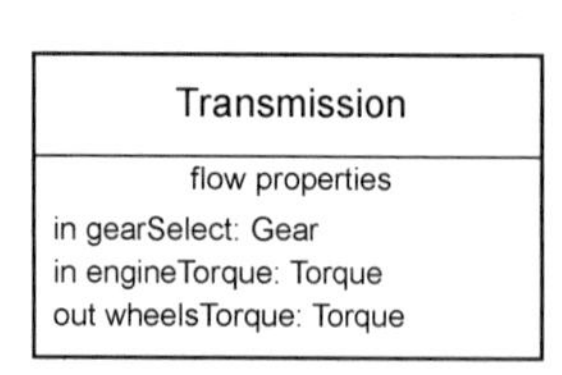

图 A-3-1

流属性表示进、出模块的单个流元素。流属性具有与属性相同的表示法，不同之处是带有一个方向前缀（in | out | inout）。流属性列在一个被标为流属性的分隔框中。

25. Required and Provided Features（请求和提供的特性）

请求和提供的特性是指一个模块支持其他模块使用的，或者需要其他模块支持自己使用的，或者两者都需要的操作、接收信息和非流属性。

操作是一种行为，代表客户端调用模块的时候它所执行的行为，即操作是由调用事件触发的。一般会在块定义图中把操作表示为模块操作分隔框中的字符串，该字符串即表示操作请求或提供的特性。

26. Interface Block（接口模块）

接口模块不能有行为（包括分类器行为或方法），也不能有内部组成部分。

27. Item Flow（项目流）

项目流指定在模块或组成部分之间以及在关联或连接器之间流动的事物，它可以约定模块、端口之间的项交换。

项目流可以从活动图中的对象节点或通过连接器从状态机发送的信号中分配。流分配可以用来确保模型不同组成部分之间的一致性。

28. Dependency（依赖）

依赖是指模型中的一种元素——客户端（箭头尾端），依赖于模型中的另一种元素——提供方（箭头端）。更准确的说法是，依赖表示当提供方元素发生改变时，客户端元素可能也需要改变。

29. Reference Association（引用关联）

两个模块之间的引用关联意味着模块的实例之间可以存在一种连接，它们可以为了某种目的彼此访问。

30. Part Association（组合关联）

两个模块之间的组合关联表示结构上的分解。

块定义图中组合关联的符号是两个模块之间的实线，在组合端有实心的菱形。在组成部分端，如果有箭头，则表示从组合端对组成部分的单向访问；如果没有箭头，则表示双向访问（也就是说，组成部分也拥有对组合端的引用）。如图 A-3-2（a）所示，组合端（实心菱形）模块的实例由一些组成部分端（箭头）模块的实例组合而成。

在组合关联的组成部分端显示的元素名称与组成部分属性的名称相关，该属性由组合端的模块所有，它的类型是组成部分端的模块。

31. Shared Association（共享关联）

SysML 还支持具有共享关联的属性，如图 A-3-2（b）所示，用空心菱形表示。像 UML 一样，SysML 没有为具有共享关联的属性定义特定的语义或约束，但是某些模型或工具可能以特定的方式解释它们。

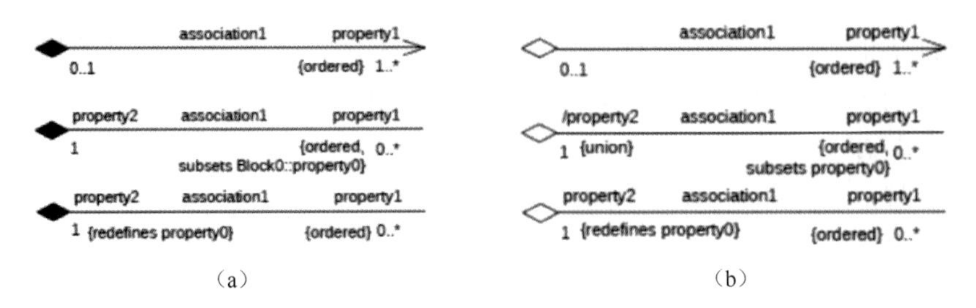

图 A-3-2

32. Generalization（泛化）

这种关系表示两个元素之间的继承关系：一个更加一般化的元素，称为超类型（空心箭头端），以及一个更具体的元素，称为子类型（尾端）。可以使用泛化在系统模型中创建分类树（类型层级关系）。

泛化表示子类型会继承超类型的所有特性：结构特性（属性）和行为特性（操作和接收信息）。除了继承的特性，子类型还可能拥有超类型所不具备的其他特性。因此，通常称子类型是超类型的一种特殊情况。

而超类型是对其子类型的一种抽象，它会抽取子类型中通用的特性。这些通用特性会沿着类型层级关系传播到所有子类型中。如果之后需要修改通用的特性，只需要回到模型中的该位置并进行修改，这样模型中的所有子类型马上就会更新。

33. Multibranch Associations（多分支泛化）

可选。

34. Generalization Set（泛化集）

泛化集用于组织和管理泛化关系，对一组相关的泛化关系进行分组，并定义它们的共同特性。

35. Block Namespace Containment（模块命名空间包含）

模块命名空间包含表示一个元素（尾端）被另一个元素（十字端）所包含。

36. Participant Property（参与者属性）

模块构造型扩展了类，所以它可以应用于类的任何特化，包括关联类（Association Classes）。这些被非正式地称为“关联模块”。关联模块可以拥有属性和连接器，就像其他模块一样。关联模块的每个实例都可以将关联的端分类器的实例链接在一起。

参与者属性可以是关联模块所拥有的连接器的端。关联模块可以是多个其他连接器的类型，这样，所有连接器可以重用相同的内部结构。该属性名称前的关键字为

participant，表明该属性是由 Participant Property 类型化的，它总是与相应的关联端类型相同。

37. Connector Property（连接器属性）

连接器可以由 Block 类型化的关联类来构造型化。这些连接器指定在拥有连接器的模块的实例中创建的关联模块的实例。连接器属性的值是由连接器属性指代的连接器创建的关联模块的实例。

连接器属性可以有选择地显示在一个内部块图中，用虚线从连接器连到表示连接器属性的矩形上。该属性名称前的关键字为 connector，表明该属性是由 Connector Property 类型化的。

A.4 内部块图图元

内部块图（IBD）根据属性和属性之间的连接器来捕获模块的内部结构，即创建内部块图是为了指定单个模块的内部结构。

内部块图图元表示

内部块图和块定义图的关系非常密切。块定义图首先定义模块和它的属性。然后，可以使用内部块图来显示对该模块的合法配置，即模块中属性之间特定的一系列连接。

和块定义图一样，内部块图是系统或者系统一个组成部分的静态（结构化）视图。和块定义图不同的是，内部块图不显示模块，它会显示对模块的使用，也就是在内部块图头部命名的模块中的组成部分属性和引用属性，属性的名称、类型和多重性在两类视图之间都应该是对应的。

1. Internal Block Diagram Frame and Heading（内部块图外框和头部）

内部块图的外框代表模型的元素类型是模块或约束模块，即内部块图的外框总是代表在系统模型某处定义的模块或约束模块。在外框之中，可以显示模块的组成部分属性和引用属性，以及把它们连接在一起的连接器。

2. Property（属性）

内部块图中的组成部分属性与块定义图中模块的组成部分分隔框中的组成部分属性有相同的意义：它代表一种结构，位于模块内部。

内部块图中的引用属性和块定义图中模块的引用分隔框中的引用属性有同样的意义：它代表一种结构，位于模块外部，即模块因为某种目的而需要的其他模块，可能为了触发行为，也可能为了交换事件、能量和数据。

3. Actor Part（执行者）

执行者是模型中的一个角色，代表系统的一个外部实体（如用户、系统、或组织）

与系统进行交互。

4. Port（端口）

与块定义图中的定义相同。

5. Port（Nested）（嵌套端口）

与块定义图中的定义相同。

6. Port（with Compartment）（带有分隔框的端口）

与块定义图中的定义相同。

7. Required and Provided Interfaces（请求和提供接口）

与块定义图中的定义相同。

8. Property Specific Type（属性特定类型）

与块定义图中的定义相同。

9. Bound Reference（绑定引用）

与块定义图中的定义相同。

10. Proxy Port（代理端口）

与块定义图中的定义相同。

11. Proxy Port (isBehavior = true)（行为代理端口）

行为代理端口用于定义组件与外部的交互端口，当其 isBehavior 属性设置为 true 时，意味着该端口与组件的内部行为密切相关。该类端口的功能能够随着组件的运行状态变化而动态变化，适合用于设计需要行为驱动端口的复杂系统。

12. Full Port（完整端口）

与块定义图中的定义相同。

13. Item Flow（项目流）

与块定义图中的定义相同。

14. Dependency（依赖）

与块定义图中的定义相同。

15. Binding Connector（绑定连接器）

绑定连接器是一种连接器，它指定连接器两端的属性有相等的值。如果绑定连接器两端的属性是由 Value Type 类型化的，连接器通过连接的属性内的任何嵌套属性递归地指定属性的实例应具有相等的值；如果绑定连接器两端上的属性是由 Block 类型化的，则连接器指定属性的实例应是相同的模块实例。与模块拥有的其他连接器一样，绑定连接器的两端可以嵌套在所属模块可访问的属性的多层次路径中。

16. Bidirectional Connector（双向连接器）

双向连接器表示两个结构可以互相访问。可以为连接器指定名称和类型，以传达关于连接这两个结构的媒介的额外信息。连接器的名称是可选的，并且是用户自定义的。类型也是可选的。但是，如果选择指定一种类型，那么它必须是在系统模型某处定义的两个模块之间创建的关联。关联必须连接同样的两个模块，而那两个模块会指定连接器两端的两个属性的类型。两个相互连接的属性可以都是组成部分属性或引用属性，或者一样一个。

如果两个相互连接的属性拥有兼容的端口，则可以选择把连接器与哪些端口连接，而不是直接与属性连接。这样做表示属性是在边界的特殊交互点处连接的。

17. Unidirectional Connector（单向连接器）

单向连接器表示两个结构只能单向访问。

A.5 参数图图元

参数图类似于内部块图和块定义图，提供了模块的互补视图。块定义图是一种图，创建它是为了显示模块和约束模块的定义。而参数图会显示对哪些模块和约束模块的使用，关注值属性和约束参数之间的绑定关系。它唯一可以显示的连接器是绑定连接器。

参数图图元表示

参数图是一种独特的 SysML 图，它用于说明系统的约束。这些约束一般以数学模型的方式表示，决定运行系统中一系列合法的值。只有参数图能够向利益相关方传递这些数学模型。

SysML 中，可以把等式或不等式建立为约束模块。

1. Parametric Diagram Frame and Heading（参数图外框和头部）

参数图外框代表的模型元素类型可以是以下二者之一：模块或约束模块。

当参数图代表约束模块的时候，只会显示约束属性，以及形成该约束模块内部结构的绑定。

当参数图代表模块的时候，它首先显示的是模块的值属性和约束属性之间的绑定关系。但是，它还可能显示模块的组成部分属性和引用属性，只要它们包含被关注的内嵌值属性。

2. Constraint Property（约束属性）

约束属性是在某些拥有它的模块上下文中对约束模块的使用，即约束属性的类型由在模型某处定义的约束模块决定。

在块定义图中，约束属性可以在拥有它的模块的约束分隔框中以字符串显示。还可以用组合关联的组成部分端的元素名称来显示它（其中组成部分端的元素是决定约束属性类型的约束模块）。

3. Constraint Parameter（约束参数）

约束参数是显示在约束表达式中变量的正式叫法。

在块定义图中，约束参数显示为拥有它的约束模块的参数分隔框中的字符串；在参数图中，约束参数会显示为附着在其边缘上的小方块，它位于约束属性的内部。当参数图代表约束模块时，约束参数还可以附着在参数图的外框上。

4. Value Type（值类型）

值属性是在拥有它的模块的上下文中对值类型的使用，即值属性的类型由在模型某处定义的值类型所决定。值属性可以代表模块的数量特征，也可以代表布尔值或字符串。值属性在参数模型的情境下很重要，因为它们为约束参数提供了值，从而可以让建模者（或者解方程工具）对约束表达式进行估值。

在块定义图中，值属性是在拥有它的模块的值分隔框中显示的字符串。在代表模块的参数图中，值属性会显示为带有实线边的矩形（不会在代表约束模块的参数图中显示值属性，因为约束模块不能拥有值属性）。

5. Binding Connector（绑定连接器）

绑定连接器代表附着在两端的两个元素之间的等价关系。这两个绑定元素之中的一个必须是约束参数，另一个绑定元素可以是一个值属性，也可以是另一个约束参数（在不同的约束表达式中）。绑定连接器可以只显示在参数图中。

A.6 包图图元

包图图元表示

包图用于说明模型结构（包含层级关系）。这与块定义图及内部块图是相对的，它们表示的是正在设计的系统的结构。建模者通常会创建包图来表达模型元素的分组逻辑，并帮助利益相关方在需要定位特定元素的时候在模型结构中导航。

包图是显示模型的组织方式时所创建的图。模型的组织方式由包的层级关系决定，而包的层级关系则将模型中的元素分配到逻辑上相关的组中。系统模型并没有唯一正确的结构。使用不同的方法会建议不同的模型结构，项目的目标不同，同一种模型结构产生的效果也不同。

一旦确定了对项目有效的模型结构（可能需要经历多次迭代），那么创建包图会很有用，这可以为利益相关方提供一种针对这种结构易于理解的视图。包图可以显示内嵌在包中的包，从而表达模型的包含层级关系。

1. Package Diagram Frame and Heading（包图外框和头部）

包图的类型缩写是 pkg。包图外框代表的模型元素类型可能是包、模型、模型库或概要文档（Profile）中的一种。

2. Package（包）

包只是一系列命名元素的容器，其中有些可能是另外的包。它是一种机制，可用于把模型中的元素分配到逻辑上相关的组中。SysML 定义了 4 种特定类型的包：模型、模型库、概要文档和包。除了基本的容器功能，每种包还有独特的目的。

包的符号是一个文件夹符号，即在左上角带有标签的矩形。

包是其成员的名称空间，这些成员包括通过 packagedElement 关联的元素（称为拥有或包含的）和导入的元素。

一个包可以被定义为一个模板，并绑定到其他模板上。

此外，可以指定 URI 来为包提供唯一标识符。在 UML 中，除了概要文档，包没有预先确定的用法。例如，包可以被模型管理工具用于模型识别。因此，URI 应该是唯一的，并且一旦分配就不会改变。不要求 URI 是可解引用的（尽管这是允许的）。

3. Model（模型）

模型用作包含层级关系的根，即它是层级关系中顶级的包。模型的符号和包一样，即文件夹符号，但是模型必须在标签中拥有 model 关键字且文件夹符号里有一个小三角形。

模型是对系统的描述，其中“系统”的含义是最广泛的，可能不仅包括软件和硬件，还包括组织和过程。它从特定的观点（或有利位置）为特定类别的涉众（例如，系统的设计人员、用户或客户）在特定的抽象层次上描述系统。

模型还可以包含描述系统环境相关部分的元素。环境通常由执行者及其接口建模。由于这些是系统外部的，它们位于包/组件层次结构之外。它们可以收集在一个单独的包中，或者作为 packagedElement 直接由模型拥有。

4. Containment（包含关系）

图的头部命名的包是显示在内容区域的元素的所有者（包含者），除非在图中显式地显示了另一个命名空间的包含关系。

5. Package Import（包引入关系）

SysML 在包图中提供了一种机制，用来表达一个包引入了另一个包的内容，称为包引入关系。

6. Private Package Import（私有包引入关系）

私有包引入关系就是将一个包中的所有非私有成员引入拥有包引入关系的命名空间（箭头端）。

A.7 活动图图元

1. Activity Diagram Frame and Heading（活动图外框和头部）

活动图图元表示

活动图是一种行为图，它是系统的一种动态视图，用于说明随着时间推移的行为和事件的发生序列。

2. Initial Node（初始节点）

初始节点（●）标记了活动中的一个位置，控制流会从这里开始，即标记了活动的起点。但是，活动不一定需要初始节点。

3. Activity Final（活动最终节点）

控制令牌到达活动最终节点（◉）的时候，整个活动都会结束，以此标记所有控制流的结束（不管它们当前是否还在执行中）。

4. Flow Final（流最终节点）

控制令牌到达流最终节点（⊗）的时候，该令牌会被销毁，以此标记单独一个控制流的结束。活动中的其他令牌不会受到影响。

5. Fork Node（分支节点）

分支节点标记活动中并发序列的起点。其符号是一条线段（方向随意），它必须拥有一条输入边和两条或多条输出边。

当一个令牌（可能是对象令牌，也可能是控制令牌）到达分支节点的时候，它会被复制到所有输出边上。

6. Join Node（集合节点）

集合节点标记活动中并发序列的结束。其符号与分支节点一样，是一条线段。可以通过输入、输出边的数量来区分它们：集合节点一般拥有两条或多条输入边，而只有一条输出边。

当令牌到达每条输入边的时候，就会有单个令牌提供给输出边。并发序列结束，一个控制流会通过集合节点所标记的点，继续执行。

7. Decision Node（决定节点）

决定节点标记活动中可选序列的开始。其符号是一个空心菱形。决定节点必须拥有单一的输入边，一般拥有两个或多个输出边。每个输出边都会带有监听（布尔表达式的标签），显示为方括号中间的字符串。SysML 允许使用 else 作为（最多）一个输出边的监听，以确保满足“完整”的标准。

当一个令牌到达决定节点的时候，输出边的监听会被估值。令牌会被提供给监听估值为真的输出边。

8. Merge Node（合并节点）

合并节点标记活动中可选序列的结束。其符号和决定节点一样，是一个空心菱形。可以通过输入边和输出边的数量来区分它们：合并节点拥有两条或多条输入边，只拥有一个输出边。

当一个令牌通过任意一条输入边到达合并节点后，令牌马上就会被提供给输出边。

9. Object Node（对象节点）

对象节点用于对对象令牌通过活动的流建模（其中对象令牌代表的是事件、能量或者数据的实例）。对象节点最常出现在两个动作之间，表示第一个动作会产出对象令牌作为输出，第二个动作会将这些对象令牌作为输入。

栓是一种特殊类型的对象节点。栓附加在动作上，表示动作的输入或输出。其符号是附着在动作外边界上的小方块。栓的名称字符串的格式和对象节点一样，但它会显示在栓的附近，而不是显示在栓中。每个栓都拥有下限为 0 的多重性。当栓的多重性下限为 0 时，在名称前使用 optional 关键字。

10. Activity Parameter Node（活动参数节点）

这是一种特殊类型的对象节点。它附加在活动图的外框上，从总体上表示活动的一种输入或者输出。

活动参数的符号是横跨在活动图外框上的矩形。活动参数的名称字符串的格式和对象节点（以及栓）相同。

11. Action（基本动作）

它是为活动基本的功能单元建模的节点。一个动作代表某种类型的处理或者转换，在系统操作过程中，当活动被执行的时候发生。

基本动作的符号是圆角矩形。

可以在活动中输入任何想要的行为描述，描述会显示为其中的字符串。最常见的是，系统建模者会把动作写成用自然语言表述的动词短语。

12. Call Behavior Action（调用行为动作）

这是一种特定的动作。它会在启用的时候触发另一种行为。调用行为动作可以把一个高层次的行为分解成一系列低层次的行为。

它所调用的行为可以是以下三种中的任意一种：交互、状态机或者其他活动。

13. Send Signal Action（发送信号动作）

这是一种特定的动作，启用的时候会异步生成信号实例，并把它发送到目的地。因为发送信号动作是异步的，所以不会等待来自目标方的回应，它会立即完成，并在输出边提供一个控制令牌。每当新的对象令牌到达其输入栓的时候，发送信号动作都会启动。

发送信号动作的符号是形状类似于路标的五边形。在发送信号动作内部显示的字符串必须与在模型某处定义的信号的名称相匹配。

14. Accept Event Action（接收事件动作）

在异步行为中，它是发送信号动作的好搭档。它表示活动在继续执行之前，必须等待发生一个异步的事件。一般情况下，这个异步事件是接收信号实例。

接收事件动作的符号看起来像一个矩形，其中一边有一个三角形的缺口。在接收事件动作内部显示的字符串通常会与在模型某处定义的信号的名称相匹配，表示接收事件动作会等待该信号的实例。它到达了，接收事件动作就会完成，控制流会前进到活动中的下一个节点。

只要活动开始执行，没有输入边的接收事件动作就会启动，并开始监听信号实例。然而，即便在第一个信号实例到达之后，没有输入边的接收事件动作也会保持有效，它会继续监听其他信号实例。

15. Time Event（等待时间动作）

这是一个特定的接收事件动作，是等待时间事件发生的接收事件动作。

等待时间动作的符号是一个沙漏，下面有时间表达式。时间表达式可以指定绝对时间事件，也可以指定相对时间事件。

当上游动作完成，生成有效的命令响应后，等待时间动作就会启动。

如果等待时间动作拥有绝对时间事件表达式，且绝对时间事件已经发生，那么等待时间动作会立刻完成，并在其输出中提供令牌，活动前进到下一个节点；如果绝对时间事件还没有出现，那么等待时间动作会等待时间事件的发生，在此之前，活动无法前进到下一个节点。

如果等待时间动作拥有相对时间事件表达式，那么一旦等待时间动作启动，时间事件的时钟就会开始计时。相对时间事件发生后，等待时间动作在其输出中提供令牌，启动下游的节点。

16. isStream（流与非流）

（1）非流：动作和活动只有在执行的时候才会消费它们的输入类型的对象令牌。类似地，只有在执行完成的时候，它们才会交付输出类型的对象令牌，这称为非流的行为。当动作执行的时候，它会在内部生成输出类型的对象令牌，但是在动作执行完成之前，这个对象令牌都不会被发送到输出栓上。这样，在动作执行完成之前，任何跟随这个动作的动作都不会开始执行。

（2）流：在行为持续执行的时候接收输入和产生输出，这称为流行为。可以在栓或者活动参数的名称字符串后面指定{stream}，从而为流行为建模。

流和非流在活动参数的情境下和在栓的情境下有着同样的意义。

17. Control Operator（控制操作符）

控制操作符是一种行为，旨在表示任意复杂的逻辑操作符，将输入生成一个控制其他动作的输出，可用于启用和禁用其他操作。

当 Control Operator 构造型应用于行为时，行为将控制值作为输入或输出，即它将控制视为数据；当 Control Operator 构造型未被应用时，行为可能没有 Control Value 类型的参数。

Control Operator 构造型也适用于操作，具有相同的意义。

控制值输入不会根据自己的值来启用或禁用控制操作符的执行，只会根据其作为数据的存在而启用或禁用控制操作符的执行。

控制参数的引脚是常规引脚，而不是 UML 控制引脚。这样，控制值就可以被传入或传出动作和调用的行为，而不是控制动作的开始，或指示动作的结束。

18. Probability（概率）

SysML 将概率引入活动中。

（1）扩展边，使其具有一个概率，这个概率是离开决定节点或对象节点的值将遍历该边（也就是选择该边）的概率，即当 Probability 构造型应用于从决定节点或对象节点出来的边时，它提供了边将被选择的概率的表达式。这些概率应该在 0 到 1 之间，并且对具有相同来源的边，它们被选择的概率的总和为 1。

（2）扩展输出参数集，使其具有一个概率，这个概率是值将会在一个参数集上输出的概率，即当 Probability 构造型应用于输出参数集时，它给出了参数集在运行时能够得到值的概率。这些概率应该在 0～1 之间，并且对具有相同行为的输出参数集，这些值输出的概率的总和为 1。

19. Rate（流量速率）

流量速率是指限制对象在活动中沿边流动的速率，或进出一个行为的参数的速率。无论是物质流、能量流，还是信息流，都存在离散流和连续流。离散流和连续流在流速下是统一的，其中离散流的时间增量接近于零。

（1）连续速率：流量速率的一种特殊情况，其中项之间的时间增量接近零，它旨在表示连续的流动。

（2）离散速率：流量速率的另一种特殊情况，其中项之间的时间增量为非零。例如，以周期性时间间隔设置的信号。

当 Rate 构造型应用于一条活动的边时，它指定了每个时间间隔遍历边（完全通过边）的对象和值的数量的期望值，即它们离开源节点并到达目标节点的期望值。

当 Rate 构造型应用于一个参数时，参数应该是流（stream）的，并且构造型给出了当行为或操作执行时，每个时间间隔流入或流出参数的对象或值的数量。

20. Control Flow（控制流）

控制流是一种边，它会传递控制令牌。控制令牌的到达可以启动等待它的动作。因此，当活动中的对象流自身无法传达序列的时候，会使用控制流来表示一系列动作之间的序列约束。

SysML 允许我们对控制流使用两种符号：带有箭头的虚线或者带有箭头的实线。如果建模工具支持虚线，就使用虚线，以便在活动图中区分控制流和对象流。

当一个动作完成时，它就会在输出的控制流中提供控制令牌，启动序列中的下一个动作。

21. Object Flow（对象流）

对象流是一种边，它会传输对象令牌。使用对象流，可以表示事件、能量或者数据的实例通过活动，在系统操作过程中活动执行的时候，从一个节点向另一个节点流动。

对象流的符号是带有箭头的实线。对象流一般会把两个对象节点连接在一起。除了对象节点，还可以在对象流的一端拥有决定节点、 合并节点、分支节点和集合节点，来指示对象令牌的流。

A.8 序列图图元

序列图图元表示

序列图是对行为的精确说明，因此它很适合用于详细设计，作为开发的输入项。当需要精确地指定实体之间的交互、系统问题域内的交互或者解决方案域内的交互时，序列图是非常好的一种选择。

1. Sequence Diagram Frame and Heading（序列图外框和头部）

序列图的类型缩写是 sd。在序列图中唯一允许使用的模型元素就是交互（Interaction），即序列图外框总是表示在系统模型某处定义的一个交互。

2. Lifeline（生命线）

在交互图中，生命线是代表交互参与者的一种元素。更准确的说法是，生命线代表交互中参与者的单一实例，它会与其他生命线交换数据。显示在特定交互中的生命线和拥有该交互的模块的组成部分属性相关。

并且，生命线描述了过程的时间线，时间沿页面向下递增，即，先发生的事件会显示在生命线中比较高的位置，而后发生的事件会显示在比较低的位置。但是，时间线上两个事件之间的距离并不表示时间的任何字面度量，与语义无关，只表示非零时间已经过去。

生命线的语义（在一个交互中）是只选择该生命线的事件发生的交互的语义。

生命线的符号由头部及其下面的一条代表参与者生命周期的垂直线（虚线）组成，该虚线即表示头部所代表的组成部分属性的生命。生命线头部的形状是基于该生命线所代表的组成部分的分类器的。通常，生命线头部的符号是一个包含名称的白色矩形。

3. Execution Specification（执行说明）

执行说明用于指定消息的交互，并且它显式地表示了行为在生命线的何处开始和结束。它的符号是一个灰色或白色的狭窄、垂直的矩形，在生命线执行一个行为时，它会在交互的一段时间内覆盖生命线。

除此之外，还可以用一个更宽的、带标签的矩形来表示执行说明，其中的标签通常用来表示被执行的操作。

4. Combined Fragment（组合片段）

组合片段是一种机制，让建模者可以向交互添加控制逻辑（如选择、循环、并发行为等）。

每个组合片段都由一个或多个交互操作数（简称操作数）组成，它的语义依赖于交互操作数。在组合片段左上角的五边形中会指定交互操作符。

交互操作数是组合片段中的一个区域。只有具有交互约束，即 guard（守卫）为 true 的交互操作数才会进行计算。交互操作数的语义由组成它的通过隐式的 seq 操作组合而成的交互片段给出。此外，还可以把组合片段嵌入其他组合片段中，以创建任意复杂的控制逻辑。

交互操作符用于指定交互片段类型，说明如下。

（1）opt（选择）组合片段代表对行为的一个选择，即代表一个可选的事件：要么唯一的交互操作数发生，要么什么都不发生。这在语义上也可以等同于一个可选的（其交互操作符为 alt）组合片段，其中有一个交互操作数具有非空内容，第二个交互操作数为空。

（2）alt（可选）组合片段代表对行为的一个选择，每次最多只能选择一个交互操作数，即，该组合片段代表两个或多个可替换的系列事件，它们中最多一个会在交互的一次执行中发生。

（3）loop（循环）组合片段代表一系列事件，它们可以在交互的一次执行过程中循环发生多次。

（4）par（并行）组合片段代表行为之间并行的合并，即，该组合片段代表两个或多个系列事件，它们会在交互的执行过程中并行进行。

（5）Ignore/Consider（忽略/考虑）：Ignore 指定在该组合片段中有一些没有显示的消息类型。这些消息类型可以被认为是无关紧要的，如果它们出现在相应的执行中，则会被隐式忽略。与 Ignore 相反，Consider 指定在该组合片段中应该考虑哪些消息，这相当于定义要被忽略的所有其他消息。

5. Interaction Use（交互使用）

在活动图中，可以把一个高层次的行为分解为一系列低层次的行为，即通过调用行为动作触发的行为。类似地，可以把高层次的交互分解为低层次的行为——通过“交互使用”触发的行为。

交互使用显示为一个组合片段的符号，其中的操作符为 ref，表示这个交互使用是对在模型某处定义的另一个交互的引用。交互的符号是一个矩形，矩形左上角的五边形中包含字符串 ref。被引用的交互的名称就显示在矩形之中。注意，矩形必须放在参与那个被引用交互的生命线上。

6. Coregion（共同区域）

一致性工具可以在单个生命线中使用共同区域的简写符号。

共同区域是 par 组合片段的符号简写，用于在一个生命线上事件发生的顺序（或其他嵌套片段）不重要的常见情况。这意味着在生命线的一个给定的共同区域中，所有直接包含的片段被认为是一个 par 组合片段的单独交互操作数，如图 A-8-1 所示。

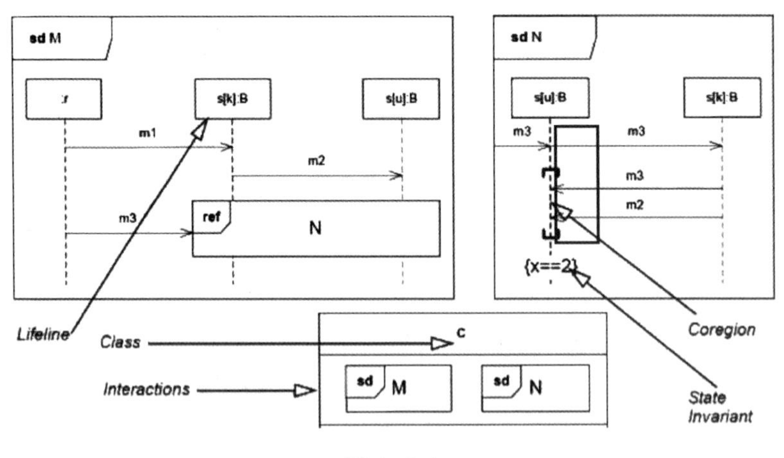

图 A-8-1

7. Creation Event & Destruction Event（创建事件和析构事件）

在交互的生命线上可以出现 6 种类型的事件：消息发送事件、消息接收事件、（生命线）创建事件、（生命线）析构事件、行为执行开始事件、行为执行结束事件。

8. State Invariant & Continuation（状态常量和连续）

状态常量（State Invariant）是一个条件，可以在特定的事件发生之前（紧挨着上面的）指定给特定的生命线。在交互的有效执行中，这个条件在该事件发生的时间点上必须为真，才认为这个交互的执行有效。

连续（Continuation）只在与 alt 组合片段和（弱）排序相关时才具有语义。如果一个 alt 组合片段的交互操作数以一个命名为 X 的连续（Continuation X）结尾，那么只有以 Continuation X 开始的交互片段（或者根本没有连续）可以被追加。

9. Duration Constraint & Duration Observation（期间约束）

期间约束指定两个事件发生所需的时间间隔。

同样，这里的时间间隔可能是单独的时间值，也可能是持有一个时间值的属性。与之连接的一对事件发生可以是前面所列举的 6 种事件中的任意两种。

当交互在系统操作中执行时，只有一对事件发生的时间间隔恰好落在期间约束所指定的时间间隔中时，才认为它们能有效地执行。

10. Time Constraint & Time Observation（时间约束）

时间约束指定单个事件发生所需要的时间间隔。这里的时间间隔可能是单独的时间值（最大值和最小值都一样），也可能是持有一个时间值的属性。当交互在系统操作过程中执行的时候，只有事件发生在时间约束指定的时间间隔中时，才认为它能有效地执行。

11. Message（消息）

消息代表的是发送生命线和接收生命线之间的通信。这种通信可能是启动行为、在行为的末尾发送回应、创建生命线或者销毁生命线。

消息的符号一般是带有箭头的线，没有箭头的一端与发送生命线连接，有箭头一端与接收生命线连接，即从发送生命线画向接收生命线。

通常，在交互中会出现 4 种类型的消息：异步消息、同步消息、回复消息和创建消息。SysML 还定义了两种其他消息类型——找到的消息和丢失的消息，但是在日常实践中很少会用到它们。

（1）异步消息是发送生命线和接收生命线之间的一种通信，其中，发送方会在发送消息之后马上继续执行，即发送方不会等待接收方完成被触发的行为，也不会等待接收方在完成行为的时候发送回应。

（2）同步消息是发送生命线和接收生命线之间的一种通信，其中，发送方会等待接收方完成被触发行为的执行，并发送回标志着行为已经完成回复消息，然后发送方才会继续自身的执行。

（3）回复消息是一种标记同步调用行为结束的通信，它总是（通过交互中早期的同步消息）从执行行为的生命线（同步消息的接收生命线）发送到触发行为的生命线（同步消息的发送生命线）。

（4）（对象）创建消息是在系统中创建新实例的通信，这个新实例之后会参与到交互中。

另外，如析构事件中所述，析构事件的 X 还可能会与消息的箭头端连接，这表示析构事件是生命线接收特定类型消息的结果，这个特定类型消息就称为（对象）删除消息。SysML（和 UML）的规范中没有说明删除消息所需要的线形以及箭头风格，只是规定删除消息必须在析构事件中结束。

12. Lost Message & Found Message（丢失的消息和找到的消息）

丢失的消息在消息的箭头端用一个小黑色圆圈表示 Lost→●。

找到的消息在消息的开始端（尾端）用一个小黑色圆圈表示 ●Found→。

13. General Ordering（一般排序）

一般排序限制了可能的序列的集合。它用连接两个事件说明的虚线表示，位于虚线中间某处的箭头给出从前到后的关系方向（箭头不在端点处）。

14. Gate（门）

门是一个消息端（Message End），用于交互、交互使用或组合片段的边界，为每个消息建立具体的发送方和接收方。

由于门的实例是以连接两个消息实例的成对方式出现的，因此它们本身也没有显式排序。

15. ConsiderIgnore Fragment（考虑忽略片段）

考虑忽略片段是带有 Ignore 或 Consider 操作符的组合片段。

考虑忽略片段的符号与组合片段的符号相同，带有用 Consider 或 Ignore 表示的操作符。

A.9 状态机图图元

状态机图图元表示

状态机图也是一种行为图。与活动图和序列图一样，它是系统的一种动态视图。不同的是，状态机图关注的是系统中的结构如何根据随时间发生的事件改变状态。

状态机由一个或多个区域组成，每个区域包含一个图（可能是分层的），图中包含一系列顶点，这些顶点由表示转换的弧线相互连接。状态机的特定执行由一组通过一个或多个区域的有效路径遍历表示，该执行由与这些区域中正在活动的触发器（trigger）匹配的事件的调度触发。在这样的遍历过程中，状态机实例可能会执行一个潜在的复杂的行为序列，这个序列与正在遍历的图中的特定元素有关。

1. State Machine Diagram Frame and Heading（状态机图外框和头部）

状态机图的类型缩写是 stm。状态机图的外框允许代表的模型元素类型只能是状态机，即外框表示已经在系统模型中某处定义的单一状态机。

2. Initial Pseudo State（初始伪状态）

初始伪状态（●）表示一个区域的起点，也就是说，当通过默认激活进入区域时，它是其包含的行为开始执行的点。

3. Deep History Pseudo State（深层历史伪状态）

深层历史伪状态是一种变量，它表示其所属区域的最新的活动状态配置，用于保存子状态机的历史记录。当系统重新进入包含该伪状态的状态时，它会自动恢复到该状态内最后一次活动的子状态。

4. Shallow History Pseudo State（浅层历史伪状态）

浅层历史伪状态是一种变量，表示其包含区域的最新的处于活动状态的子状态，但不表示该子状态的子状态。在此伪状态上终止的转换意味着将区域恢复到该子状态，并具有“进入一个状态”的所有语义。可以定义来自此伪状态的单个传出转换（转换从该伪状态发出），该转换终止于复合状态的一个子状态。此子状态是复合状态的默认浅层历史伪状态。浅层历史伪状态只能为复合状态定义，并且在复合状态的一个区域中最多只能包含一个这样的伪状态。

5. Junction Pseudo State（连接伪状态）

连接伪状态用于将多个转换连接到状态之间的复合路径。例如，连接伪状态可用于将多个传入转换合并为一个传出转换，该传出转换表示一个共享的路径。或者，它可以用于将传入的转换拆分为具有不同 guard 约束的多个传出转换片段。

6. Choice Pseudo State（选择伪状态）

选择伪状态类似于连接伪状态，并且服务于类似的目的。不同之处在于，当复合转换遍历到达选择伪状态时，所有传出转换上的 guard 约束都是动态评估的。因此，选择伪状态用来实现一个动态条件分支。

7. Entry Point（入口点）

入口点表示状态机或复合状态的一个入口，它提供状态或状态机内部的封装。在拥有入口点的状态机或复合状态的每个区域中，最多只有一个从入口点到该区域内顶点的转换。

如果所属状态有一个关联的 entry 行为，则该行为在与传出转换关联的任何行为之前执行。

入口点显示为状态机图或复合状态边界处的一个小圆圈，并带有与之相关联的名称。

8. Exit Point（出口点）

出口点表示状态机或复合状态的一个出口，它提供状态或状态机内部封装。在复合状态或一个由子机器状态引用的状态机的任何区域内的出口点上终止的转换意味着退出该复合状态或子机器状态（并执行其关联的 exit 行为）。

出口点显示为状态机图或复合状态的边界处的一个带有十字的小圆圈，并带有与之相关的名称。

9. Terminate Pseudo State（终止伪状态）

进入终止伪状态（×）意味着状态机的执行被立即终止。状态机不退出任何状态，也不执行任何 exit 行为。任何正在执行的 do 行为都会自动中止。

注：以上均为伪状态。

10. Simple State（简单状态）

（1）State（状态）

一个系统（或者系统中的一部分）有时会拥有一系列定义好的状态。

状态对状态机行为执行过程中的一种情况进行建模，在这个过程中，某些不变的条件成立。在大多数情况下，这个条件不是显式定义的，而是隐含的，通常通过与状态相关联的名称隐含定义。

① entry 行为：状态可能有一个相关联的 entry 行为。如果此行为被定义了，则在通过一个外部转换进入该状态时，此行为被执行。

② exit 行为：状态也可能有关联的 exit 行为。如果 exit 行为被定义了，则在状态退出时执行该行为。

③ do 行为：状态也可能有一个关联的 do 行为。当进入该状态时（但仅在状态的 entry 行为完成后），此行为开始执行，并且和可能与状态关联的任何其他行为并发执行，直到它完成（在这种情况下生成一个完成事件）或状态退出，在这种情况下，do 行为的执行被终止。

状态的 do 行为的执行不受该状态的内部转换的触发的影响。

④ 状态历史（State History）是一个与复合状态的区域相关联的概念。通过状态历史，区域可以跟踪它上次退出时所处的状态配置。如果需要的话，下一次区域变为活动时（例如，在处理中断返回之后），或者如果有一个返回到其历史的局部（local）转换，状态历史将允许很容易地返回到相同的状态配置。这只需通过终止区域内所需类型的某种历史伪状态上的转换即可实现。

它的优点是，在需要跟踪历史的情况下，消除了用户显式地跟踪历史的需要，这可以大大简化状态机模型。

状态可以分为几种：简单状态、复合状态、带有隐藏分解指示图标的复合状态、子机器状态和最终状态。

⑤ Entering a State（进入一个状态）。“进入一个状态”的语义取决于状态的类型和进入状态的方式。然而，在所有情况下，状态的 entry 行为均在入口时执行（如果已定义），但只有在与传入转换相关的任何 effect 行为完成之后才执行。同样，如果为状态定义了 do 行为，则该行为在 entry 行为执行后立即开始执行。它将与进入该状态关联的任

何后续行为并发执行，例如，作为同一个复合转换的一部分进入的子状态的 entry 行为。

所有状态都可以拥有的分隔框：名称分隔框、内部行为分隔框和内部转换分隔框。

（2）简单状态

上述关于状态的说明完全涵盖了简单状态的情况。

简单状态没有内部顶点或转换，它显示为一个带有圆角的矩形，其中显示状态的名称。它也可以有一个附加的名称选项卡，名称选项卡是一个矩形，通常位于状态的顶部外侧，通常用于保留具有正交区域的复合状态的名称，但也可用于其他情况。

一个状态可以再划分为多个分隔框，这些分隔框由一条水平线相互隔开。最小限度，一个状态必须显示一个名称分隔框。

简单状态可能还会显示第二个和第三个分隔框，其中分别会列举它的内部行为（entry、do 或 exit）和内部转换。如图 A-9-1 所示，这三种内部行为都显示为状态的第二个分隔框中的字符串，每种行为都可选地处于一种特定状态。

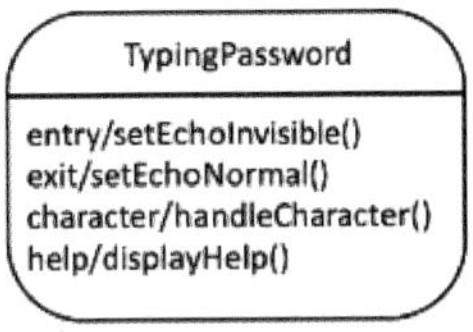

TypingPassword
entry/setEchoInvisible()
exit/setEchoNormal()
character/handleCharacter()
help/displayHelp()

图 A-9-1

11. Composite State（复合状态）

复合状态的符号和简单状态的一样，是一个圆角矩形。它至少包含一个区域，可以是只有一个区域的简单复合状态，也可以是有多个区域的正交状态（isOrthogonal = true）。例如，图 A-9-2 中，状态 CourseAttempt 是包含单个区域的复合状态，而状态 Studying 是包含三个区域的复合状态。

CourseAttempt
Studying
Lab1
lab done
Lab2
lab done
Term Project
project done
Final Test
pass
fail
Failed
Passed

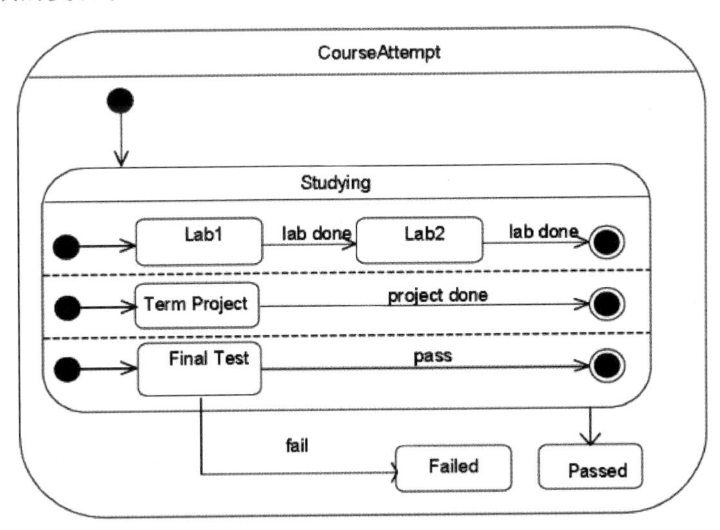

图 A-9-2

封闭在一个复合状态区域内的任何状态都称为该复合状态的子状态。若这个子状态不包含在任何其他状态中，则称之为直接子状态；否则，称之为间接子状态。

在状态机中的复合状态和状态机总体之间有几点类似的地方。当复合状态处于非活动的状态时，它所有的子状态都是非活动的。若复合状态是活动的，则它的子状态之中会有一个是活动的。

在活动的状态下，复合状态会对事件发生做出响应，从一个子状态转换到另一个子状态。子状态之间的转换形式与状态之间的转换形式是同样的。

12. Composite State with a Hidden Decomposition Indicator Icon（带有隐藏分解指示图标的复合状态）

在某些情况下，使用带有隐藏分解指示图标的复合状态是很方便的。例如，可能有大量的状态嵌套在复合状态中，受图表可用图形空间的限制，它们可能无法完全显示出来。在这种情况下，复合状态可以用一个右下角带有特殊复合图标的简单状态图形来表示，即带有隐藏分解指示图标的复合状态。如图 A-9-3 所示，这个图标由两个水平放置且相互连接的圆圈组成，表明状态有一个分解，这个分解在这个特定的图中并没有显示出来，而是显示在另外一个单独的图中。

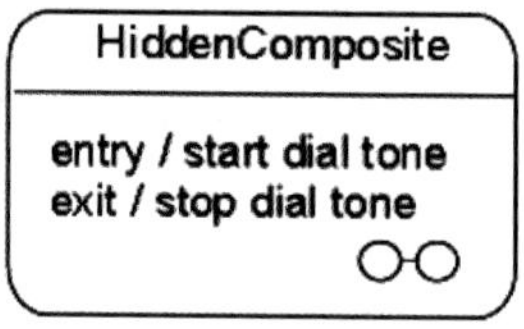

HiddenComposite

entry / start dial tone
exit / stop dial tone

图 A-9-3

13. Final State（最终状态）

最终状态（◉）是一种特殊类型的状态，表示封闭区域已经完成。因此，到最终状态的转换表示包含最终状态的区域的行为的完成。这代表总体上状态机行为的完成，从那以后，它不会再对新的事件发生做出响应。

14. Submachine State（子机器状态）

子机器状态是一种可以多次重用单个状态机说明的方法。它们类似于封装的复合状态，因为它们需要将传入和传出的转换绑定到它们的内部顶点。

子机器状态意味着对相应子机器的说明进行类似宏的插入。因此，它在语义上等同于一个复合状态。子机器的区域是复合状态的区域。entry、exit 和 effect 行为以及内部转换被定义为包含在子机器状态中。

每个子机器状态表示子机器的不同实例化，即使两个或多个子机器状态引用相同的子机器也是如此。

子机器状态可以通过以下方式退出：达到其最终状态，触发从子机器发起的组转换，或者通过其任何退出点。

15. Region（区域）

区域表示可以与其正交区域并发执行的行为片段。如果两个或多个区域由相同的状态拥有，或者在最高级别上由相同的状态机拥有，则它们彼此正交，也就是说，每个区域都会包含自己的系列顶点和转换，每个区域都会独立地对事件发生做出响应（一个事件发生可能会导致一个而不是多个区域中的转换触发，一个事件发生也可能会导致多个转换被触发，但是每个区域最多只有一个转换）。因此，区域是彼此正交的。

当状态机拥有多个区域时，后续对转换、状态和伪状态所声明的一切都适用。只是有一个关键不同之处，在系统操作的任意时刻，每个区域都必须只有一个活动状态。换种说法，在状态机行为的执行过程中，状态机在多个状态中并发（每个区域只有一个状态）。

当其所属状态被进入时，区域变为活动状态（开始执行），或者，如果该状态直接由一个状态机拥有（是一个顶级区域），则在其所属的状态机开始执行时变为活动状态。每个区域拥有一组顶点和转换，它们决定了该区域内的行为流。它可能有自己的初始伪状态以及自己的最终状态。

如果区域被隐式地进入，则区域的默认激活发生，也就是说，它不是通过在其组件顶点之一（例如，状态或某种历史伪状态）上终止的传入转换进入的，而是通过在包含状态上终止的（本地或外部）转换进入的，或者在顶级区域的情况下，在状态机开始执行时进入。

16. State List（状态列表）

状态列表为在实践中有时会出现的某些情况提供了图形化的快捷方式。这些都是纯符号形式，没有相应的抽象语法表示。

具有相同 trigger 值的多个无 effect 行为的转换（它们起源于不同的状态，但它们要么以具有单个传出转换的公共连接点顶点为目标，要么终止于相同的目标状态）可以用源自类似状态的图形元素的单个类似转换的弧表示，并标记为原始状态的名称列表。此弧终止于联合目标状态。图 A-9-4（a）显示了这两种可能性，图 A-9-4（b）显示了不使用状态列表的等效图。

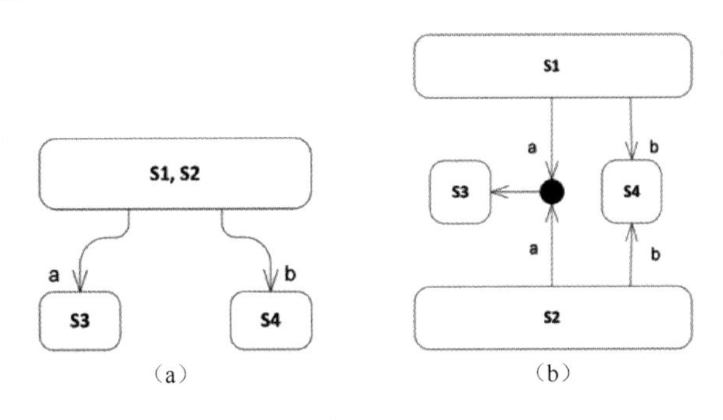

图 A-9-4

17. State Machine（状态机）

状态机由一个或多个区域组成，每个区域包含一个图（可能是分层的），该图中包含一系列顶点，这些顶点由表示转换的弧相互连接。状态机执行由适当的事件发生触发。

18. Transition（转换）

一个转换是一个单一的有向弧，从一个单一的源顶点开始，并终止于一个单一的目标顶点（源和目标可能是同一个顶点），它指定了状态机行为的一个有效片段。

转换代表的是从一个状态向另一个状态的改变。此外，它还可以表示从一个状态到其自身的改变——内部转换。外部转换的符号是带有开放箭头的实线，从源顶点指向目标顶点（源和目标是同一个顶点时为内部转换）。

19. Send Signal Action（发送信号动作）

这是表示发送信号的特殊动作，该动作是描述相应转换的 effect 行为的活动的一部分。

20. Receive Signal Action（接收信号动作）

信号接收动作的符号看起来像一个矩形，在其中一边（任意一边）上有一个三角形缺口。它映射到转换的触发器，而不映射到指定 effect 行为的活动的一个动作。触发器的信号以及任何 guard 的名称都包含在符号中：

<trigger> [',' <trigger>]*['[' <guard> ']']

其中< trigger>限制仅允许 Signal 和 Change Event 类型。触发器符号总是在符号路径的第一个位置，复合转换最多只能有一个这样的符号。

21. Action（动作）

可选。动作符号用矩形表示，该矩形带有该动作的可选文本说明。它映射到一个不透明动作或一个序列节点，其中包含一个或多个按顺序执行的动作，这些动作是指定复合转换中的适当转换的 effect 行为的活动的一部分。

22. Alternative Entry Point Connection Point Reference Notation（入口点的连接点引用符号）

提供 Connection Point Reference（连接点引用）是为了支持子机器状态和被引用的状态机之间的绑定。连接点引用表示子机器状态上的一个点，在这个点上或者终止转换或者开始转换。也就是说，它们充当到子机器状态的传入转换的目标顶点，以及来自子机器状态的传出转换的源顶点。每个连接点引用都与引用的子机器状态机中的相应入口点或出口点相匹配。这为在子机器调用及其说明之间提供了必要的绑定机制。入口点的连接点引用符号可选。

23. Alternative Exit Point Connection Point Reference Notation（出口点的连接点引用符号）

出口点的连接点引用符号可选。

参 考 资 料

[1] Systems engineering vision 2035. INCOSE, 2023.

[2] HASKINS C, FORSBERG K, KRUEGER M, et al. Systems engineering handbook. International Council On Systems Engineering INCOSE, 2007.

[3] LYKINS H, FRIEDENTHAL S, MEILICH A. 4.4.4 Adapting UML for an object oriented systems engineering method(OOSEM). Wiley Online Library, 2000.

[4] ALEKSANDRAVICIENE A, MORKEVICIUS A. MagicGrid book of knowledge. Kaunas: Vitae Litera, 2018.

[5] HOFFMANN H. Harmony/SE: A SysML based systems engineering process. Innovation, 2008: 1-25.

[6] BROWER E W, DELP C, KARBAN R, et al. OpenCAE case study: europa lander concept. Annual INCOSE International Workshop, 2019.

[7] Open Model-based engineering environments. National Aeronautics and Space Administration, 2019 .

[8] MASSIMO B. Concurrent engineering at ESA: from the concurrent design facility(CDF) to a distributed virtual facility. 14th ISPE International Conference on Concurrent Engineering, 2007.

[9] OMG SysML Specification. Object Management Group, 2017.

[10] 孙东川，孙凯，钟拥军. 系统工程引论. 北京：清华大学出版社，2021.

[11] 朱一凡，王涛，黄美根. NASA 系统工程手册. 2 版. 北京：电子工业出版社，2021.

[12] SysML v2 Requirements Review . OMG SysML, 2017.

[13] Modelica language specification, version 3.6. Modelica Association, 2023.

[14] 裴照宇，刘继忠，王倩，等. 月球探测进展与国际月球科研站. 科学通报，2020，65(24)：2577-2586.

[15] 范唯唯. 中俄签署合作建设国际月球科研站谅解备忘录. 空间科学学报，2021，41(3)：354.

[16] 贾晨曦，王林峰. 国内基于模型的系统工程面临的挑战及发展建议. 系统科学学报, 2016，24(04)：100-104.

[17] The model-based engineering (MBE) diamond. Boeing, 2020.

[18] 邓昱晨，毛寅轩，卢志昂，等. 基于模型的系统工程的应用及发展. 科技导报，2019，37(07)：49-54.

[19] 刘继忠，裴照宇，于国斌，等. 航天工程多态全息模型及应用. 宇航学报，2019，40(05)：535-542.

[20] 张柏楠，戚发轫，邢涛，等. 基于模型的载人航天器研制方法研究与实践. 航空学报，2020，41(07)：78-86.

[21] 裴照宇，康焱，马继楠，等. 基于模型的国际月球科研站协同论证方法研究. 航空学报，2019，40.

[22] MAHMUD K, TOWN G E. A review of computer tools for modeling electric vehicle energy requirements and their impact on power distribution networks. Applied Energy, 2016, 172: 337-359.

[23] MARTIN O, NGUYEN T, DANIEL B, et. al. Formal requirements modeling for simulation-based verification. Proceedings of the 11th International Modelica Conference, 2015, 625-635.

[24] KUHN M, OTTER M, GIESE T. Model based specifications in aircraft systems design. 11th International Modelica Conference , 2015.

[25] 焦洪臣，雷勇，张宏宇，等. 基于 MBSE 的航天器系统建模分析与设计研制方法探索. 系统工程与电子技术，2021，43(09)：2516-2525.

[26] 武新峰，彭祺擘，黄冉，等. 基于 MBSE 的运载火箭上升段逃逸救生策略研究. 系统工程与电子技术，2023, 45(4).

[27] 李德林，毕文豪，张安，等. 基于 MBSE 的民机研制过程管理. 系统工程与电子技术，2021，43(08)：2209-2220.

[28] WANG Z, WEN Z W, YANG W F, et al. Model-based digital overall integrated design method of AUVs. Journal of Marine Science and Engineering, 2023, 10(11).

[29] AKUNDI A, ANKOBIAH W, MONDRAGON O, et al. Perceptions and the extent of model-based systems engineering(MBSE) use—an industry survey. Proceedings of the 16th Annual IEEE International Systems Conference (SysCon), 2022

[30] BRUCE P D. Agile systems engineering. Elsevier, 2015.

[31] ANDREAS S, ALEXANDER P, RICHARD K, et al. Multi-domain flight simulation with the DLR robotic motion simulator. 2019 Spring Simulation Conference (SpringSim), 2019, 1-12,

[32] INGELA L, HENRIC A. Model based systems engineering for aircraft systems - how does Modelica based tools fit. Linköping Electronic Conference Proceedings 63:98, 856-864,2011.